食品安全决策体系研究
——基于供应链视角

慕 静 著

国家社会科学基金项目"品牌价值链视角下食品安全社会共治创新体系研究"（17BGL017）研究成果

科 学 出 版 社

北 京

内 容 简 介

本书遵循建设食品安全决策体系的科学化、系统化、规范化发展目标，将食品供应链安全管理决策体系建设看成一项系统工程，融合食品科学、系统科学、供应链理论、风险理论、信息技术、建模仿真等理论、技术和方法，基于食品供应链系统复杂适应性和系统动力学特征，不仅从微观层面对食品供应链系统的决策主体、决策行为、决策过程、决策机制进行分析，还从宏观层面对多主体协调、事前风险决策、事中监管与评价、事后信息追溯等方面进行食品供应链的宏观决策行为研究，以期为国家政府、食品安全管理部门、食品行业相关企业、消费者等提供一定决策借鉴。

本书适合高等院校学生、教师、科研人员和各类食品安全管理部门及食品企业中高层管理人员阅读，对食品安全供应链决策创新领域的科研人员有重要参考价值。

图书在版编目（CIP）数据

食品安全决策体系研究：基于供应链视角 / 慕静著. —北京：科学出版社，2020.6

ISBN 978-7-03-065097-9

Ⅰ. ①食… Ⅱ. ①慕… Ⅲ. ①食品安全-供应链管理-研究 Ⅳ. ①TS201.6

中国版本图书馆 CIP 数据核字（2020）第 080517 号

责任编辑：王丹妮 / 责任校对：贾娜娜
责任印制：张　伟 / 封面设计：无极书装

科 学 出 版 社 出版
北京东黄城根北街 16 号
邮政编码：100717
http://www.sciencep.com

北京虎彩文化传播有限公司印刷

科学出版社发行　各地新华书店经销
*

2020 年 6 月第 一 版　开本：720×1000　B5
2020 年 6 月第一次印刷　印张：16 3/4
字数：337000

定价：152.00 元

（如有印装质量问题，我社负责调换）

前　　言

　　食品安全一直是老百姓最关注、社会最敏感的民生话题，它关系到广大人民群众的身体健康和生命安全，关系到经济健康发展和社会稳定，关系到党和政府的形象和公信力。近年来，我国对食品安全管理体系及其运行机制的探索一直没有停止过，从行为规范［良好农业规范（Good Agricultural Practices，GAP）、良好卫生规范（Good Hygiene Practices，GHP）、良好生产规范（Good Manufacturing Practices，GMP）、卫生标准操作规程（Sanitation Standard Operating Procedures，SSOP）、世界卫生组织安全食品制备的黄金法则（The WHO Golden Rules for Safe Food Preparation）、世界卫生组织安全食品五大要点（The WHO Five Kcys to Safe Food）、美国食品药品监督管理局食品安全四步骤（USA/FDA Four Steps to Food Safety）］，到危害分析与关键控制点（hazard analysis of critical control points，HACCP），再到风险分析（risk analysis，RA），促使食品安全管理掀起了三次浪潮，使得食品安全管理效能得到了很大提高。但是，针对当前我国食品安全管理的实际情况，客观上需要从种植、养殖、生产加工、流通到消费整个食品供应链，有组织、有计划地推进食品安全管理体系的建立，才能有效保障各地区和全国的食品安全。所以，供应链视角下食品安全决策体系的建设，既是政府、食品安全监管部门亟待解决的现实问题，也是食品安全管理领域专家、学者深入研究的学术课题。

　　食品供应链安全管理决策体系建设是一项系统工程。从系统科学角度分析，食品供应链安全决策系统具有复杂适应性和动力学的特征，具体表现在微观层面的决策主体、决策行为、决策过程、决策机制的复杂适应性和宏观层面系统行为的动力学特征和发展规律以及运作机制，具体包括食品供应链安全协调决策机制与模式、食品供应链安全风险预警机制与防控模式、食品供应链安全综合评价体系、食品供应链安全追溯系统等。本书结合国内外食品供应链与食品安全管理理论研究与实际运营的发展现状，将食品科学、系统科学、供应链理论、风险理论、信息技术、建模仿真方法等相融合，基于供应链视角，对食品安全管理决策体系进行研究。

（1）本书提出研究主线：食品供应链有别于一般的供应链，其首要目标是"保障食品安全"，然后才是对总成本最小化、总周期时间最短化、物流质量最优化等问题的考虑。食品供应链安全决策具有明显的动力学特征和演化博弈规律，链上每一个环节的组织载体需要进行协调有序的合作。所以，基于供应链视角的食品安全决策是指食品供应链安全协调决策、风险决策、信息追溯、综合评价、多目标鲁棒优化等。

（2）本书特色体现在交叉学科研究方面：将食品科学、系统科学、供应链理论、风险理论、信息技术、建模仿真方法等相融合来进行本书的理论研究，促进了多学科的共同发展。而且吸收并采纳了 GAP、GHP、GMP、HACCP 和风险分析方法的科学理念，将其应用于食品安全预警、评价、追溯等方面，丰富了食品安全管理的理论和方法。

（3）本书提出如下创新点：基于供应链视角研究食品安全管理问题，从系统角度，运用系统思想、理论、方法建立基于供应链的食品安全决策体系框架；应用复杂适应系统理论和系统动力学理论研究食品供应链安全管理决策问题。应用数学理论、建模技术、仿真方法研究食品安全协调决策、风险预警、风险防控、信息追溯、综合评价、鲁棒优化等，是对食品安全管理技术和方法研究的丰富和充实。提出基于供应链的食品安全决策理论体系框架，同时强化应用性实践研究，为相关食品安全管理部门提供理论指导和决策建议。

本书研究内容是国家社会科学基金项目"品牌价值链视角下食品安全社会共治创新体系研究"（17BGL017）的研究成果。本书的出版得到了天津市高等学校第五期重点学科"管理科学与工程"建设项目的资助，亦得到了天津市高等学校创新研究团队"食品行业智慧物流体系建设"团队，以及天津科技大学食品行业智慧供应链研究院、经济与管理学院领导和物流管理系老师的帮助和支持。此外，博士研究生韩丹、孙楚绿和硕士研究生赵佳黎、马丽、刘志超、刘莉、郝丽君、李爽参与了本书的资料收集、数据处理、文字录入和校对工作。在此，特向以上资助单位、领导、老师和学生表示诚挚的感谢！同时感谢出版社老师对本书的审稿和编辑。

本书是在参考大量中外文文献、借鉴前人相关学术研究成果的基础上撰写完成的。由于笔者水平和能力有限，如有不足之处，敬请读者批评指正。

慕 静

2019 年 10 月于天津

目　　录

第1章 绪 论

1.1 食品安全现状及问题提出

1.1.1 我国食品安全监管状况

目前，我国已经成为世界上最大的食品市场，2004 年以来，食品产业一直保持着 20%以上的增速，成为国民经济的重要支柱之一。党中央、国务院历来高度重视食品安全工作，出台了一系列重要举措。2004 年，国务院发布了《国务院关于进一步加强食品安全工作的决定》；2007 年，国务院制定了《国务院关于加强食品等产品安全监督管理的特别规定》；2009 年，全国人大常委会审议通过了《中华人民共和国食品安全法》（以下简称《食品安全法》）；2015 年 4 月，全国人大常委会对《食品安全法》进行了修订并审议通过。2015 年 11 月，国务院发布了《国务院关于"先照后证"改革后加强事中事后监管的意见》，强调转变市场监管理念，明确监管职责，创新监管方式，构建权责明确、透明高效的事中事后监管机制，正确处理政府和市场的关系，维护公平竞争的市场秩序。2016 年 1 月，国务院办公厅发布了《国务院办公厅关于加快推进重要产品追溯体系建设的意见》，指出追溯体系建设是采集记录产品生产、流通、消费等环节信息，实现来源可查、去向可追、责任可究，强化全过程质量安全管理与风险控制的有效措施。2016 年 8 月，国务院办公厅颁布了《食品安全工作评议考核办法》，强调对食品安全组织领导、监督管理、能力建设、保障水平等责任落实情况进行评议考核。2017 年 2 月，国务院发布了《"十三五"国家食品安全规划》，指出实施食品安全战略，形成严密高效、社会共治的食品安全治理体系，让人民群众吃得放心。2017 年 4 月，国务院发布了《2017 年食品安全重点工作安排》，强调落实"四个最严"要求，强化源头严防、过程严管、风险严控监管措施，加快解决人民群众普遍关心的突出问题，提高食品安全治理能力和保障水平，推进供给侧结构性改革和全面小康社会建设。

第十二届全国人大常委会第二十五次会议在《国务院关于研究处理食品安全法执法检查报告及审议意见情况的反馈报告》中指出，截至 2016 年底，我国食品安全国家标准体系达到近 1 100 项，涵盖 2 万项指标，基本覆盖所有食品类别和主要危害因素。国家食品药品监督管理总局（现为国家市场监督管理总局）建立覆盖国家、省、市、县四级 3 264 家监管机构和 782 家检测机构的监督抽检体系，建立覆盖 2 916 个县（区）食用农产品抽检数据直报系统。截至 2016 年 10 月底，共完成 91.5 万批次抽样检验并公布抽检结果，样品合格率为 97.5%。食品药品监督管理部门 2016 年前三季度共检查食品生产经营企业 1 537 万家次，发现违法违规生产经营主体 43.6 万家次，发现违法违规问题 50.1 万个，完成整改生产经营主体 51 万家次，查处案件 10.6 万件，货值金额约 2.5 亿元，罚款约 9.6 亿元。农业部（现为农业农村部）与国家卫生和计划生育委员会（现为国家卫生健康委员会）组建农药残留、兽药残留两个标准审评委员会，已制定 5 724 项农兽药残留限量和 932 项国家标准检测方法。国家对农药的使用实行严格的管理制度，加快淘汰剧毒、高毒、高残留农药。禁用高毒农药 39 种，高毒农药使用量占农药使用总量的比例从 21 世纪初的 35%下降到 2%以下，淘汰小、乱、差饲料企业近 4 000 家。国家食品药品监督管理总局加强对食品安全地方立法指导，全国人大常委会对食品安全法执法监督检查后，又有湖北、青海、云南、天津、辽宁、甘肃、重庆、四川、江西、湖南、黑龙江 11 个省市（截至 2016 年底共有 16 个省区市）出台食品生产加工小作坊和食品摊贩等地方性法规和政府规章，其他省区市也在抓紧推进。

1.1.2 食品安全问题应对策略

1. 食品安全管理中政府的作用

随着食品安全问题的日益凸显，政府在食品安全管理中的重要作用已成为国内外专家学者的研究对象。Uyttendaele 等认为食品安全问题的产生，部分是因为政府的立法不当和执法监管的不严[1]。Caduff 和 Bernauer 指出食品安全已经成为全球面临的新挑战，政府迫切需要找到更有效的食品安全风险治理方法，以回应公众的期望和媒体的压力[2]。Han 等分析了政府公共管理对改善传统食品安全监管体系的重要性，并从政府公共治理的角度对食品安全问题进行了讨论[3]。程同顺和贾凡指出劣质的食品会影响政府形象和国家形象，食品安全问题频出，会导致人们对政府形象产生负面态度[4]。李荀通过对食品安全和政府角色的阐述，简单分析了政府管理食品安全的理论依据和合理性评判[5]。

王岳和潘信林通过预警意识、预警体系、预警政策法规、预警管理机构、预警管理技术体系这五个方面，研究了地方政府食品安全危机预警管理机制[6]。黄永飞指出应由政府有关部门牵头，搭建食品安全信息交流平台，供政府、商家、消费者和媒体等交流食品安全状况，充分发挥政府在食品安全管理过程中的带头作用；提出政府有责任合理引导食品市场、保护各主体的利益、维持市场秩序等，提出相应提高食品安全规制技术水平、完善食品安全标准体系、完善食品安全的网络信息管理平台[7]。于姚瑶针对我国食品安全出现的种种问题，对我国食品安全监管现状从四大环节进行分析，提出应整合监督管理体制、完善我国食品安全方面的法律法规体系、构建完整的食品安全标准管理体系、提高检测检验水平、建立健全食品安全监管体系和完善对食品企业的监管机制等对策[8]。王常伟和顾海英指出食品安全面临的挑战，急需政府进行有效的规制来保障食品安全，维护消费者利益[9]。

2. 多角度应对食品安全问题

针对食品安全管理过程中出现的各种问题，学者们从不同角度提出应对策略。国外有些专家学者的研究方向主要侧重于将食品安全与生态环境相结合，如结合环境资源的开发与利用、效率与价值的评估问题等。这主要与当时日益严峻的环境资源问题的产生有关。Rolf 认为站在农业生态发展的角度看，要想解决食品安全问题，应先探讨食品安全与生态农业的关系，进而发展生态农业[10]。Nelles 认为应将食品安全与农业可持续发展相结合，注重生产者自身的知识，不断创新和扩展食品生产与消费新形式，正视食品的适度多样性[11]。国内学者许建军和周若兰认为美国食品安全管理机制对中国具有非常重要的借鉴意义，学习美国的食品安全管理体系是其主要思想，并对如何构建食品安全管理体系提出了自己的建议[12]。杨慧认为应明确食品安全管理的范围，准确界定食品安全管理的内涵，建立以政府监管为主、行业自律辅助、消费者协会为监督机构、媒体和消费者积极参与的多主体共同参与治理的食品安全管理体系[13]。杨丽针对食品安全管理中存在的诸多问题，提出从社会管理视角加强对食品安全的管理，提出健全监管体制、明确监管责任、规范安全管理标准和加大惩罚力度等措施[14]。宁跃认为食品安全问题已经成为社会关注的焦点问题，为应对劣质食品给人们造成的伤害，应构建食品安全质量管理的控制体系：对食品危害进行风险分析、实施食品质量安全市场准入制度、建立健全食品安全预警和应急处理机制、加强食品生产经营企业食品认证制度，保证食品质量安全[15]。余学军从食品供应链管理机制视角分析食品安全的影响因素，并提出构建食品安全协同管理机制、做好食品供应链各环节的监督管理等对策，为食品安全管理工作提供参考依据[16]。丁国杰对近年来发生的食品安全事件进行分析，从事前、事中和事后三个方面探讨了我国食品安全管理中出现的问题，提出了相应的对策[17]。

3. 供应链视角应对食品安全问题

关于食品供应链的研究，国外学者Ouden等以供应链的理论为基础，在1996年第一次整理出了食品供应链的内涵，指出食品供应链管理是对食品生产加工的上下游企业进行垂直化管理，其目的是降低食品和农产品物流成本，提高其质量安全和物流服务水平[18]。William等指出食品供应链的纵向协作旨在把食品农产品供应链的各个环节组成一个紧密联系的连续体，该紧密性由驱动因素、产品特征、交易特征、纵向协作四部分组成[19]。Armelle等就食品供应链中食品质量与治理结构的关系进行了分析和研究[20]。Kirezieva等指出食品供应链的分析应具体问题具体分析，建议采用提高食品安全绩效的模型来改进食品供应链评价体系[21]。Beulens等认为食品安全事件会导致消费者对企业的不信任，企业为了恢复信任度，不仅要向消费者提供高质量的食品，而且要注意食品安全的诚信度，提高食品供应链过程的透明[22]。Trienekens等指出要从政府、食品企业、消费者等入手实现食品供应链透明化，只有将各部分有机结合起来，才能更好地实现食品供应链透明化[23]。Karlsen和Olsen指出食品供应链透明度的驱动因素是食品安全追溯体系建设的主要因素，主要包括食品产业可持续性、供应链的交流、符合法律规定等多方面的内容[24]。Souza-Monteiro和Caswell、Asioli等在其最新的研究中提出了融合可追溯的广度、深度和精度三维度模型，并以意大利生鲜加工商为样本，通过实证的线性回归模型研究各自对成本和收益的影响程度[25, 26]。Jin和Zhou采用问卷调查方式实地调研，理清食品追溯系统中影响消费者决策的因素[27]。Takaki等指出食品供应链包括农业、食品加工、食品零售和食品消费等环节，同时还需从社会、技术等角度研究食品供应链，并注意食品供应链对社会各方面的影响[28]。Hammoudi等采用案例分析法研究了食品质量与食品安全在供应链中的关系[29]。Wognum等将食品供应链分为计划、采购、生产、配送、退货五个环节，分析了各环节可能出现的食品安全问题，并提出了相应的对策[30]。Yakovleva等指出在食品供应链的各个环节都会出现食品质量问题，究其原因，有很大部分是因为消费者自身缺乏食品安全质量方面的信息[31]。

国内有学者对食品供应链的各环节包括从生产、流通到消费的监督管理进行研究。刘红燕从深圳食品流通领域市场实施"准入制度"的现状入手，分析了实施"准入后"存在的问题及效果[32]。司腾飞指出我国流通环节食品安全监管体系存在的问题及其成因，提出相应的对策[33]。冯秀菊和孙宗耀指出通过供应链机制保障食品安全的关键在于同上游的供应商建立良好的合作伙伴关系，对供应链各环节都实行责任追究机制，同时还要加快冷链物流建设[34]。陈瑞义等认为，食品供应链质量安全重在防范，优化供应链组织结构，改善质量信号传递，以及构建长期、稳定的合作关系是防范质量安全问题的有效手段[35]。封俊丽从供应链协同管理基本理论出发，分析了我国食品安全问题的根源在于食品企业层供应链的困境和食品安全监管困境[36]。刘宏妍等对我国食品供应链的现状进行了分析，探讨了我国食品供应链的结构及其对食品安全的影响，提出了对目前食品供应链管理体系进行改进的建议：建立完善的供应链相关标准体系，健全法律体系，加强供应链的监管力度，建立可追溯的食品供应网络[37]。

1.1.3　问题提出与研究意义

食品是人们日常生活中的必需品，食品一旦出现问题，所造成的后果和不良影响往往无法在短时间内消除，所以保障食品安全至关重要。近年来，我国对食品安全管理体系及其运行机制的探索一直没有停止过。结合我国食品安全管理的实际情况来分析，则客观上需要从种植、养殖、生产加工、流通到消费整个食品供应链进行决策。相对于其他行业的供应链，食品供应链链条较长，对质量安全的要求更高、更严格，这就要求链上各企业主体从原材料选择、运输到生产、销售等各个环节都要进行严格的质量把关。然而，由此带来了食品安全管理决策的复杂性问题。考虑到这种食品安全管理决策的复杂性，本书基于供应链视角，对食品安全管理决策体系进行研究，希望为相关食品安全管理部门提供一定的决策参考，具体研究意义如下。

（1）促进政府行政资源的优化配置和整合。通过优化政府职能机构设置、明确职责定位，设立食品安全协同管理部门，统一负责食品产业链各环节的组织、协调及管理工作，促进我国食品安全宏观调控的战略机制建设，建立食品供应链协同战略联盟，为食品安全调控提供战略指导。

（2）推行食品安全监管体制的建设。我国现行监管体制没有摆脱多部门联合的"分段监管为主、品种监管为辅"的局限，基于食品供应链的全程监管、联动监管、法律监管、社会监管，是食品安全监管的创新路径。

（3）提升食品安全风险应急处置能力。基于供应链的食品安全预警体系，对种植、养殖、生产加工、流通到消费各关键环节的食品实行风险监测，做量化分析，并及时做出警报，将食品安全的危害降到最低，提高食品安全信息的透明度。建立包括产地环境、种植、养殖、农业化学投入品采购及使用、病虫害防治与疫病控制、产品收获、储藏、运输、加工、包装等环节质量安全信息标识办法与可追溯信息平台，实现食品质量安全信息全程可追溯。

1.2　本书研究观点与学术价值

1.2.1　研究观点

本书从营造食品供应链全程安全决策环境出发，结合国内外食品供应链与食品安全研究的发展现状，将食品科学、系统科学、供应链理论、风险理论、信息技术、建模仿真方法等相融合，重点研究食品供应链安全协调决策机制与模式、食品供应链安全风险预警机制与防控模式、食品供应链安全综合评价体系、食品供应链安全追溯系统，深入探究食品供应链系统多主体决策的演化博弈行为和动力学行为过程。在理论研究的基础上，通过模拟仿真，分析食品供应链多主体决策的演化博弈行为和动力学行为机制；以猪肉供应链为例，通过可拓物元模型与实例分析，研究食品供应链安全风险监测与预警并给出对策建议；以乳品供应链为例，验证食品供应链安全综合评价体系的有效性和可行性。同时，建立乳品供应链食品安全追溯系统并对其进行可靠性评价。最后，进行食品冷链不确定性分析，考虑到碳排放成本，建立多目标食品冷链鲁棒优化模型并提出供应、需求、产品、信息四个方面的鲁棒性策略，从而为政府、食品安全管理部门、食品行业相关企业、消费者等提供一定的决策借鉴。本书提出如下主要观点。

（1）保障食品安全是食品供应链节点企业［包括食品原材料供应商（农户）、食品加工企业、食品物流企业、食品销售商等］的社会责任，更是消费者及政府职能机构的义务。食品供应链有别于一般的供应链，其首要目标是保障食品安全，然后才是对总成本最小化、总周期时间最短化、物流质量最优化等问题的考虑。所以，基于供应链视角的食品安全决策是指食品供应链安全协调决策、风险决策、信息追溯、综合评价、多目标鲁棒优化等。

（2）食品供应链安全协调决策具有明显的动力学特征和演化博弈规律，链上每一个环节的组织载体需要进行协调有序的合作，共同承担社会责任，追求"经济利益共赢"；同时，政府应该健全守信受益的激励机制，加大违法背德的惩处力度，建立科学合理的惩罚机制，完善食品安全监管制度及法律法规。

（3）食品供应链每一个环节的管理活动都存在着食品安全风险，需要进行预警指标体系构建和风险监测与预警系统设计，从而可以对食品供应链安全风险预警警限和安全阈值进行设置，实现食品安全风险监测和预警。

（4）食品供应链安全风险防控决策亦具有明显的动力学特征和演化博弈规律，基于信息共享的食品供应链安全风险防控模式，不仅使政府认识到制定科学合理惩罚机制的紧迫性，更使得食品供应链中的每个利益主体都能够几乎同步获得实际的终端市场需求信息，直接根据终端市场需求信息来安排各自的生产经营、库存控制及订货管理，降低牛鞭效应的影响，从而有效降低食品供应链出现运行不良情况的风险，保障食品安全。

（5）食品供应链可追溯系统的建立完善不是某个企业采取先进技术的问题，而是所有企业应该进行标准化，引进 HACCP 技术，严格要求本企业按照标准生产，并导入 GS1（Globe Standard 1，全球统一编码标识）系统，让整条供应链变成活的信息链。只有这样，食品供应链才能真正做到将安全生产、监控、预防相结合，增强消费者的认可度，提高供应链的品质。

（6）将可拓评价方法应用于食品供应链安全综合评价是可行、可操作的，本书以某乳品企业食品供应链为例，通过构建可拓评价模型和食品安全综合评价体系，确定了当前该企业所处的食品安全等级，并对比了供应链整体协调改进后的安全等级，验证了本书提出的食品安全综合评价体系的有效性。

（7）冷链食品供应链具有前期投资大、后期运营成本高、环境依赖性强、周转时间短、安全性要求更高等特点，运行过程中存在着较多不确定性因素，也带来较多风险。本书通过文献分析法，提出供应、需求、产品、信息四个方面的鲁棒性策略；在此基础上，在设计优化目标"最大化所有参与者利润"时，创新性地考虑了碳排放成本，建立鲁棒优化模型并进行算例验证，提出鲁棒优化策略。

1.2.2 学术价值

本书的学术价值体现在如下三方面。

（1）本书应用系统思维模式和决策科学理论相结合的方法，构建了基于供应链的食品安全管理决策体系理论框架，保障了本书理论框架的科学性和系统性；同时强化应用实例研究，为相关食品安全管理部门提供理论指导和决策建议。

（2）本书吸收并采纳了 GAP、GHP、GMP、HACCP 和风险分析方法的科学理念，结合数学理论、建模技术、仿真方法，研究食品安全协调决策、风险预警、风险防控、信息追溯、综合评价、鲁棒优化等，是对食品安全管理技术和方法研究的丰富和充实。

（3）本书将食品科学、系统科学、供应链理论、风险理论、信息技术、建模仿真方法等相融合，进行食品安全管理决策研究的理论设计、决策分析、数据模拟、实例仿真、优化评价等交叉学科研究，实现了自然科学与社会科学的研究整合，丰富了食品安全管理的理论和方法，加强了供应链理论在食品安全管理领域的应用和决策指导。

1.3 本书研究框架与导读

1.3.1 本书研究框架

本书的研究框架如图 1-1 所示。

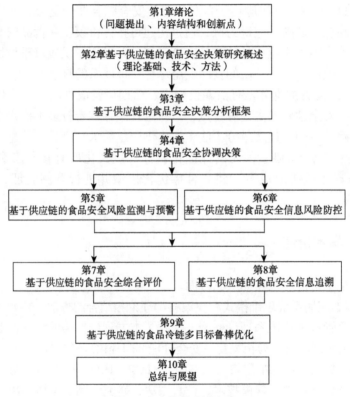

图 1-1　本书的研究框架

1.3.2 本书导读

1. 主要内容

第 1 章：在对我国食品安全状况进行分析的基础上，对研究问题进行科学界定，提出研究思路、研究方法、研究内容框架，阐明创新点。

第 2 章：在对相关国内外研究成果进行梳理的基础上，提出食品供应链安全管理决策的理论内涵，以及相关决策分析技术与方法。

第 3 章：在分析食品供应链安全管理决策复杂适应性和动力学特征的基础上，提出基于供应链的食品安全决策框架。

第 4 章：针对食品安全供应链的协调决策问题进行研究，通过分析食品安全供应链的复杂适应系统特征，构建包含战略层、战术层、执行层三个层次的食品安全供应链的协调决策框架，运用博弈理论探究食品安全供应链的协调决策机制，提出协调决策方案。通过研究食品供应链安全协调决策的动力学机制和演化博弈机制，提出协调决策模式。

第 5 章：进行食品供应链安全预警评价的研究，在对食品供应链安全影响因素进行分析的基础上，构建食品供应链安全预警评价体系，运用可拓学理论，建立食品供应链安全预警等级可拓模型，并以猪肉供应链为例进行实例分析，验证食品供应链安全预警等级可拓模型的正确性。

第 6 章：通过分析食品供应链风险形成的牛鞭效应，运用动力学理论，建立因果关系图和系统动力学模型，对降低牛鞭效应从而降低食品供应链风险发生频率进行动力学分析，制定相应的生产运作策略和风险应对策略，提出食品供应链安全信息风险防控模式。

第 7 章：以乳品供应链为例，对食品供应链可追溯系统进行研究，在分析乳品供应链结构的基础上，基于 HACCP 技术，对奶牛养殖和乳品生产加工的质量安全保障进行监控机制分析，基于GS1进行乳品供应链信息追溯机制的分析，之后将两者相结合进行乳品供应链可追溯系统设计，并对其可靠性进行分析。

第 8 章：提出食品供应链安全综合评价体系，并以乳品供应链为例进行验证。

第 9 章：在食品冷链不确定性分析的基础上，考虑到碳排放成本，建立多目标食品冷链鲁棒优化模型并提出供应、需求、产品、信息四个方面的鲁棒性策略，探究冷链食品供应链多目标鲁棒优化方案并验证其合理性。

第 10 章：进行总结及展望。

2. 研究方法

（1）复杂系统分析方法：食品安全问题涉及社会、经济、技术等诸多复杂因素，本书应用复杂适应系统理论，研究供应链视角下的食品安全决策问题，将系统科学的思想、理论、方法应用在课题研究的全过程。

（2）模型分析与仿真分析相结合：在综合论述食品安全供应链的系统特征、内涵、结构、功能等的基础上，应用博弈模型、动力学模型、可拓学模型、马尔可夫模型等定量分析食品供应链安全协调决策机理、风险防控机制、风险监测能力、安全预警级别测定、综合评价及追溯系统可靠性等；同时使用动力学仿真分析方法，对降低牛鞭效应从而降低食品供应链安全风险发生频率进行动力学机制分析。

（3）实例分析与算例验证相结合：以乳品供应链为例，设计了基于HACCP与GS1的乳品供应链食品安全可追溯系统框架；同样以乳品供应链为例，提出了食品供应链安全综合评价体系；最后针对降低碳排放成本的鲁棒优化模型进行算例验证，提出鲁棒优化策略。充分论证了本书所提出的理论框架、量化模型、决策体系的科学性与合理性。

1.4 概念界定

1.4.1 食品的定义与分类

1. 食品的定义

按照一般的理解，食品就是人类食用的物品，但对其进行准确的定义和细致的划分并不容易。国家标准《GB/T 15091-1994 食品工业基本术语》将食品定义为"可供人类食用或饮用的物质，包括加工食品、半成品和未加工食品，不包括烟草或只作药品用的物质"。2009年6月1日实施（2018年修正）的《食品安全法》将食品定义为"指各种供人食用或者饮用的成品和原料以及按照传统既是食品又是中药材的物品，但是不包括以治疗为目的的物品"。国际食品法典委员会将食品定义为"任何加工、半加工或未经加工供人类食用的物质，包括食用农产品、饮料、口香糖及在食品生产、制作或处理过程中所用的任何物质（如食品添加剂），但不包括化妆品或烟草或只作药物使用的物质"。

从食品卫生立法和管理的角度，广义的食品概念还涉及：所生产食品的原料，食品原料的种植、养殖过程接触的物质和环境，食品的添加物质，所有直接或间接接触食品的包装材料、设施及影响食品原有品质的环境。

2. 食品的分类

食品种类繁多，按照不同的标准可划分为不同的类型。《GB/T 7635.1—2002 全国主要产品分类与代码》中将食品分为农林（牧）渔业产品，加工食品、饮料和烟草产品两大类。其中，农林（牧）渔业产品分为三类：种植业产品、活的动物和动物产品、鱼和其他渔业产品。加工食品、饮料和烟草产品分为五类：肉、水产品、水果、蔬菜、油脂等加工品；乳制品；谷物碾磨加工品、淀粉和淀粉制品，豆制品，其他食品和食品添加剂，加工饲料和饲料添加剂；饮料；烟草制品。

1.4.2　食品安全

食品安全目前尚没有明确、统一的定义。1984 年，世界卫生组织将食品安全和食品卫生等同，将食品安全和食品卫生定义为"生产、加工、储存、销售和制作过程中，确保食品安全可靠、有益于健康并且适合人的消费而采取的种种必要条件和担保"。1996 年，世界卫生组织把食品卫生与食品安全区分开来，食品卫生是指为了确保食品安全性和适用性在食物链的所有阶段必须采取的一切条件和措施；食品安全是指对食品按其原定用途进行制作或食用时不会使消费者健康受到损害的一种保证。国际食品法典委员会对食品安全的定义是，消费者在摄入食品时，食品中不含有害物质，不存在引起急性中毒、不良反应或潜在疾病的危险性。

食品安全从广义上来说是"食品在食用时完全无有害物质和无微生物的污染"，从狭义上来讲是"在规定的使用方式和用量的条件下长期食用，对食用者不产生可观测到的不良反应"。不良反应包括一般毒性和特异性毒性，也包括偶然摄入所导致的急性毒性和长期微量摄入所导致的慢性毒性，如致癌和致畸形等。

1.4.3　食品供应链

供应链的概念最早出现在 20 世纪 80 年代，但目前还没有形成一个普遍认可的定义。国外，Christopher 认为，供应链是一个网络组织，所涉及的组织从上游到下游在不同的过程和活动中对交付给最终用户的产品或服务产生价值增值[38]。Handfield 和 Nichols 认为，供应链包括从原材料阶段一直到最终产品送到最终顾客手中与物品流动及伴随的信息流动有关的所有活动[39]。国内，马士华认为，供应链是由供应商、制造商、销售商和最终用户组成的一个功能网链结构，它在核心企业的整合下对信息流、物流、资金流进行控制，历经原材料采购、中间产品及最终产品加工制造、食品物流与销售等环节[40]。

食品供应链是在一般供应链的基础上引入的，是供应链思想在食品行业的特殊运用。Ouden 等首次提出了食品供应链概念，认为食品供应链是食品生产经营组织以保证食品质量、降低食品运输成本、提高服务水平为目的而实施的一种全新的企业运作模式[18]。食品供应链的直接参与主体众多，有产前的种子、饲料、肥料等生产资料供应商，产中的从事种植、养殖的农户及企业，产后的包装、储运、销售等食品企业，以及终端的消费者。食品安全关系到人的生存权利及身体健康，且食品具有易腐易损等特征，使得食品供应链具有其他类型供应链不具备的特点，如行业跨度大、物流约束强、资产专用性高、参与主体多、安全需求突出等。借鉴前人研究成果，本书对食品供应链概念、分类、特点等做如下阐述。

1. 食品供应链概念

食品供应链是由农业、食品加工业、批发零售业、物流业等相关企业，以及消费者通过物流、信息流、技术流、标准化流、质量流和增值流贯穿连接而成的食品供应、生产、销售、消费的网络结构体系。在这个体系中，食品供应链上下游企业之间协调合作、共担风险、共享利益，共同实现食品供应链利润最大化。食品供应链的网络结构主要由五个环节组成，包括生产资料的供应环节、生产加工环节、流通环节、销售环节及消费环节。每个环节又涉及各自的相关子环节和不同的组织载体，即供应商、农户、食品加工企业、批发商和零售商、消费者，其结构模型图如图 1-2 所示。

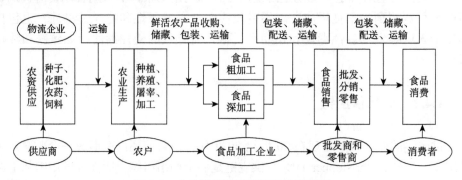

图 1-2 食品供应链网络结构体系模型

2. 食品供应链分类

按照运作方式，我国食品供应链主要分为四类：第一类，以食品生产企业为核心发展的食品供应链，如天津市经济技术开发区的食品饮料行业大都是以这种方式发展运作的。第二类，由货运公司发展的食品供应链，易腐易变质食品供应链即食品冷链的运作形式是此种发展方式的典型代表。第三类，由零售配送业者，特别是连锁便利店业者发展的食品供应链，一般的大型超市食品供应链均为此种运作方式。第四类，由传统批发商或代理商发展的食品供应链。

3. 食品供应链特点

食品，作为食品供应链的生产和管理对象，具有以下特点：易腐易损性；农产品自然生长周期导致的季节性与不稳定性；地域分布广，生产分散；单位产品价值低，体积大；最初产品形状、规格、质量参差不齐；原材料的质量对最终加工产品质量有较大影响；消费者非常关注产品和生产方法。因此，食品供应链呈现以下特点。

1）食品供应链质量要求的严格性

食品出现问题所造成的后果和不良影响往往无法在短时间内消除，甚至可能使供应链崩溃，这就要求链上各企业主体从原材料供应、运输到生产、销售等各个环节都要进行严格的质量把关，对易变质的初级农产品、半成品、成品进行冷藏储存和运输。因此，相对于其他行业的供应链，食品供应链对质量的要求更高、更严格。

2）食品供应链结构的复杂多样性和特殊性

从种植、养殖一直到形成最终消费，食品以其供应链长为重要特征，其主要覆盖种植养殖、初加工、深加工和流通、零售、餐饮管理等多个环节，并由此构成其复杂性。以天津市经济技术开发区的可口可乐和百事可乐的生产和销售为例，其供应链与香料的萃取加工链、甜味剂加工链、二氧化碳气体加工、净化水生产、铝听和钢罐加工、纸箱加工、饮料生产、运输、储存和分销、市场研究、营销与促销、零售等有关。由此可见，饮料供应链管理者在实施供应链管理中要协调、执行和处理的各种供应链关系及配送服务是非常复杂的。食品供应链结构的特殊性，主要表现为其供应主体的特殊性。食品供应链的供应主体——农户，具有自然人、法人、管理者、决策者、劳动者等多重身份属性；其行为模式比较复杂，决策的理性与非理性并存，并受个人文化素养、心理状态、经济状况等因素影响而波动；在对市场信号和经济信息的认知和反应上，既可能理智定夺，也可能盲目跟风；从数量特征上看，其数量弹性很大，可以从百十人到成千上万人甚至更多，这使得供应链主流理论中关于供应商选择优化、集成供应及供应商关系管理的理论和方法，难以移植到对食品供应链中供应商的管理上来。

3）食品供应链时间竞争的双向性和局限性

在工业型供应链中，时间竞争的基本指向就是加速，即尽可能地缩短产品开发、发布、加工制造、销售配送、服务支持等时间长度（均值）及减少它们的波动幅度（方差）来参与竞争。而在食品供应链中，时间竞争在策略指向上不仅包括正向加速，还包括逆向加速，即削减和抑制农副产品有机体自然生长（呼吸、光合作用、熟化、腐化）的速度，使其具有更大的经济价值。另外，食品供应链在时间竞争上的局限性表现在以下方面：食品供应链中农业环节生产和运营周期的长周期与农产品加工、流通的短周期落差巨大，在一定的经济技术条件下，农业周期的压缩潜力有限。

4）食品供应链网络结构的脆弱性和动态性

首先，食品供应链因其网络结构的错综复杂性、外部环境的不确定性、食品的自身品质难以持久保持并容易受微生物污染，以及食品生产企业过于追求成本最小化等，而造成食品供应链的脆弱性，使得其中断风险较高。其次，市场的多变性、不确定性及不可预测性使得食品供应链表现出随时间不断变化的动态行为模式，这一行为模式将导致食品供应链体系不断变化发展，甚至分化瓦解。最后，从产业角度看，食品供应链联结了农工商三大产业，风险因素呈全方位性，自然、社会、制度、市场、组织、价格、行为等风险交互影响和作用，呈现很强的扰动性和破坏性，这也增大了食品供应链断裂的可能性。

5）食品供应链系统的非线性与不确定性

食品供应链是一个多主体复杂系统，其处于完全动态的开放环境中，该外界环境不断发生变化并对食品供应链产生影响，链上各主体与外部环境之间不断产生资源、信息等方面的交换，使得其方便进入或退出食品供应链，从而导致食品供应链系统复杂程度的非线性增加，表现出强耦合的特征。而食品供应链的不确定性则表现在食品供应链的供求上，从供应上看，初级农产品的生产对自然地理条件的依赖是明显的，所以从食品供应链源头初级农产品的供应上，就存在很大的不确定性；从需求上看，食品是生活必需品，属于生存资料，需求弹性也很小。食品的供给弹性和需求弹性都很小的特点，容易导致消费市场上价格的周期性波动，著名的蛛网模型清晰地描述了这一现象。过于剧烈的价格变动将会导致食品物流的无序、无效或停滞，这对于生产者来说是致命的，对于消费者来说也可能是无法承受的。另外，食品安全事件的频发也使得整个食品供应链需求端呈现出高度的不确定性、敏感性趋势。

4. 食品冷链

食品冷链是指从原材料供给，食品制作、加工、储存、运输、配送、销售，一直到被顾客购买消费前的所有环节，而这些环节构成的食品供应链保证了易腐食品处于规定的合适低温条件中，该供应链以确保食品品质、最大限度地降低食品腐坏损失为最终目的。

1）食品冷链特征

（1）系统性要求更强。冷链要求食品一直在低温环境中，也就是说，从最开始的原材料供应一直到最终的零售商销售环节，都要最大限度使需要冷藏冷冻的生鲜食品维持在其规定的适合的温度湿度环境中，从而确保食品的品质。这一过程的实现涉及很多的主体，也需要众多的高新工艺技术和管理制度做基础保证。主体主要有食品冷链的各个组织成员——上游的供应商，中游的分销商，下游的零售商、操作人员、客户个人,工艺技术包括制冷、控制湿度、低温运输、低温存储、流程设计优化、计量测试的方法等,这样的一个系统流程有着很高的技术含量和难度。

(2)安全性要求更高。保证食品的质量,避免食物的腐坏,是食品冷链的最首要最基本的目标任务。优化整体物流流程线路、提升物流运输配送效率、确保物流人员工作的高品质,才能确保食品的质量。任何一个技术、人员或者操作的差错都极有可能造成各种类型的食品安全事故,威胁人们的生命和健康。只有在运输、配送的"线"上和加工、储存的"点"上都确保温度的恒定,才能够减少流转过程中的损失,确保食品的质量和安全性。

(3)前期投资大、后期运营成本高。食品冷链从原材料供给,食物制作、加工、储存、运输、配送、销售,直至被客户购买消费前所有步骤都需要专业配套的冷藏冷冻设施。冷藏冷冻库和冷藏车的成本很高,前期投入的成本比较大,是普通仓库和运输车辆的三到五倍。所以,在建设食品冷链物流系统时,要全面考虑到安全性和经济性,首先要确保食品安全,在这样一个基础上尽可能地降低前期成本和后期运营维护费用。

(4)对环境的依赖性大。食品生产的原材料绝大部分来自农业产物,而农业产物的质量和产量首先取决于其被种植或养殖的环境,如湿度、光照长度与强度、通风情况、土壤化学成分及含量、肥力等。食品行业的市场情况,特别是大宗食品的市场变化,受社会经济形势的影响明显。

(5)周转时间短、环节多。因为食品容易腐坏变质,新鲜度在短时间内就会消逝,所以我们应当严格管理安排食品供应链各个阶段所花费的时间,保障产成品以能够实现的最快速度提供给客户,以保证新鲜度并抢占市场。然而,食品供应链环节多而且关联众多、交叉,包括耕作农作物和畜养宰杀牲畜、加工、运输、销售、饭店经营等众多环节,复杂且难以监控和管理,无法预料的风险存在于所有步骤中,一旦发生安全问题,涉及面广,影响范围大,不仅增加成本开支,还影响价值的增值。同时,供应链各主体间业务关系多面交叉,如水果供应链与果农、产地批发市场、包装材料供应商、包装分拣装卸组织、储运公司、销地农贸市场或超市、零售商、终端消费者有关。

(6)技术要求高。由于食品生产的原料具有区域性,而需求是多样的,所以跨区域的流通交易不可避免。然而,因为食品的新鲜度要求高,保质期短,食品在流通中的损耗随流通半径加大而迅速增加。在物流配送过程中,为保证食品的营养价值和质量安全,减小损失,食品必须在适宜的温度、湿度环境下储存和运输,这样一来,温度、湿度控制技术就显得尤为重要。其实绝大部分食物是在低温下才能保鲜的,所以必须有较先进稳定的冷链技术,使食品无论是在运输移动的过程中还是在仓库静态储存的时候都存在于低温环境下。因此,食品供应链对储运、运配的要求，显然和常温下储运、运配基础不一样。

（7）市场不确定性大。无论是农作物的种植还是牲畜的繁殖都有显著的季节性，而绝大多数的食品原料正是上述的农作物、牲畜等，因此食品生产和销售等受季节的限制。例如，在某农作物的收获期，用该农作物作为原料的食品的价格往往会下降；反之，会升高。由于食品生产和消费的分散性及可替代性，很难准确把握价格、供应和需求、对手、伙伴信息，同时生产者也很难取得垄断优势。由于我国的农村经济正处于由计划经济向市场经济转型中，作为食品供应链源头，农户的市场经营能力的提升速度跟不上市场经济的变化速度，并且分散的农户的市场能力非常薄弱，不能有效收集信息、分析信息和利用信息，最后只能是盲目生产，导致"卖难"和"买难"的现象经常出现。就算提升原料和产品库存水平，需求的不确定性也不会被消灭，正确进行决策的有效方法之一就是合理利用市场信息，但这样会引发投机行为，增加管理的风险。

（8）关系到人们生命健康，风险高。食品是人们生存的根本，生产食品的目的是供应人们的日常生活，因此食品是否安全是一个广泛受到公众关注的问题，也和人民群众的切身利益息息相关。如果对食品的质量监督管理不善，很容易引发危害人们生命健康的事故。同时人们所食用食品的安全等级能反映出人们生活质量的等级。不安全的食品有损人类健康，严重时还会使人有性命危险。受到外部环境的影响，食品从生产到消费的整个流通过程中耗费成本高，并且在供应链的各个环节都比较不稳定，十分脆弱。如果发生质量问题，那么该企业生产的任何商品或者提供的所有服务，都将不会被人们信赖和选择。这样受到危害的不仅仅是一个生产公司，整个供应链上的所有组织成员都会遭受损失。如今人们生活的质量普遍得到提高，越来越多的人开始重视食品安全。因此，决定企业能否在市场中占据位置的首要因素是食品的质量。

2）食品冷链结构模型

食品冷链结构包括四大模块：低温生产加工、低温储存、低温运输与配送、低温销售，如图 1-3 所示，其中，低温储存、低温运输与配送是物流承担的最主要任务。

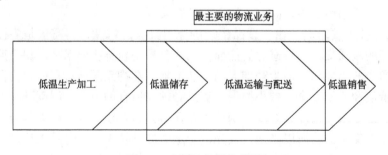

图 1-3　食品冷链结构模型

与普通的常温食品供应链相比，食品冷链对设备的要求更严格、更高级，运作条件也更加复杂。食品冷链能够有效地延缓因减少化学、物理、生物和微生物反应造成的食品腐坏、变质，从而保证食品短期内的品质。这是因为，首先，微生物的繁殖速度在低温下比平常温度下缓慢得多，因此腐坏变质被有效控制，为了保证食品的卫生、安全和品质，食品冷链应当保证食品存在于平稳的规定的低温条件下；其次，绝大多数的化学反应在低温环境中是无法进行的；最后，食品冷链的储存、运输等设备更加统一化，安全性更高，避免了粗暴装卸等物理伤害。食品安全牵涉到人们的生命安全，食品冷链里的一个小小的环节出错都可能会造成重大的食品安全问题，因此，安全是食品冷链必须首要完成的任务。

3）食品冷链设备

在图 1-3 所示的食品冷链结构模型中，低温生产加工可以分为冷冻类和冷藏类，冷冻类主要包括对禽蛋类、海鲜类、肉类进行降温冷冻，冷藏类主要包括对蔬菜进行预冷和保证其在低温环境中进行加工，还有在低温环境中加工门类繁多的速冻食品和乳品等。降温冷却设备、冷冻装置、速冻设备、低温加工车间是低温生产制作加工环节所需要的设备。

低温储存分为冷却储存食品和冷冻储存食品，如水果蔬菜类的食品就需要冷却储存，而且要注意湿度的控制。每种食品都有其独特的最佳储存温度、湿度，不能一概而论，要差别对待。各种类型的冷藏冷冻库、销售商的冷藏柜、客户的家用冰箱是该环节所需要的装置设备。

低温运输与配送是指中、长途食品运输及短途食品配送。这一环节需要配备的装置主要是低温交通运输工具，公路运输中需要冷藏低温集装箱、冷藏车，铁路运输中需要铁路冷藏车厢，水路运输需要冷藏船、冷藏集装箱。

低温销售跨越食品冷链的整个过程，从批发到零售，需要供应商、生产商、批发商、零售商的参与才能实现。所需设备有冷藏冷冻库、冷冻柜等。

1.4.4　食品供应链安全

食品供应链的每一个环节都存在着影响食品安全的因素，这些因素相互影响、相互作用，使得保障食品安全不只是某个企业的责任，还需要供应链中各环节上企业的协调合作。食品供应链主要由五个环节组成，包括食品原材料供应环节、食品生产加工环节、食品储藏运输环节、食品销售环节及食品消费环节，食品供应链安全就是指这五个环节的食品安全。

1. 食品原材料供应环节食品安全

食品原材料供应环节即指食品原材料的供应过程，该过程中影响食品安全的主要因素可分为三大类，即生物性危害、环境污染和农业投入品。其中，生物性危害多发于畜禽和水产养殖业等，环境污染多指水体污染和土壤污染等，农业投入品一般指在农业生产过程中使用的、可以影响农作物质量的各类物质生产资料，如农药、化肥、兽药、饲料等。

所以，对于种植产品和禽畜产品，植物种植地、禽畜养殖地、屠宰和加工厂的选址和设施很关键。植物种植地、禽畜养殖地、屠宰和加工厂应该设置在生态环境良好的生产区域，饲养和加工场地应进行定期的卫生清理和消毒杀菌。

2. 食品生产加工环节食品安全

食品生产加工环节即指将来源于植物种植地、禽畜养殖地、屠宰和加工厂的农产品原料、鲜活农产品成品或半成品等进行食品粗加工和深加工的过程。在此过程中存在的不安全因素主要有四种情况。第一种情况，是使用过期的、变质的、受到污染的食品原辅材料，违规使用不安全的食品包装材料等，这些都会对食品的安全生产造成很大影响。第二种情况，是不合理使用食品添加剂，这将影响食品安全，危害人体健康。第三种情况，是食品生产用水不符合"生活饮用水质量标准"的基本要求，这将极大影响食品安全，特别是对于某些对水质要求较高的食品，如饮料、啤酒、汽水等，因此很有必要对所用的水进行特殊处理。第四种情况，是食品生产加工环境的卫生条件和食品生产人员的卫生状况不够良好，这也将对食品的安全性构成威胁。

3. 食品储藏运输环节食品安全

食品储藏运输环节是食品供应链中从加工到销售再到消费的中间环节，主要包括包装、储藏、运输三个方面。食品包装是在运输和储藏过程中，为了使食品的价值和原有形态的损失最少、保持最好，采用适当的材料、容器等将食品包装起来；食品的包装质量决定了食品能否以安全的状态到达消费者手中。食品储藏是根据食品的特性，采用一些物理的、化学的、生物的或综合的措施来减少食品质量和数量损失，最大限度保持食品的固有质量、营养价值和商品价值的过程；影响食品储藏安全性的因素包括水分含量、保藏方法、环境、温度、光线、湿度及储藏时间，提高这些因素的稳定性和标准化设置，是有效防止食品变质腐败、保障食品储藏安全的主要途径。食品运输就是在规定的时间内按照相关要求，将食品运输到规定的地点，实现食品的空间转移；食品在运输过程中还存在着许多影响食品安全的隐患，所以应加强运输管理，确保运输工具符合卫生要求，完善相关运输配送设施。

4. 食品销售环节食品安全

食品销售环节是指通过各种中间商、零售商销售的买卖活动将食品运送到消费者手中的过程，在食品销售过程中，相关的销售单位必须获得有关部门认可的卫生许可证，食品从业人员都必须经过规范合格的培训教育；同时，销售地应设食品专区或专柜，配置有效的防虫、防蝇措施，保障食品安全。

5. 食品消费环节食品安全

食品消费环节是食品供应链的最后一个环节，在这个环节，食品的质量安全控制非常重要，消费者要学会正确选购安全食品，还要掌握各种不同食品科学的烹饪方法和健康的食用方法，以保证消费者所购食品的营养、安全、优质。在消费环节，如何准确评估食品安全状态，向消费者及时传递食品安全信息，有效处理、追溯食品安全事件和相关问题食品，成为越来越迫切的任务。

1.5 本 章 小 结

本章介绍了我国食品安全监管状况，通过梳理国内外相关领域的研究状况，提出供应链视角下食品安全决策体系的建设既是政府、食品安全监管部门亟待解决的现实问题，也是食品领域专家、学者深入研究的学术课题。本章明确了将食品科学、系统科学、供应链理论、风险理论、信息技术、建模仿真方法等相融合的研究思路，简要介绍了本书的主要研究内容、结构和创新点，给出了食品领域的相关概念界定及特点解析，为后面各章节内容奠定了理论基础。

第2章 基于供应链的食品安全决策研究概述

2.1 食品供应链安全决策研究综述

2.1.1 食品供应链安全协调决策相关研究

1. 供应链协调管理理论的研究

关于供应链协调管理问题的研究始于1960年Clark等对多级库存销售系统的研究，现已形成了几套比较成熟的体系，国内外专家学者对供应链协调的研究工作主要集中在以下三个方面。

1）应用供应链契约来建立供应链协调机制

Cachon分析了收益共享契约对供应链中各主体之间相互协调过程的影响[41]；Fugate等对市场需求预测存在更新的情况下如何通过建立数量柔性契约来进行多阶段供应链协调的问题做了研究[42]；贾涛等研究了能够促进供应链上各主体之间相互协调的回购契约及应该满足的参数条件[43]；邓正华对目前的供应链协调契约从不同角度进行了归纳总结[44]。

2）从委托代理的角度研究供应链协调

委托代理理论是由契约理论发展演化而来的。陈志祥等在综述了供应链上各主体之间的协调合作问题的基础上，提出了可以实现供应链协调的委托代理理论[45]；杨志宇和马士华应用委托代理理论，对影响供应链协调的逆向选择和道德风险问题进行了研究[46]；李善良和朱道立应用委托代理理论，对单个阶段供应链上的两个企业主体在协调合作过程中的利益博弈问题进行了研究[47]；周永强从供应链节点企业自身的角度给出了选择协调模式的流程框图，并运用委托代理理论对供应链协调做出了解释[48]。

3）从供应链信息共享的角度研究供应链协调

供应链上各企业主体间的有效协调合作，离不开信息共享的作用，该研究方向强调信息管理与信息共享的核心作用。Cachon 认为横向竞争会削弱供应链的绩效，因此在供应链中建立信息共享机制有助于供应链的协调从而提高整个供应链的效率[41]；Suresh 等认为信息共享是对已有的供应链运营策略的完善，是以较低成本实现供应链整体高效益的最佳方法[49]；王超从供应链失调的原因出发，分析供应链失调对经营业绩的影响及供应链协调中的障碍，分别从激励机制、信息沟通、提高业绩、定价策略和建立战略伙伴关系五个方面提出了相应的解决方法[50]。

2. 食品供应链协调管理理论的研究

对食品供应链协调问题的研究始于 20 世纪八九十年代，Boehlje 和 Schrader 主张将食品供应链的研究重点由市场转移到链条的纵向协调上来，提出跨产品或行销体系的纵向整合，形成指导与控制结盟[51]；Gorris 指出，食品安全的目标靠食品供应链的有效管理实现[52]；Burer 等研究了种子产业中供应商和零售商之间的合同惯例[53]；Raspor 认为食品供应链中的食品安全，要靠食品供应链中不同参与主体共同来完成[54]；Hans 等认为通过对冷藏链的有效协调，可以实现以较低的成本高效地保持菊苣新鲜的目标[55]。国内学者张钦红等通过对食品供应链协调的研究，找到了解决易变质品退货问题的最佳办法[56]；汪普庆和李春艳应用演化博弈理论，通过构建复制动态演化模型，发现随着食品供应链中参与主体之间契约关系紧密程度或一体化程度的加深，他们之间诚信合作的概率增大，食品供应链的协调一致性增强，并且最终的食品安全水平也随之提升[57]；赵艳波、孔洁宏和骆建文应用对策博弈理论和收益共享契约理论，在考虑乳制品等易变质品处理成本的基础上，建立了基于最优订购的供应链协调模型和协调策略[58, 59]；杨金海以农产品供应链为研究对象，运用委托代理理论的方法对农产品供应链协调的监督与激励机制进行了探讨[60]；张振彦和杨桂红针对食品生产企业与政府食品安全监管部门的协调问题，应用博弈论中的演化博弈理论，对政府食品安全监管部门和食品生产企业之间的协调过程进行了分析[61]；武力认为食品安全风险控制必须以食品供应链的协调为基础进行风险控制[62]；陈原在分析我国食品安全监管工作现状的基础上，提出构建我国食品安全供应链协调管理系统的必要性，并构建了食品安全供应链协调管理系统的框架[63]；杨青和施亚能鉴于当前我国食品安全问题比较突出，认为食品供应链系统中的食品生产企业与政府食品安全监管部门的协调必须加强，同时运用演化博弈理论构建了演化博弈模型，并对模型的复制动态方程的动态趋势和稳定性进行了分析[64]。

2.1.2   食品供应链安全监测预警相关研究

1. 食品安全监控理论研究

监控是预防食品安全危害的重要措施。食品安全监控体系强调在整个供应链流程上对食品安全危害进行预防。质量监控体系可以弥补传统的抽检方式判定产品是否合格的不足。传统抽检往往会由设备和检测方法的缺陷导致部分劣质产品不能被检测出来，而监控能够不间断地检测食品安全的动态，便于在食品供应链中监控食品的安全信息，从而保证食品的质量安全。

"监控"是进行监控的主体为达到某一目的或任务按照既定计划使用一定的方法或手段来采集要监控的客体信息，分析客体的状况，并通过信息反馈调控客体行为的一种活动过程。监控可以分为事前、事中和事后监控三种，又可以划分为直接监控和间接监控两种。监控理论在食品质量安全监控上的应用，表现为对食品质量安全实施产前、产中和产后监控。食品质量水平的提高及食品安全的保障，是对从初级农产品生产到食品加工再到流通消费每个环节质量管理的有机结合，因此把食品供应链的各环节看成最终食品质量的一个环节或阶段，每个阶段的质量管理措施和方法以及各阶段的协同，构成了整个供应链的监控体系。进行食品质量安全监控时，首先要制定食品质量安全标准或目标，然后利用各种监测手段对产品的生产全过程和最终产品进行监控。这里主要明确以下几点：一是制定明确的食品质量安全标准或目标；二是要有充足且及时的食品质量安全信息及相关信息；三是找出关键监控点。HACCP体系是国际上通用的以控制食品安全卫生为主的一种先进的、科学的、经济的、预防性的管理体系。

2. 食品安全预警理论研究

预警，顾名思义，就是"预先警告"。事物的发展面临复杂的环境，各种风险因素互相联系，为了应对事物的发展出现异常情况并造成损失，如各种危机或灾难等异常情况，应迅速发出警报，使人们及时对目标事件进行调控并实施相关防御措施。

食品安全预警是专门针对食品安全问题进行的"预先警告"，通过对食品可能产生影响人们的身体健康的因素进行监测、追踪、分析，并发出预先警示，从而构建有效监控食品安全风险的预警运作机制，以对已发生或潜在的食品安全问题进行有效控制。一般来说，食品安全预警分为无警和有警。"无警"是在现有的技术水平下，没有检测出食品中含有的不安全成分，正常食用不会对人体造成直接或潜在的威胁；"有警"是食品存在不安全状况，若食用则可能威胁人体健康，须进行警报以引起消费者的注意，并督促食品安全生产和管理人员采取有效的措施来防范和控制食品安全危害，将食品安全的危害减小到最低。食品安全预警理论主要包括风险分析预警理论、逻辑预警理论、系统预警理论。

1）风险分析预警理论

关于食品安全风险分析预警理论，联合国粮食及农业组织和世界卫生组织联合专家委员会在 1995 年提出了风险分析体系，主要包括风险评估、风险管理和风险交流三个有机组成部分。

在食品安全预警领域，风险评估主要包括危害识别、危害描述、暴露评估、风险描述这些部分，利用科学方法检测食品中含有的危害人类健康的因素，分析这些因素的特征与性质，并对其影响范围、影响时间、影响人群、影响程度进行分析。具体地，风险评估是对食品中存在的危害进行识别和描述。食品中包含的风险主要有物理危害、化学危害及生物危害。物理危害在食品的加工程序中能够避免，因此风险识别主要是进行化学危害的识别和生物危害的识别。化学危害的识别主要是进行理化性质、动物实验、流行病学研究等。化学危害的描述则主要针对化学剂量与毒性反应关系、毒性与人体差异关系、有无阈值或最大剂量等。生物危害的识别主要是研究有害微生物在食品中的含量和毒性、食源性疾病、流行病学传播机理等。危害识别和描述是风险评估的基础。暴露评估则是食品安全风险评估中难度较大的环节，有膳食摄入量、食品含量影响、剂量与暴露模式等方面的内容。经过识别、描述危害和暴露评估，需要再对风险的不确定性和变异性进行必需的描述，为风险管理提供依据。

在食品安全预警领域，风险管理主要包括风险评价与管理决策，是对控制风险战略的贯彻和实施。具体地，食品安全的风险管理和决策是基于先前的风险评估，对意识到的风险提供防御措施和风险管理的具体步骤、方法等。当存在产生风险的情况时，可以迅速提供预警方案，及时采取应对策略；当风险弱化时，采取降低预警的范围和程度的措施；当风险得到控制且危害已经不存在时，应当快速解除警报。对于需要继续监测的风险要制订管理计划，要给予清晰的支持条件、继续监测的目标和想要达到的预期效果等。风险管理主要侧重于制定和审核管理步骤和措施，监督和检验管理策略的执行情况，并科学评价风险管理的效果。风险管理的另一内容，是关注风险交流后各方的反应，不断提高管理体系对食品危害的识别和风险控制的水平。特别是对于新出现的食品安全危害的风险管理，在风险对人体健康的潜在危害、对经济与社会的影响，以及消费者态度等方面都要求有新的研究方法和内容。只有风险管理水平不断提高，才能保障食品安全总体状况保持较高的水平，并且能够较好地发展。

在食品安全预警领域，风险交流是相关利益主体对风险信息的交换，通过与相关的利益主体进行有效的信息发布和交流，可以使公众健康免于受到不安全食品的危害。具体地，风险交流主要是食品安全各部门之间关于食品安全信息的通告、通报、合作与协调，是政府管理者、食品企业、食品消费者三方共同应对食品安全威胁以减小食品安全风险的信息传导机制。利用交流平台，可以提高政府主管部门的监管透明度，也使企业不敢懈怠，对食品在加工、流通、销售等环节潜在的风险给予充分重视。风险交流使食品企业真正进行公正、公开、公平原则的市场竞争，对于消费者来说受益颇多，消费者能够得到预防食品安全风险的知识，及时了解食品安全风险的状况，提高防范食品安全风险的能力。

2）逻辑预警理论

当食品安全发生问题时，所表现出来的状态和情况称为警情。按照逻辑层次来考虑预警，可以分为确定警情的主要影响因素、分析因素变化的原因和条件、因素表征警情程度控制与趋势预报四个主要过程，也可以简称为警素、警源、警兆和警度。这四个主要过程服从逻辑关系。其中，警素是食品安全问题的主要影响因素，是进行预警的关键和基础；警源是引发食品安全问题的根本原因；警兆是发生食品安全问题时所表现出来的特征；警度则用来表征食品安全问题的严重程度。

食品安全的逻辑预警概括起来，即要明确食品安全预警的内容（警素），寻找和分析产生食品安全问题的源头（警源），判定和归纳食品发生安全问题时所具有的特性（警兆），分析并给出问题的严重程度（警度）。并向特定人群发出警报，以使相关人员采取相应的预警机制来控制其影响范围，降低食品安全问题的风险，减少社会经济损失。

3）系统预警理论

食品安全预警的主体大多属于综合性问题，系统预警相关理论是依据系统的范畴界定预警范围，依据系统科学的原理和技术实施预警分析、预测及控制。一般情况下，食品安全预警系统除了涉及系统内的诸多子系统的协调，也关系到系统与外部环境的协调运作。所以能达到适应外部环境最佳状态的系统才是健康运行的系统。

预警研究侧重于预防，所以，预警的目的是防控问题的出现。对于系统的非常规运行，控制就是要进行有力的干预，使系统按照预期的正常的轨道运行。为防止系统产生较大的偏离，就要对系统的关键控制点做及时有效的调节、纠偏，以保持系统的正常运行。当食品受到污染或食品安全的风险加大时，食品安全预警的控制手段要着重进行减少污染和风险，直至彻底消除污染源，完全排除风险。如果出现突发重大食品安全事件，则要快速应对来控制当前状况的发展。

食品安全预警的系统控制理论将研究对象作为一个整体，用信息流表达系统内部及系统和外界的关联，并设计各种流向和控制过程，以实现对食品安全危机的修正和调整，减小和降低风险，使问题的严重程度弱化，使食品处于安全的警戒限度内。

3. 食品安全预警系统研究

关于食品安全预警系统研究，Adrie 等运用数据挖掘对食品供应链的诸多风险因素进行了预警研究[65]。Peter 和 Ben 分析了国际食品安全当局网络（International Food Safety Authorities Network，INFOSAN）的构成部分和 INFOSAN 应急网络的运行机制[66]。Becker 和 Porter 分析了美国的食品安全现状和食品安全体系，并声明再完善的预警体系仍不可以完全阻止食品安全问题的发生，而建设食品安全预警体系是要把食品安全事件出现的概率最小化[67]。Tom 认为要整理全球相关的食品安全数据，扩展完善的监测预警系统，在世界范围内组建完整的食品安全预警系统以监测特殊食品的安全状况[68]。欧盟已经建立起世界上应用最为成熟的食品安全预警系统——食品和饲料快速预警系统（Presentation on the Rapid Alert System for Food and Feed，RASFF），当 RASFF 的其中任何一个国家发现潜在或直接的食品安全问题时，该国须把食品安全的危害程度和市场分布迅速向欧盟委员会汇报，欧盟委员会对该事件进行评估，并根据事件的危害程度向其他成员国发出通告，使其他国家能在短时间内采取相应对策。美国和加拿大也建立了相应的食品安全追溯系统及食品冷链系统。顾林生等从组织机构、信息发布及应急管理机制等方面提出了重视食品安全危机管理预案的重大意义，并提出建立和完善我国食品安全危机管理法规体系的相关建议[69]。唐晓纯和苟变丽提供了食品安全预警系统的内涵，并把食品安全防控作为目标，将食品安全预警体系划分为信息源系统、预警分析系统、反应系统、快速反应系统[70]。何坪华和聂凤英针对食品安全预警体系的主要目的，将食品安全预警系统划分成信息采集系统、预警评价指标体系、预警分析与决策系统、报警系统和预警防范与处理系统等，进一步分析了食品安全预警系统的运行模式[71]。季任天等更详细地提出快速反应系统应囊括在反应系统中，它是反应系统在特殊情况下的反应机制[72]。叶存杰从管理信息系统角度，将预警系统框架构建为数据采集、数据处理、数据分析和预警发布等模块[73]。

从以上研究可以看出，相关研究人员对食品安全监测和预警系统的功能模块的组成部分基本形成共识，主要聚焦在原始数据的收集、食品安全问题的风险分析及预测、预警信息的发布、快速应对等。另外，晏绍庆等分析了国内外食品安全监测及预警系统的建设情况，提出了完善国内食品安全信息预警系统的方法[74]；胡慧希和季任天研究了 RASFF 中有关食品安全预警系统的建设思路，建议国内食品安全预警系统从系统的建立和运行角度来建设[75]。许世卫等指出完善国内预警系统在农产品预警方面的研究路径，从预警对象角度划分为农产品监测预警、过程风险分析预警及整体宏观预警三类，从理论上完善了国内食品安全预警系统[76]。

综上，我国在食品安全预警体系的建设方面尚处于起步阶段，与国际先进水平相比具有较明显的差距。我国有关食品安全预警的研究大多侧重于食品安全监管方面，宏观性的措施政策方面的理论较多，针对预警的定量研究和实证研究还较少。另外，食品供应链与食品安全有密不可分的关系，而从供应链角度研究食品安全预警体系的研究还比较欠缺。因此，本书借鉴国内外对食品安全预警体系的研究，从供应链角度出发，构建食品安全风险监测与预警体系，以期为我国的食品安全预警系统的完善提供一定的参考价值。

2.1.3 食品供应链安全风险管理相关研究

1. 供应链风险管理研究

对于"风险"一词的起源目前还带有争议，在风险管理的许多文献中都没有给出明确的定义。Rowe 强调风险是指事件带来的负面结果[77]。Paulsson 认为供应链风险指的是供应链的脆弱性、混乱程度和来自内部或外部的干扰[78]。Zsidisin 认为供应链风险与来自单个节点企业潜在的运作失败的可能性有关[79]。供应链风险同样没有明确的定义，但就目前已有的研究来看，大多数学者都是倾向于从供应链的脆弱性和不确定性方面进行研究。从定量角度看，应用于供应链风险管理的技术方法也很多。肖艳等根据风险的不同来源对供应链风险类型进行了总结，并探讨了战略和战术层面的供应链风险管理方法[80]。夏德和王林提出了主体事件预测报告分析、可获数据整合分析、综合风险分析三个供应链风险识别模式，并指出了数量、适应性、过时与退化、质量及复杂性等供应链风险影响因素[81]。Cavinato 从系统整体角度和物流、价值流、信息流、创新和关系网等层次对供应链风险的来源进行了分析研究[82]。Tang 通过分析供应链风险管理的现状探讨了供应链风险管理的未来前景[83]。刘菲在研究风险管理对供应链脆弱性影响时，运用了因子与信度分析、回归分析、方差分析及实证研究等方法[84]。曹俊杰在分析相关理论的基础上，运用层次分析法和云重心法对评价的指标进行研究，并采用粗糙集理论筛选出了相对权重最大的几个指标[85]。杨磊等运用多层次分析法对供应链风险进行分类，并用系统分析方法提出了供应链风险应对策略[86]。张存禄和朱小年指出知识管理对供应链风险管理的成效影响较大，通过分析供应链中知识、信息等缺乏的现状，针对风险管理角度提出了基于知识管理的供应链模式[87]。Snyder 等指出一旦供应链发生中断，则很难在短时间内弥补，所造成的破坏也有较长远的影响，因此在供应链建设初期做好链条的设计至关重要[88]。耿慧萍在分析供应链柔性的基础上，基于供应链中断风险管理，提出了基于双元采购与柔性供应组合方法，并对价格敏感需求下多元采购柔性策略进行了研究[89]。徐媛通过分析信息共享、信任和供应链风险三者之间的关系，结合问卷调查法和结构方程分析法，研究了信息共享和信任在供应链风险影响机制中的作用[90]。索秀花基于整体视角，运用供应链运作参考模型和社会学理论分析了供应链管理的重要流程和主要影响因素，接着分别从九个角度构建了风险评价体系，运用贝叶斯网络方法和模糊综合评价法进行了模型构建和评估[91]。Harland 等从供应链系统角度出发，对供应链风险进行了分类，包括战略和战术、作业和流程、供应和运输、竞争和信誉、客户稳定和服务质量、税收和政治、资产损伤和完整度及法律风险[92]。金铌以本质安全为分析视角，从根源上发现薄弱环节，识别供应链风险、消除隐患、降低损失，运用供应链运作参考模型研究了集成供应链风险并进行分类，分为供需、运作流程、自然环境和社会环境以及政策和制度风险等[93]。Hallikas 等从供应链交易角度，将供应链风险分为市场风险、交易履约能力风险、金融和财务风险及产品定价风险四种[94]。Sheffi 从供应链信息角度，将供应链风险分为供给和运输失败、基础设施构建失败、配送和信息共享失败及市场预测失败四个方面[95]。

2. 食品供应链风险管理研究

食品供应链风险管理是风险管理理论在食品供应链领域的较新应用，目前的研究还存在许多不足之处。Prater 等通过制定资源和生产战略提高供应链的敏捷性和脆弱性，对此他运用"供应链暴露"这一新名词来进行解释，并用评分方法对供应链风险进行评估[96]。张卫斌和顾振宇运用现代化、信息化的食品供应链管理技术，结合无线射频识别技术形成了一种解决食品安全追溯问题的新思路[97]。赵勇和赵国华通过对食品供应链可追溯体系的概念、特征、分类等内容的讨论和食品企业可追溯功能的分析，指出了可用于食品企业可追溯体系的技术和发展方向[98]。邓俊森和戴蓬军首先针对我国农产品流通过程产品损失和技术损失大、运输和配送成本高，同时生产不成规模、流通过程冗长且参与主体管理不完善等问题，分别提出了以具有一定规模的批发市场为核心和超级市场为核心的两种农产品流通模式，并进行了两种模式在实施条件等方面的比较[99]。高青松等借鉴国外先进的农业产业链组织经验，从产业链纵向组织结构分析入手，将"公司+农户"组织模式改造为"公司+农业产业工人""品牌+农户+市场""供销合作社+品牌+农户"三种新模式，并分析了其战略优势、实施障碍和风险[100]。van Kleef 构建了评价食品风险管理质量的结构方程模型，并认为站在食品安全监管者的角度，要改进消费者对食品安全的信心，就要基于欧洲过去和现在的食品安全事件分析消费者认为的风险管理最佳实践，并得出结论：有效的风险管理政策包含增加风险管理的透明度、有前瞻性的风险管理战略、有效的沟通，以及监管者和风险机构有关胜任和诚实的证据[101, 102]。庄洪兴在对乳品产业链各个环节进行分析的基础上，借鉴基因遗传理论，分析了乳品产业链质量风险基因沿产业链的遗传过程，以及质量风险从产业链的源头到终端的流动形式和变化，运用调查问卷法发现了影响消费者乳品购买决策的主要因素，包括乳品的可追溯性，使用决策树法说明了消费者购买乳品存在质量风险的原因，并提出分别运用矩阵法和风险价值法对质量风险进行分级和定量分析，摸清质量风险管理现状，计算的结果作为企业将来质量风险预防和控制的依据，提出实现乳品产业链质量追溯的方法[103]。李红通过食品质量检测数据统计分析，判别中国食品质量安全的缺陷环节，从食品供应链环节和食品质量安全原因两个维度交叉分析定位中国食品质量安全关键控制点，提出有针对性的对策与建议，以推进中国食品供应链质量安全管理[104]。Steven 提出新鲜食品的生产者、经销商和零售商，可能会受益于开展、实施和定期更新他们的冷链风险管理和 HACCP 计划，这样可以保证食品安全[105]。David 和 Desheng 通过数据包络分析方法仿真模型和风险调整后的成本概念的蒙特卡罗模拟展示了数据包络分析方法的使用，审查供应链中的不确定性，来帮助供应链系统更全面地计量和评估风险[106]。Tummala 和 Schoenherr 提出了供应链的风险管理流程，它包括三个阶段，即风险识别和风险计量阶段、风险缓解和应急预案阶段及通过数据管理系统进行风险控制和监测阶段，这为企业管理者提供了供应链风险管理方法[107]。董千里和李春花建立了一个评估模型来反映食品供应链的根本特点，并将其应用于某乳制品生产企业所处的食品供应链来进行验证[108]。

2.1.4　食品供应链安全综合评价相关研究

1. 食品安全综合评价的研究

国际食品法典委员会是最早在食品安全评价方面进行领军性工作的国际组织。在国际食品法典委员会的倡导下，不少国家建立了本国的某些食品评价系统。在国外的研究中，评价方法和数学模型研究较多，最早的方法和模型来自美国在泰勒时代创立的系统评估方法中的基于改良-责任评估法，随后不断发展，于 20 世纪 60 年代建立了著名的 CIPP 模型。目前，国外普遍采用国际食品法典委员会创立的食品安全风险性分析相应的评估方法和模型，主要有剂量-反应关系的生物学模型、相对潜力因素评估法概率暴露评估模型和决策评估法等。此外，一些新方法和模型也在不断发展中。

傅泽强等从食品安全的内涵出发，构建了食物安全可持续性综合指数模型，计算了 1950~1998 年我国食物安全可持续性综合指数，对我国食物安全可持续状况进行了单因子和多因子评价[109]。李聪等认为食品污染包括生物、物理、化学的多种因素，从保护消费者健康的目的出发，对消费者的食品安全状态做出全面的评价[110]。李哲敏在食品数量安全、质量安全和可持续安全的基础上构建了食品安全评价指标，并利用层次分析法和模糊评判法对中国食品安全现状进行了综合评价[111]。杜树新和韩绍甫利用模糊数学方法对上海市近年来进口红酒的安全状况进行了评价[112]。刘华楠和徐锋将食品质量安全与信用管理相结合，提出了肉类食品安全信用评价指标体系，建立了模糊层次综合评估模型[113]。李旸等提出，食品安全取决于属性模糊的多项指标，并在综合评价指数法检测基础上，运用质量指数评分法划分了食品安全等级[114]。李为相等将扩展的粗集理论引入食品安全评价中，并对某省 2006 年酱菜的安全状况进行了综合评价[115]。钱建平等以定性定量相结合为指导原则，从政府监管角度出发，采用层次分析法确定了各元素的权重，并构建了农产品生产企业质量安全信用评价指标体系[116]。郑培等通过应用信息技术对食品安全状况进行实时监测，成功研发了食品安全综合评价指数与风险监测预警系统，并实现了预期功能，得出了信息技术为食品安全的科学监管提供了全新的技术支撑的结论[117]。毛薇综合考虑了食品供应链不同环节影响食品质量的相关因素，构建了食品安全指数体系框架，并利用可量化指标衡量和评价食品的安全水平，引导消费者安全消费[118]。谢锋等将密切值法应用于食品安全分析评价中[119]。鄂旭等采用粗糙集理论提出了一种精简食品安全评价指标的新方法[120]。

2. 食品供应链安全综合评价的研究

食品供应链安全综合研究并不够丰富，马从国等研究了影响猪肉供应链质量安全的关键性指标，并在此基础上结合模糊分析法和可拓分析法建立了评价体系和数学模型[121]。雷勋平等结合熵权和可拓学理论，建立基于熵权可拓决策模型的区域粮食安全预警模型，并对某省的粮食安全进行预警分析[122]。张凤济和刘俐运用可拓决策的方法对江苏省的食品冷链物流中心的选址问题进行了研究[123]。王芳应用可拓学的思想方法设计了食品冷链物流企业绩效评价指标体系，并建立了基于物元的绩效评价模型[124]。

2.1.5　食品供应链安全信息追溯相关研究

1. 可追溯系统国内外实践状况

严格意义上讲，"可追溯"是一种还原产品生产全过程和其应用的历史轨迹，以及发生场所、销售渠道的能力，以发现食品链的最终端。同时，可追溯性可以形象地描述为一件事发生的来龙去脉要清楚，方便核查。例如，一袋乳制品，从下料生产、包装、出厂、运输、销售等整个过程都应该有记录，万一消费者饮用时出了事，那就要进行调查，这时候所有记录就显得相当重要了。记录做好了就说明该乳制品存在可追溯性。

1）可追溯系统国外实践状况

可追溯系统的产生起因于 1996 年英国疯牛病引发的恐慌，另两起食品安全事件——丹麦的猪肉沙门氏菌污染事件和苏格兰大肠杆菌事件也使得欧盟消费者对政府食品安全监管缺乏信心，但这些食品安全危机同时也促进了可追溯系统的建立。国际食品法典委员会与国际标准化组织把可追溯性的概念定义为"通过登记的识别码，对商品或行为的历史和使用或位置予以追踪的能力"。为了提高消费者的安全信心以及畜产品的地区和品牌优势，世界各国争相发展和实施家畜标识制度和畜产品追溯体系，有的已立法强制执行。

在加拿大，2008 年有 80%的农业食品联合体实行农产品可追溯行动，推进"品牌加拿大"战略。加拿大强制性的牛标识制度 2002 年 7 月 1 日正式生效，要求所有的牛采用 29 种经过认证的条形码、塑料悬挂耳标或两个电子纽扣耳标来标识初始牛群[125]。

在日本，政府已通过新立法，要求肉牛业实施强制性的零售点到农场的追溯系统，系统允许消费者通过互联网输入包装盒上的牛身份号码，获取他们所购买的牛肉的原始生产信息，作为对疯牛病的应对，该法规要求日本肉品加工者在屠宰时采集并保存每头家畜的 DNA（deoxyribonucleic acid，脱氧核糖核酸）样本。但是，日本政府没有要求进口肉类的可追溯性。

在澳大利亚，70%的牛肉产品销往海外，对欧盟市场外贸出口值 5 200 万澳元。"国家牲畜标识计划"是澳大利亚的家畜标识和可追溯系统，它是一个永久性的身份系统，能够追踪家畜从出生到屠宰的全过程[126]。

在荷兰，政府建立了禽与蛋商品理事会的综合质量系统，它是一种质量控制系统，其目的是保证生产链中所有重要活动都在受控情况下进行。为此，在该系统范围内的所有涉及禽肉和禽蛋生产、加工和销售的部门都必须为其业务操作方式提供保证。这点适用于家禽饲养场、饲料供应商、兽医师和产品加工商。每一生产链各自都有综合质量系统专门的规章制度。该系统最终目的是向消费者保证产品的安全性，其核心在于贯穿整个生产链的信息交换。该系统有关家禽的各种情况（一般和特殊）都有书面记录。参加该系统的公司必须在所有时间都能体现出它们是根据该系统的规章制度进行操作的，这就是说它们应有记录在案，必须在任何时候接受检查。参加该系统的畜牧场只准使用来自认证的供应商和动物饲料良好生产操作规范的饲料和只准聘用认可的兽医师。兽医师应根据良好兽医操作规范指南开展工作。屠宰厂则必须把良好卫生操作规范标准与有关转运中动物福利特别条款结合起来。

在英国，政府建立了基于互联网的家畜跟踪系统，这套家畜跟踪系统是家畜辨识与注册综合系统的四要素之一。在该系统中，与家畜相关的饲养记录都被政府记录下来，以便这些家畜可以随时被追踪定位。家畜辨识与注册综合系统的四要素是标牌、农场记录、身份证、家畜跟踪系统。

在欧盟，大多数国家被要求对家畜和肉制品开发实施强制性可追溯制度。欧盟的畜体身份和登记系统由包含唯一的个体注册信息的耳标、出生、死亡和迁移信息的计算机数据库、动物护照及农场注册机构组成。此外，从 2002 年 1 月 1 日起，要求所有店内销售的产品必须具有可追溯标签的规定开始生效，要求所有欧盟牛肉产品的标签必须包含如下信息：出生国别、育肥国别及与牛肉关联的其他畜体的引用数码标识、屠宰国别及屠宰厂标识、分割包装国别及分割厂的批准号、是否欧盟成员国生产等重要信息。在欧盟，家畜标识和注册系统已经实施，提供动物产品源头追踪，且饲料和饲养操作透明公开。

2）可追溯系统国内实践状况

我国于 2001 年开始接触可追溯系统，然而国内关于可追溯系统的研究并未像国外那样迅速投入市场，而是更多停留在理论层面，主要探讨可追溯系统应用于具体产业的可能性。在国内现在推行可追溯系统的产业和国家发布的标准和指南中，很大一部分是为了应对欧盟和其他欧美国家发布的可追溯制度或应对出口而被迫推行的。2001 年 7 月，上海市人民政府颁布了《上海市食用农产品安全监管暂行办法》，提出了在流通环节建立"市场档案可溯源制"。2005 年 9 月 20 日，北京市顺义区在北京市率先启动蔬菜分级包装和质量可溯源制。天津市为了确保市民购买到可靠的无公害蔬菜，实行无公害蔬菜可溯源制，推出网上无公害蔬菜订菜服务。2008 年北京奥运会期间，北京奥运会对奥运食品实施全程追溯。奥运食品要全部加贴电子标签，电子标签拟采用国际先进的非接触性无线射频识别技术，实现奥运食品的全程可追溯。

2008 年发生的"三聚氰胺"事件，导致了国内消费者对于乳制品质量安全的恐慌，严重冲击了当时的乳制品市场格局，在此背景下，乳制品可追溯系统在国内应运而生。2013 年 8 月，金典成为国内首个真正实现产品全程可追溯的乳制品品牌，意味着消费者可以在金典官网查询到有机牧场、原奶检验、无菌生产、成品检验、认证查询五大环节的全部过程。

2. 可追溯理论国内外研究现状

可追溯系统的研究历史短暂，从 1994 年概念的提出到现在不过 20 多年的时间。因此，目前研究的整体体系尚不完整，具体实践效果尚在探索阶段，最主要的价值体现在理论的探索阶段，国外知名学者的探索深度和文字价值值得我们参考。

国外在可追溯系统领域比国内研究要早，基于其稳固的经济基础和对食品安全的敏感关注，在可追溯系统领域的研究比国内更实际，成果更加显著。其中，以欧盟、美国和日本发达国家和地区尤为突出。欧盟是最先把可追溯系统应用于实践的，在 2000 年最先提出将食品从田间到餐桌的整个流程纳入食品安全体系，采用 HACCP 技术加强追溯能力。其后美国和日本加入可追溯系统行列，通用方法是运用法律和市场准入的形式强行在市场中推行可追溯系统。Karlsen 等介绍了在基于国际标准化组织定义的基础上，确定可追溯系统具有访问任何或所有值得考虑信息的能力，并且在可追溯系统整个生命周期中，主要的工作是记录标识[127]，并讲述了可追溯性是一个跨学科的研究领域，它横跨自然科学及社会科学，还需要进一步的理论发展，促使食品可追溯性的实现。Aung 和 Chang 指出良好的可追溯性系统有助于减少不安全或质量差的产品的生产和分配，从而减少潜在的负面宣传和责任[128]。现行的食品标签制度不能保证食物是真实的、质量好和安全的，可追溯系统作为一种工具应用于协助食品安全和质量的保障以增强消费者的信任。Techane 和 Girma 主要对食品可追溯问题进行全面的文献综述，他们认为未来可追溯性的研究应该重点关注整合食品物流活动溯源问题、可追溯系统和食品生产经营单位问题、数据采集和信息交换的标准化问题等；他们从经济、法律、技术和社会多个层面去分析可追溯系统，而且总结了2003~2013 年发表的可追溯性相关论文 74 篇，论点明确，值得我们学习[129]。Swaroop 和 Lynn 在文章中提出可追溯性在欧洲作为一种具有法律性的工具，以满足食品安全和质量要求[130]。它被认为是一种能够有效保障产品质量安全和质量监测的系统。作者在论文的最后指出可追溯系统需要进一步改进，特别是可追溯系统应用于食品供应链的统一性和协作性还有待改善。

国内关于可追溯系统的研究时间比较短暂，因此我国在可追溯系统的实行方面是参照国外的先进经验，选择了国内消费量巨大并且发展相对成熟的蛋禽类和蔬菜类作为试点行业，并且选择行业中的龙头企业作为试点企业。杨明等介绍了食品安全可追溯体系产生的背景、可追溯性及追溯系统的基本定义，并对其设计内容进行概述，并认为整个可追溯系统的成败与否在于是否能够实现产品的唯一标识[131]。童兰和胡求光指出，我国的农产品可追溯体系建设，最初的引进更多是为了应对欧美国家农产品出口过程中遇到的市场壁垒，从 2010 年开始，我国才开始渐渐由被动转为主动，将可追溯系统逐渐地扩展到国内市场中的农产品质量安全控制中[132]。林凌从食品供应链和不对称信息理论的角度分析了食品安全可追溯系统的机理，并且针对我国可追溯系统研究历史的短暂现实情况，分析了我国在建设可追溯系统过程中需要注意的几个问题[133]。崔春晓等简要分析了国内外居民对于支付可追溯系统所产生成本的意愿，主要介绍了政府在可追溯系统的推广中的作用，首先肯定了政府介入可追溯系统建设的作用，由于设备更换和其他成本的因素影响，生产者是不可能积极促进推行可追溯系统的，因此政府需要采取措施提高可追溯系统推行的积极性和准确性[134]。

综上，虽然在实践经验上，国内企业在可追溯系统应用时间短暂，且仍然处于摸索阶段，然而 2004 年以来，国家对于可追溯系统的关注度越来越高，意味着可追溯系统的市场会越来越宽广，随着可追溯系统的提及率越来越高，国内消费者对可追溯系统的认可度也在逐渐加深；国内学者在学习国外先进著作的基础上，也纷纷根据我国的基本国情和不同行业的不同特点，做出了大量的理论工作，能够给国内的相关企业提供一定的理论参考，帮助其在实践的道路上少走弯路。因此，无论是在实践上还是在理论上，虽然国内和国际还有很大的差距，但我们相信随着国家和企业的共同努力，差距会渐渐缩小。

2.1.6　冷链食品供应链鲁棒优化相关研究

1. 供应链及其不确定性研究

供应链是从管理大师迈克尔·波特的价值链概念衍生出来的。虽然供应链的理念早就被提出，但现在仍然没有形成一个公认统一的定义。马士华等提出的定义在国内是受到广泛认同的："供应链是围绕着核心企业，通过对信息流、物流、资金流的控制，从采购原材料开始，制成中间产品及最终产品，最后由销售网络把产品送到消费者手中的，将供应商、制造商、分销商、零售商直至最终用户连成一个整体的功能网络结构。"[135]虽然供应链已经客观存在很久，但是供应链管理却在近年来才受到企业的重视，从而得到进一步发展和深入研究的。这种管理理念能够降低库存成本，减少产品流通时间，提高管理的效率及产品的质量，最终增强企业竞争优势。现代社会中，企业生产管理经营活动的最重要的任务和最本质核心的内容已经变为管理以及优化企业所在的供应链了，当前的竞争已经不仅仅是企业个体间的比较和竞争，而且是不同供应链的管理水平高低的比较。

国外，Lariviere 则重点只对市场需求无法预知的供应链进行了定量分析研究[136]。Sodhi 等从供应链契约角度，整理归纳了各种不确定性[137]。Vincent 等在削弱由需求不确定和信息闭塞导致的需求逐级放大即牛鞭效应方面提出有效的理论方法，即分析供应链的库存震荡的混沌互动和柔性需求[138]。Anshuman 等同样也研究需求方面的不确定性牛鞭效应，为了计算其标准差，采用对偶线性随机规划法和双阶段理论搜集各个供应商的储存量的不确定性[139]。Applequist 等通过分析投入提前期及其危险可能性和购买折扣，构建了储存不确定性的评判标准[140]。Anand 和 Goyal、He 和 Zhao 为了改善原本的不存在合作的分散供应链，构建了供应商、生产商、销售商交互协调模型，为了达到协调合作的效果，该模型中有合作补货、信息共享、协议优惠、数量折扣、利润合同等配套支持契约[141, 142]。Mehta 等、Arshinder 等为协调供应商生产和销售商订货，采取了一系列的方法，包括随机数量模拟、数量折扣、干扰分解等[143, 144]。Peidro 等优化了汽车供应链，使用三角模糊法描述不确定性，然后用混合整数线性规划进行求解优化[145]。

国内，马士华等、张涛和孙林岩研究了供应链成员，即上游供应企业、中间制造加工企业和最终消费者三种不确定性。上游供应企业的不确定性，主要是因为供应商在前期不稳定或供应商效率低，经常推迟交货。接收货物的订货方每次订购货物的数量起伏较大，然而供应商没有相应的办法与之匹配以满足其需求，因此供应商的不确定性会严重影响货物的批量数目及相应的备货预定期。中间制造加工企业的不确定性，主要表现为生产系统不够牢固稳定、机器设备失效、电脑意外发生程序错乱、工作计划安排不合理、紧急订单等，这些都会破坏生产系统的稳定性[135, 146]。

供应链上每一个成员只根据自身的下游公司的订购货物量和种类来制订购买、存储和生产计划，发生牛鞭效应。黄小原认为内外两种不确定性存在于供应链中，供应链的各种内源性和外源性不确定性可能是信息失真或不对称，需求不确定和不断其他变化的因素，如经济政策、法律法规、战争瘟疫等导致的，供应链的各种内在和外在不确定性，会显著降低供应链运作的情况和绩效[147]。Sodhi 等从原料供应、市场需求、产品生产加工和信息的传递四个方面分析研究了供应链的不确定性[137]。陈利华和赵庆祯为了增强供货商快速反应的速度，构建了具有奖励与惩罚的合作管理存储运作形式[148]。

无论是国内还是国外的供应链管理实践都已经充分证明，为了使得供应链管理达到预期的效果，其关键就在于，提高对供应链运作中的不确定性的理解和预防。供应链系统中有很多浪费现象，这些浪费现象中很多都是不确定性因素导致的。

2. 供应链不确定性优化策略研究

供应链不确定性优化策略主要可分为仿真优化、随机规划、模糊规划和鲁棒规划。

1）仿真优化

由于不确定性导致供应链拓扑结构及成员间交互异常复杂，当前研究主要使用计算机仿真进行优化。Petrovica 等、Santoso 等、Wu 和 Olson、You 等、Merschmann 和 Thonemann、彭青松等、刘春玲等从连续及离散输入参数入手，考虑供应链非合作能力约束、成本最优、时间延迟、信息共享等因素，运用 Arena、FuzzySCSim、Swarm、Flexsim、Witness 等仿真软件，设计遗传算法、微粒群算法、模拟退火算法、蚂蚁算法、禁忌搜索算法、散点算法等算法，使用数据修复器、节点自生器、数据融合图、动态影响图、Agent 等工具进行车间作业调度、多级库存补充、安全库存配置、车辆运输、物流选址等方面的仿真优化[149-155]。

2）随机规划

该优化理论使用概率分布函数描述供应链参数的不确定性，Hadi 等、Franca 等、Fernandez-Piquer 等、Lau 和 Nakandala、田俊峰等、陈敬贤等针对供给、需求、生产、运输、库存等方面的不确定因素，设计了多目标期望值模型、二级随机优化模型、概率约束模型、混合整数模型等，并通过设计 Benders 分解算法、次梯度算法、拉格朗日对偶算法、横向启发算法等进行了比较研究[156-161]。

3）模糊规划

针对供应链环境产生的不确定性参数概率分布模糊性，Amid 等、Mula 等、Krishnendu 等、Kumar 等、刘智慧、范文姬、陈红萍等、魏杰等提出了模糊规划，运用三角模糊方法、单级模糊混合线性模型、双级供应链模糊规划、网络供应链模糊模型，从清晰系数型、模糊系数型及非精确系数型三个方面入手解决问题[162-169]。

4）鲁棒规划

Klibi 等、Pishvaee 等、Ramezani 等、Klibi 和 Martel、唐莉莉、李春发等、唐亮和靖可以物流、生产、需求和资本等成本优化、供需误差降低、抗风险能力提升等为目标函数，设计随机模拟双层遗传算法、线性矩阵不等式算法、数量弹性契约算法、染色图编码算法等，提出区间性需求分布下的鲁棒运作、H_∞鲁棒控制、离散闭环鲁棒动态运作、集群鲁棒协调等模型，度量并优化不确定性下的供应链鲁棒性[170-176]。

3. 供应链鲁棒优化与控制研究

在国外，鲁棒优化最早是由 Mulvey 等提出以寻求特定情形下随机优化问题的鲁棒解[177]。Ben-Tal 等其后对鲁棒优化方法论及其应用进行了大量的研究。而后越来越多的学者转向该领域的研究[178]。Pan 和 Nagi 建立了需求不确定情况下的供应链多目标鲁棒优化模型，用情景分析法表示需求不确定性，用基于最短路径的启发式算法求解标鲁棒优化模型，从而实现供应链生产成本和客户满意度最优化的多目标[179]。Hong 等利用混合线性规划方法，对废旧电子产品回收系统模型进行研究，并在假设具体的关键不确定性参数下，进行了鲁棒优化分析。但是，对关键不确定因素赋予实值限制了该研究成果的广泛性与普遍性[180]。Mirzapour 等建立了成本和需求不确定情况下的多目标混合整数非线性规划鲁棒优化模型[181]。Pishvaee 等为了应对供应链网络设计中输入参数的内在不确定性，提出了一个闭环供应链设计的鲁棒优化模型[182]。

Adida 和 Perakis 的主要研究贡献就是生动形象地描述出了鲁棒问题的运算方法，他主要研究的是动态定价引发的一系列问题[183]。Bertsimas 和 Thiele 的主要研究贡献在于构建了一种等效的模型，该模型主要是应对需求不确定的鲁棒优化方法[184]。Yanfeng 和 Carlos 的主要研究成果就是运用鲁棒性调节供应链在需求随机条件下的牛鞭效应[185]。Nalan 运用鲁棒优化最终对投资的组合做出了决策，该决策会给决策者带来最大的利润，并且稳定[186]。

国内学者也在这方面研究取得了一些进展，何珊珊和朱文海构建了在应急物流系统的运载能力有限及多种应急物资的需求不确定下应急物流系统的多目标鲁棒优化模型[187]。邱若臻等在需求不确定条件下，采用鲁棒优化方法求解了最小最大后悔值准则下的集成供应链鲁棒订货策略[188]。巩兴强建立市场需求不确定下的供应链多目标鲁棒优化模型，保证供应链所有参与者的利润最大化[189]。马义中和徐济超引用信息论中熵的概念建立了一个多指标鲁棒设计的一般模型[190]。朱云龙等用已知概率的离散情境法描述逆向物流的不确定性，构建了逆向物流不确定情况下的闭环供应链鲁棒优化模型[191]。张英和魏明珠将逆向物流网络的不确定性参数进行随机设计，整合了正、逆向物流，建立了正向物流与逆向物流结合的物流网络鲁棒优化模型[192]。

徐家旺和黄小原采用有界对称区间描述最终产品价格的不确定性，采用概率确定的情境法描述市场供应、需求的不确定性，采用区间分析法描述信用期的波动，采用经济学中的需求理论描述需求与价格之间的关系，利用模糊集理论及基于区间分析的鲁棒线性优化方法，分别构建了最终产品价格、市场供应、消费市场需求、信用期不确定条件下的多目标鲁棒优化模型，并通过算例验证了最优解及模型的鲁棒性，但是还需要继续实证的验证分析，从而确定提出的模型能不能在现实系统中行之有效，这是一个很好的研究方向[193]。

鲁棒优化是降低不确定性带来的风险和危害的一种有效方法，使得食品冷链在受到内外部不确定性影响时能够继续盈利、运行和发展。前人构建了应急物流系统的运载能力有限及多种应急物资的要求量不确定条件下的应急物流系统的多目标鲁棒优化模型；在需求不确定条件下，采用鲁棒优化方法求解了最小最大后悔值准则下的集成供应链鲁棒订货策略；采用有界对称区间描述最终产品价格的不确定性；采用概率确定的情境法描述市场供应、需求的不确定性；采用区间分析法描述信用期的波动；采用经济学中的需求理论描述需求与价格之间的关系；利用模糊集理论及基于区间分析的鲁棒线性优化方法，分别构建了最终产品价格、市场供应、消费市场需求、信用期不确定条件下的多目标鲁棒优化模型。鲁棒性，就是降低供应链不确定性带来的风险和危害的一个系统自身就具备的属性，它是系统在受到地震、山洪、海啸、火山爆发、战争瘟疫等外部意外事件的不确定性，以及供应链各环节的不确定性扰动和冲击时，仍然能够使得供应链整体继续营利并且运行和发展的关键。因此，食品冷链不确定性和鲁棒运作策略设计的研究已成为企业界和学术界备受关注的问题。但是这方面的研究，无论是理论的升华还是实际的应用方面的成果都较少，还有待广大学者进行探索研究，该研究具有非常广阔的前景。

2.2　食品供应链安全决策分析技术与方法

2.2.1　系统建模仿真技术

目前研究成果中应用于食品安全研究领域的仿真类技术主要有 Netlogo 软件仿真、人工神经网络仿真等。陈原和李杨指出环境因素影响食品安全主要体现在生产者食品安全行为选择上，将生产者市场占有率、消费者食品安全支付意愿、处罚力度等环境因素作为主要研究点，使用 Netlogo 建模软件进行多主体仿真，以果蔬批发商、农产品贸易市场和零售超市作为仿真主体，批发商作为农贸市场和零售超市的供应者[194]。在进行了仿真设计、仿真假定、模型校正等研究工作后，根据仿真模型得出了"在当前消费者食品安全意愿""加入惩罚机制后的意愿"两种情况下不同策略的批发商利润，以及"单位售价提高时""市场占有率变动时"不同策略的批发商利润和"保鲜剂超标比例下降时"不同策略批发商利润的仿真结果。对仿真结果进行分析后发现：细化食品监管手法，提升技术因素可以有效改善中国的食品安全水平。刘富池等指出实时检查与不定期抽查混合的监督机制是一种实时监督和抽查监督相结合的监督方式，即假如对企业群体行为计划总共实施 T 次监督，其中进行 T_1 次实时监督后再进行 T_2 次随机抽查，将此方法循环进行直至完成计划监督任务[195]。基于"博弈主体为两对称的食品生产企业群体"的主体假设，和"政府或第三方监管机构对企业群体生产情况进行实时监督和随机抽查"的惩罚假设，得出企业群体演化博弈仿真流程图，仿真结果采用等高线示意图和平面图方式显示，通过对迭代仿真的结果进行分析得出以下三点结论：一是在惩罚系数较低的情况下，即使抽查比例较高，群体出现违法生产的可能性也较大；二是对违法行为惩罚越严厉，违法抑制效果越明显；三是演化表现出合法生产比例"起伏变化"，但总体呈上升的趋势。章德宾等以我国食品检测的真实数据为样本，基于 BP 神经网络理论研究了食品安全预警方法[196]。人工神经网络（artificial neutral network，ANN）是通过大量样本训练获得系统隐含规律，不需要严格的输入值间、输入输出值间假设关系，同时能够以区间数、模糊数等方式处理定性信息的一种科学管理方法。其研究从日常监测数据中筛选简化出167 种检测项目，并构建以此为输入层，2 个隐层，以及以农药残留、微生物致病菌、重金属、化学污染、兽药残留为输出层的食品安全神经网络模型，最后基于 MATLAB 仿真软件，利用所得真实数据对模型有效性和实用性进行了检测和验证。结果表明，基于 BP 神经网络的食品安全预警方法能突出识别、记忆食品安全的危险特征，并能够有效预测输入样本的安全风险，此研究完善了食品安全相关的预警手段。Hajmeerai 和 Basheer、Parmer 等分别利用神经网络法预测水分活度对致病菌的影响和花生中的黄曲霉毒素污染，发现神经网络法的预测准确度高于比较线性回归、非线性回归、随机神经网络等其他回归模型[197, 198]。

2.2.2　数学理论分析方法

在当前的研究中，应用于食品安全领域的数学类方法主要有可拓学方法、风险矩阵和 KS 方法等。可拓学主要研究事物拓展的可能性和开拓创新的规律与方法，并用以解决矛盾问题。基元理论、可拓集合理论和可拓逻辑是可拓论的三大支柱。可拓学建立了以物元、事元和关系元为基本元的形式化描述体系，构成了描述千变万化的大千世界的基本元，统称为基元。它可以简洁地表示客观世界中的物、事和关系，帮助人们按照一定的程序推导出解决问题的策略。雷勋平和吴杨以食品供应链为研究对象，运用可拓决策方法，借助基元表达食品安全信息指标，利用食品安全等级建立物元对预警对象进行描述，并运用可拓集合和关联函数确立预警标准和安全关联度，构建体现食品安全状态的单指标和多指标属性预警模型，并搜集了 A 省 2010 年的相关食品安全数据，运用该模型对 A 省的食品安全状态进行评价和分析，从而验证了模型的合理性和实用性[199]。刘清珺等建立了食品安全风险监测体系，根据"食品安全风险在不同条件下会显现出不同的结果"这一特性和"风险是风险可能性与损失度的二元函数"这一关系，将风险的不同表现通过风险可能性和损失度构成的风险矩阵的加权值来衡量[200]。利用风险矩阵方法首先度量危害指标的风险可能性和损失度，然后将度量结果根据一定的法则带入二元函数中，即得出风险等级值，并采用风险矩阵的形式对其结果进行直观描述。顾小林等针对 Web 网络环境下食品安全追溯信息检索存在的不足，利用改进的 KS 方法建立了新的信息检索模型[201]。KS 方法采用决策树构建查询扩展式来反映用户查询领域的要求，并将其和用户查询词提交到通用搜索引擎，检索效果较传统检索方法更好。其中基于改进的 KS 方法建立模型的设计原理为：采用改进的概率比方法选择领域标引词，采用决策树方法构建查询扩展式、改进的 TF-IDF 方法来计算特征值的权重，选择扩展的布尔模型对文件进行排序，最后得出基于改进的 KS 方法的食品安全追溯信息检索过程模型算法和评价指标函数。并通过实验结果检测和结果分析得出"基于改进的 KS 方法的检索模型比传统 KS 方法更加行之有效"的结论。

2.2.3　综合评价分析方法

1. 食品安全综合评价相关方法

评价就是对各种可行的方案从社会、政治、经济、技术等方面予以综合考察，权衡利弊得失，给出评价结果，为决策提供科学依据的过程。评价是定量分析中的一项重要工作。评价方法主要有两两比较法、专家打分法、加权平均法、功能系数法和模糊综合评价法等。笔者在广泛查阅相关文献后发现，当前应用于食品安全领域的评价方法主要集中于模糊综合评价法，或与层次分析法相结合。

模糊综合评价法是一种基于模糊数学的综合评标方法。该方法根据模糊数学的隶属度理论把定性评价转化为定量评价，即用模糊数学对受到多种因素制约的事物或对象做出一个总体的评价。它具有结果清晰、系统性强的特点，能较好地解决模糊的、难以量化的问题，适合各种非确定性问题的解决。武力将食品供应链看成由农户供应→食品加工→经营 / 消费三个环节构成，建立了"从农田到餐桌"的食品供应链安全风险评价指标体系；应用层次分析法计算指标权重（两两比较构造判断矩阵并进行一致性检验），然后计算评价指标的模糊隶属度，建立"农药使用风险"和"化肥施用风险"两指标的隶属度函数[62]。最后将评价结果与我国实际数据进行比较，结果基本吻合，验证了这种评价方法和思路具有一定的参考价值。杜树新和韩绍甫将模糊评价方法应用于食品安全状态的综合评价，在考虑了食品种类多样性、污染物多样性和污染物毒性等方面后，建立了食品安全状态综合评价指标体系[112]。通过计算污染物污染指数和各类污染物的风险程度，建立模糊矩阵，求出指标权重，进而得出指标模糊综合评价模型。最后选取某城市 2003 年 12 月到 2004 年 11 月粮食、食品添加剂、水果蔬菜、乳及乳制品等食品的真实监测数据验证了该评价模型的有效性。赵本东等以关系属性的数学表述和生命机体模型为基础，将食品风险评价各个阶段的变量进行整合，建立了一个多毒素食品风险评价模型，模型结果表述了多毒素导致人群机体受损的平均情况[202]。卢浩清等基于食品安全卫生知识的角度，利用情境分析方法，建立了一个研究食品安全从业人员相关知识水平、执业态度和行为的食品安全卫生知识知信行模型，并根据具体情况建立了知信行模型推广应用的效益评价标准[203]。苟娜基于结构方程理论和实际调研数据，对消费者食品安全信心进行了实证研究，通过研究假设和参数估计，建立信心概念模型并进行了合理性检验[204]。

2. 可拓评价在食品安全中的应用

可拓学是以蔡文为首的中国学者创立的、研究事物拓展的可能性和开拓创新的规律与方法，并用以解决矛盾问题的学科。可拓学为人们处理问题提供了一种新方法，自创立到现在经历了 30 多年的发展，已经形成了初步的理论框架，并被应用于诸多领域，形成了可拓工程。可拓评价方法以可拓学为基础，把要评价的对象视为物元或基元，通过对物元或基元进行分析，确定不同的评价等级和标准，之后再通过关联函数计算关联度，划分待评价对象隶属于不同评价等级的程度，进而对待评价对象进行分类排序。可拓评价方法能够将一些不相容的因素进行综合考虑，从而使得通过可拓评价得到的结果更加客观。目前对于可拓评价的应用，诸多领域的很多学者已经进行了较深入的研究。

2.2.4　复杂系统分析方法

复杂适应系统由遗传算法创始人 Holland 于 1994 年正式提出，其基本思想就是"适应性产生复杂性"。即复杂适应系统中的主体是主动的、活的实体；主体能够与其他主体和其外部环境中的主体进行交流，在这种交流的过程中"学习"或"积累经验"，并且根据学到的经验改变自身的结构和行为方式。

复杂适应系统理论在供应链管理中的应用，主要体现在应用复杂适应系统理论对供应链系统的复杂适应性进行定性分析；还有就是通过 Agent 这一系统模拟工具，对供应链协调的建模和实施展开研究。其中，最早将 Agent 技术运用于供应链管理的是加拿大 Toronto 大学企业集成实验室，他们开发了集成供应链管理系统。1998 年，加拿大的 Calgary 大学对 MetaMorph II 的研究目标是，将制造企业的活动如设计、计划、调度、仿真、执行与供应商、客户和合作者集成在一个开放的智能的分布式环境中，并提出了一个混合的基于 Agent 的体系结构。另外也有一部分国内的学者，应用复杂适应系统中的 Agent 模拟工具，对供应链管理问题进行了研究。例如，徐琪和徐福缘对多 Agent 企业供需网络协调管理机制进行了研究[205]；郑洪源和李海燕建立了基于多 Agent 协调的供应链管理系统模型，对多 Agent 之间的协调机制进行了研究[206]；汤兵勇从供应链运作的实际出发，对供应链协调运作的大系统多段控制进行了研究，并提出了大系统多段控制结构[207]。

基于复杂系统分析方法，国内外学者大多从供应链系统复杂性及其度量、供应链系统作为复杂适应系统或复杂网络、供应链系统自组织涌现与混沌边缘等方面进行研究，主要观点包括：Sivadasana 等指出的供应链复杂性主要有行为复杂性、结构复杂性、操作复杂性与 Dooley 和 Handfield 提出的组织复杂性[208, 209]；Hwarng 和 Na 指出沿着供应链存在不同类型的不确定性，如需求、交货和生产的不确定性等[210]，这些不确定性构成了供应链系统的复杂性；刘会新和王红卫、Martinez 指出供应链复杂性可以利用信息理论中熵的概念来度量[211, 212]；周健和李必强、Surana 等指出供应链网络是一个复杂适应系统，具有涌现、自组织、适应与演化等特征[213, 214]；张纪会和徐军芹建立了适应性供应链的复杂网络模型[215]；白世贞和郑小京指出供应链复杂适应系统中各个资源是一个不可分割的有机整体[216]；王红卫指出信息不确定性和动态性是导致供应链复杂性的主要原因[217]。

另外，关于供应链系统复杂性研究，国外学者有的基于驱动因素分析角度，如 Isik 认为供应链复杂性的驱动因素主要分为供应链内部组成、相互作用和外部环境三方面[218]；Manuj 和 Sahin 应用扎根理论探讨供应链决策的复杂性，提出管理供应链复杂性的战略、战术调整策略和人的认知能力作用[219]；Seyda 指出，来自供应商、客户及其相互作用的数量和种类，以及需求放大、相互矛盾的政策、非同步决策行为、互不兼容的信息技术系统等，使得不同类型的供应链系统（如食品、化工、电子、汽车）呈现出不同的复杂行为[220]。国内学者叶笛基于复杂适应系统或复杂网络视角，深入分析了供应链系统整体运行规律和宏观行为、供应链网络的特征，以及供应链网络动态生长演化规律[221]。

2.2.5　动力学分析方法

系统动力学是由麻省理工学院的 Jay W. Forrester 教授于 20 世纪 50 年代创立的一门研究系统动态复杂性的科学。它以反馈控制理论为基础，以计算机模拟技术为手段，主要用于研究复杂系统的结构、功能与动态行为之间的关系。系统动力学的核心思想是系统的结构决定着系统行为。它认为存在于系统内的众多变量在它们相互作用的反馈环里有因果联系。反馈之间有系统的相互联系，构成了该系统的结构，而正是这个结构成为系统行为的根本性决定因素。系统动力学的优点是，在数据不足及某些参量难以量化时，以反馈环为基础依然可以做一些研究，并且其擅长处理高阶次、非线性、时变的复杂问题。

1. 系统动力学建模的一般步骤

应用系统动力学的定性分析与定量分析相结合的原理和方法，分析解决非线性、动态、复杂的系统问题的一般步骤，如图 2-1 所示。

1）确定研究问题和系统边界

明确系统目标和系统存在的问题是系统动力学分析中的首要任务。这一阶段的主要工作是，对系统进行分析，识别系统中存在的问题、确定问题所涉及的范围、划定系统问题的边界等。

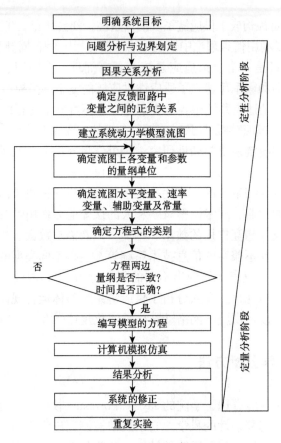

图 2-1　系统动力学建模的一般步骤

2）分析系统中的因果关系

在明确目标、划定边界后，接下来就要分析系统的结构，建立系统因果关系图。即描述问题的有关因素变量、解释各因素变量间的内在关系、画出因果关系图、隔离和分析反馈环路及它们的作用。因果关系图是表示系统反馈结构的重要工具，其包含多个变量，两个有因果联系的变量用因果链进行连接。因果链用箭头表示，且每条因果链都具有极性，或者为正或者为负（在箭头旁用"＋"或"－"号表示）。极性为正，表示两个变量的变化趋势相同；极性为负，表示两个变量的变化趋势相反。

3）建立系统动力学模型

系统动力学因果回路图只能反映复杂系统因素的因果关系，不能表示不同变量的性质的区别，因而需要将因果回路图转换成流图，即系统动力学模型。这样才能将状态变量及其他性质的变量的区别全然地体现出来，从而更确切地描述出反馈系统的动态性能。系统动力学模型的建立过程中需要完成的工作主要是，确定流图中各变量和参数的量纲单位，确定流图水平变量、速率变量、辅助变量、常量，确定方程式类别，编写系统动力学方程式，并检查方程式两边的量纲是否一致。

4）模型的运行、调试与检验

建立系统动力学模型后需要反复调试与修改，在这个过程中通过系统内部结构的变化，观察系统行为的改善，从而最终达到系统目标。具体过程是，将方程式和原始数据及相关数据（变量）在计算机上多方案模拟实验，得出结果曲线图，修改程序（方程式），调整数据（变量）进行反复模拟实验。

5）结果分析

通过调节系统参数值，观察系统变量输出值的变化，对系统进行结构分析与数据集分析，从中找出较优的系统方法，进而改进实际系统的不足。通过对结果的分析，不仅可发现系统的构造错误和缺陷，而且还可找出错误和缺陷的原因。

2. 系统动力学应用的相关研究

系统动力学在供应链管理中的应用可以追溯到 1958 年，Forrester 将其应用于解决工业中的需求放大、库存波动、产量与劳动力雇用之间的不稳定现象、广告策略对生产变化的影响、信息技术对管理的影响等一些经营管理问题。在此之后，Hafeez 等在 1996 年提出了一种将系统动力学与系统工程相结合的供应链动态建模方法，该方法尝试将技术、组织、人员态度及人际关系等问题一起考虑，构建了一个集成的供应链系统动力学框架模型[222]。国内应用系统动力学理论研究供应链管理问题的学者有：李稳安和赵林度应用系统动力学原理研究了供应链中牛鞭效应产生的原因及相应的解决对策[223]；桂寿平等利用系统动力学的原理和方法分析了库存控制机理，通过一个实例构建了库存控制的系统动力学模型，其测试运行结果表明，该模型具有较好的决策支持和环境协调能力[224]；张昕和袁旭梅采用联合库存管理模式，运用软件 Vensim 5.0 建立了供应链动态仿真模型[225]；罗昌等在应用控制论方法进行供应链稳定性研究的基础上，运用系统动力学方法对供应链系统的非线性动态行为模式进行了系统分析和总结，建立了新的供应链稳定性判据[226]；任盈和张维竞从系统动力学的角度，对供应商管理库存，协同计划、预测和补货的供应链协作方式进行了分析，同时构建的系统动力学模型较好地反映了供应链结构中的多环非线性、动态复杂性、时间延迟性等特点[227]。

2.2.6　博弈论分析方法

1. 博弈的概念

博弈论，又称为对策论，是一种关于游戏的理论，它主要以数学方法为基础，致力于研究对抗冲突中的最优解问题。它是现代数学的一个重要分支，也是运筹学的重要内容。博弈是指一些个人、团队或其他组织，面对一定的环境条件，在一定的约束条件下，依靠所掌握的信息，同时或先后，一次或多次，从各自可能的行为或策略集合中进行选择或实施，各自从中取得相应结果或收益的过程。

从博弈的定义不难看出，一个标准的博弈过程应当包括如下因素：博弈方、行为、信息、策略、次序、收益、结果、均衡等。

（1）博弈方，即博弈的参与人，是指博弈中决策独立、后果承担独立，以自身利益最大化来选择行动的决策主体。博弈方可以是个人、组织、团体，甚至是国家。一旦博弈的规则确定，那么博弈各方都是平等的。

（2）博弈行为，是指博弈参与者所有可能的策略或行动的集合，如消费者效用最大化决策中的各种商品的购买量。博弈分为有限次博弈和无限次博弈，就是根据其策略行动集合是有限还是无线来划分的。

（3）博弈信息，是指参与人在博弈过程中所掌握的对选择策略有帮助的知识，特别是有关其他参与人的特征和行动的知识。信息在博弈中是一个重要的变量，信息结构对博弈结果有重大的影响。

（4）博弈策略，是指博弈方可选择的全部行为方式的集合，也就是对博弈各方在进行决策的过程中所选择的方式、方法和行动等进行规定，以保证博弈各方达到实现自身经济效益最大化的目的。不同的博弈过程中可供博弈各方选择的策略的数量和形式都是不同的。

（5）博弈次序，即博弈各方做出策略选择行为的先后顺序。在博弈过程中，为了公平起见，有时需要各个参与方同时进行策略选择，但是在大多数博弈中各方对策略选择是不同步的。如果博弈的策略选择不同，则就是两个不同的博弈，而不能当成同一个博弈的两种情况来对待。

（6）博弈方的收益，是指博弈方在进行博弈时做出的策略选择后造成的所得或所失，由于博弈问题的研究主要是通过比较数量关系进行的，因此我们所研究的博弈问题结果就是可计量和比较的。

（7）博弈结果，是指博弈者经过反复推敲所选择的对自己最有益的策略集合。

（8）博弈均衡，是指博弈方的策略组合中的效益最佳且稳定性最强的状态，我们所说的博弈均衡一般是指"纳什均衡"。

2. 博弈论的基本特征

博弈论主要以数学手段和方法为基础，研究双方或多方对抗中的最优策略问题。博弈论由约翰·冯·诺依曼创始于 20 世纪五六十年代，在非零和博弈，尤其是不完全信息理论获得充分发展时正式确立，主要包括合作和非合作两部分。博弈论是 20 世纪 70 年代的经济学的主要研究方法之一，发展至今已经形成了一套完整的理论体系和方法论体系。博弈论分析具有以下方法。

（1）理论假设合理，符合现实。博弈方法通常基于两个基本假设：一个是个人理性假设，即博弈者能够在进行决策时充分考虑到博弈各方的相互的行为影响和结果影响，从而做出对自己最为合理的策略选择；另一个是博弈者使自己的目标函数最大化假设，选择可以使自身效益和效率最大化的策略。

（2）独特的研究方法。博弈论是一种方法论，在运用过程中涉及泛函分析、集合理论、实变函数、微分方程等现代数学分析工具，具有明显的数学公理化的特征，使博弈问题的分析过程和分析结果更加明确。

（3）应用范围广泛。博弈论的研究范围涉及社会和政治、军事和外交、经济和管理、生物和工程等领域，是现代经济学中应用最广泛和最成熟的方法论之一。

（4）能得出较为真实的研究结论。博弈分析重点关注博弈各方之间的相互作用和影响，同时注重博弈方之间的信息是否完全，这就使得博弈研究的问题的研究过程和所得结论更加接近现实情况，具有较强的实用性。

3. 演化博弈理论

演化博弈理论源于生物进化论，相当成功地解释了生物进化过程中的某些现象，并在分析社会习惯、规范、制度或体制形成的影响因素及其自发形成过程中，也取得了令人瞩目的成绩。演化博弈理论目前已成为演化经济学的一个重要分析手段，并逐渐发展成一个经济学的新领域。

演化博弈理论从系统论出发，将群体行为的调整过程看作一个动态系统，以有限理性为基础，突破完全理性假设的局限，强调动态的均衡，是把博弈理论分析和动态演化过程分析结合起来的一种现实性较强的博弈理论。在有限性博弈中具有真正稳定性和较强预测能力的均衡，必须是能通过博弈参与主体间模仿、学习、协调的调整过程而达到，具有能接受错误偏离的干扰，在受到少量干扰后仍能"恢复"的稳健的均衡。它既不同于博弈论将重点放在静态均衡和比较均衡上，也不同于早期的演化经济学忽视静态均衡分析的意义而流于动态的不可知论。演化博弈理论认为，经济模式不是由什么人设计的，而是那些适应环境、社会变化的新结构不断被发现，而更为理想的结构被保存下来，即"适应性进化"的过程。演化博弈理论的研究对象是"种群"，重点分析种群行为的变化。演化博弈的动态机制有两种，一种是具有快速适应能力的小群体成员的反复博弈，相应的动态机制称为"最优反应动态"（best-response dynamics）；另一种动态机制是大群体随机配对的反复博弈，策略调整时用的"复制动态"（replicator dynamics）机制。

在演化博弈中，最核心的概念是"复制动态"和演化稳定策略（evolutionary stable strategy，ESS），分别表示演化博弈的收敛过程和稳定状态。ESS 表示一个种群消除其内部突变个体扰动的一种稳定状态，其定义为

若策略 x 是一个 ESS，当且仅当：

（1）x 构成一个纳什均衡［即对任意的 x，有 $E(x,y) \geqslant E(y,y)$］；

（2）如果 $x \neq y$ 满足 $E(x,x) = E(x,y)$，则必有 $E(x,y) > E(y,y)$。

"复制动态"实际上是描述一种策略在群体中被参与者所应用的动态变动速度，其用微分方程来表示。根据演化的原理，一种策略的支付或适应度比种群的平均支付或适应度高，这种策略就会在种群中发展，其动态发展的速度可以用如下动态微分方程表示：

$$\frac{\mathrm{d}x_s}{\mathrm{d}t} = x_s \left[E(s,X) - E(X,X) \right], \quad s = 1,2,\cdots,n$$

其中，x_s 表示群体中采用特定策略 s 的比例；$E(s,X)$ 表示该博弈方采用策略 s 的期望支付；$E(X,X)$ 表示该博弈方采用其策略空间所有策略时的期望支付；s 表示不同的策略。

演化博弈的博弈过程可以用图 2-2 表示。

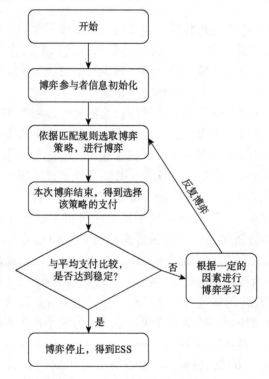

图 2-2　演化博弈的博弈过程

4. 博弈论相关研究

博弈论主要研究人们策略的相互依赖行为，现有文献中应用博弈论知识研究供应链管理主要从两个角度出发：一类是研究供应链系统内部组成部分之间的博弈。庄严通过研究处于供应链上游的供应者和下游的零售者之间的博弈来分析其协调机制，首先从非合作博弈角度分析了二者之间的竞争关系，接着又从合作博弈角度分析了其合作关系，提出二者之间必须先通过合作实现整体利润的最大化，再寻求利润分配方式的最大化来实现最优分配，从而增加供应链系统的整体利益[228]。王燕和沈辉将博弈理论应用于秸秆发电这一能源领域，建立了包含农户、中间商和电厂三方之间的博弈模型并求出了最优解——纳什均衡[229]。Ni 和 Tang 在充分分析研究契约问题缺点的基础上，基于非合作博弈假设，建立了供应链协调的博弈模型，并指出了如何避免上述缺点[230]。Rosenthal 通过分析共享信息和交易成本两个方面对供应链系统转移定价的影响，建立了有关中间产品定价的博弈模型[231]。Chenxi 等通过建立模糊环境下的供应链上下游企业的博弈模型，指出了以生产加工商为领导核心的供应链策略选择问题[232]。桂寿平和王健龙基于一个供应商和一个制造商的简单二级供应链，建立了下游风险约束下的分散决策模型和回购契约机制决策模型，并研究了风险参数值对博弈结果的作用[233]。易余胤基于再制造逆向物流理论，对制造商、零售商分别领导的 Stackelberg 博弈和纳什均衡博弈进行了分析[234]。Eriksson 等建立了供应链多个交易主体之间的博弈模型，对其在交易过程中的策略选择问题进行研究[235]。Xiao 和 Yang 建立了基于需求不确定假设的供应链结合服务竞争模型，阐明了对供应商、零售商的风险偏好情况及其对零售服务的影响[236]。温源和叶青基于现货市场背景，分别建立了现货市场和非现货市场下的供应商和制造商之间的博弈模型，得出了唯一的博弈均衡，并探讨了博弈均衡的影响因素[237]。魏杰等在考虑回收、需求、制造（再制造）过程的模糊不确定性的基础上，建立了三种不同的博弈模型，对制造商和回收商的博弈能力对回收结果的影响进行了分析[169]。另一类是研究供应链系统整体与外部环境因素之间的博弈。Boyaci 和 Gallego 运用博弈论的有关知识，针对随机需求条件下两个不同的供应链系统之间基于价格水平进行的合作与竞争建立模型，研究表明在假设条件下，（协调，协调）是唯一的系统均衡，但此时系统整体利润较低[238]。严广乐从供应链融资模式角度，将博弈论应用于分析供应链融资系统三方博弈，以生产企业、物流企业和金融机构为例，通过构建博弈模型和分析博弈结果提出第三方物流企业的作用有利于实现供应链金融系统中多方利益共赢[239]。李柏勋建立了供应链间对称信息和不对称信息的 Stackelberg 博弈模型，分析了博弈结果的影响因素；其对供应链间两种价格和服务竞争均衡策略进行了比较，最后对两个非重叠供应链间和两重叠供应链间的契约选择策略进行了博弈分析，分析了制造层面和零售层面竞争强度对契约选择策略均衡的影响[240]。梁军运用博弈理论研究需求不对称情况下两条供应链间的竞争问题，基于线性批发价格契约和菜单价格契约两种契约模式，运用伯川德模型，分析了在两条不同的供应链之间不进行信息共享、只有一条供应链进行信息共享和两条都共享三种情况下的博弈问题，最终得出高需求和低需求两种情况下进行信息共享对两种契约的影响等[241]。Wu 等、Baron 等运用博弈论的方法研究了供应链分散结构和一体化结构问题，结果表明当制造商面临较大的市场竞争时，制造商会倾向于选择分散结构而非一体化结构[242, 243]。

2.2.7 食品安全管理控制技术

1. 食品 GMP

1963 年，美国食品药品监督管理局为实现药品从原料到成品的全过程控制，颁布了世界上第一部药品的 GMP，食品 GMP 是在药品 GMP 基础上发展起来的。1969 年美国食品药品监督管理局制定了食品良好生产工艺基本法，为食品 GMP 开创了新纪元。GMP 是一种注重食品进入市场前的生产过程中的人员、物料、设备和操作的管理方法，是保证食品安全的良好操作管理体系。它特别注重生产过程中的食品质量和卫生，基本内容是对食品从原材料到成品这整个过程中涉及的各环节卫生和操作进行严格管理。GMP 的工作重点是：保证食品在生产过程中的安全性，防止食品被污染；实施双重检验制度，避免人为损失的出现；标签的管理；人员培训；建立完善的生产记录和报告的存档制度和管理制度。为保证食品安全，作为必须达到的最基础条件，食品加工企业必须严格执行 GMP 所规定的内容。GMP 的中心指导思想是任何食品的质量形成都是设计和生产出来的，而不是检验出来的。因此，为了确保食品安全，在生产过程中必须以预防为主实施全面质量管理。

2. SSOP

调查数据显示，20 世纪 90 年代美国频繁爆发的食源性疾病中有大半与肉、禽产品有关，并造成每年成百上千人感染或者死亡，这一数据使肉、禽产品的生产状况引起了美国农业部的高度重视。为了保障公众的健康，美国农业部于 1995 年 2 月颁布《美国肉、禽产品 HACCP 法规》，其中首次提出了一系列涵盖生产、加工、运输和销售环节的肉禽产品安全生产措施，并将其确定为一项书面常规可行程序，即 SSOP。同年 12 月，SSOP 的基本内容被进一步细化说明，自此，SSOP 的完整体系被建立起来。通常，SSOP 是 GMP 和 HACCP 的实行基础，是实行 HACCP 体系的重要前提条件[244]。

SSOP 即卫生标准操作程序，是食品生产企业为了避免食品的加工过程受到不良人为因素的影响，使生产加工出的各类食品满足卫生要求而制定的指导文件。它的主要目标是保证食品生产企业满足良好操作规范所规定的要求。

3. HACCP

HACCP 起源于 20 世纪 60 年代早期，最初是为保证航天食品的生产安全，现在已经被世界各国的食品生产企业接受并广泛应用于日常食品的生产加工。

HACCP 主要是通过对食品生产各环节进行分析，确认安全卫生危害，采取相关措施严格控制生产环节，有效控制食品安全卫生质量的一种简便、合理、专业的食品安全预防控制体系。HACCP 在企业的实践中及研究组织的专家探索中，逐渐完善。1991 年，国际食品法典委员会提出了 HACCP 的七个基本原理。

（1）实施危害分析、判断危害及控制需求。根据食品生产的工艺流程，从食品链即从原料生产、加工、包装、储存、运输到销售食用的各个环节中，找出所有可能产生的危害并对其进行危害分析，通过对其严重性和危害性的评估制定出预防和控制措施。

（2）确定关键控制点。关键控制点是指能被控制且食品危害可被消除或降低到可接受范围的一个步骤或程序。实施并且准确确定关键控制点，是控制食品安全风险的基础。

（3）确定每一个关键控制点的关键限值。关键限值是对关键控制点进行预防控制的安全标准。对于每一个关键控制点都有一个或者更多的控制测量标准，而每一个控制测量标准都会关联到一个或者更多的关键限值。关键限值主要用来检测每一个关键控制点是否安全，这些关键限值是可以通过测量调节的，当控制调节体系没有达到关键限值的要求时就会产生偏差，一旦失控就会产生影响消费者健康的风险。

（4）建立管理监控程序。为每个关键控制点建立监视系统，对其关键限值进行有计划的观察和测量。

（5）制定有效的纠正程序。要制定纠偏措施以及时去除异常原因，确保出现异常状况时关键控制点能恢复到正常状态，并对系统异常期间的产品实行隔离。

（6）建立确认步骤和证明体系。确认步骤和证明体系可以确保正确步骤的实施，确保 HACCP 能够有效正确地工作。

（7）建立恰当的记录体系。通过激励体系的建立来保证控制体系的记录完好保存。

HACCP 计划的目的是防止危害进入食品，其重点在于预防。每个 HACCP 计划都是某种食品加工方法的专一特性的反映，HACCP 的有效实施克服了食品安全控制方面传统方法主要检测食物安全问题而不是预防食物安全问题的限制，在科学依据的基础上强调识别可能的、合理的潜在危害，并预防食品污染的风险，这有助于迅速识别以前未经历过的问题。此外，HACCP 体系保存的公司遵守食品安全法情况的长时间记录，对于政府监管部门监管效率和结果的有效性有重要意义。

4. HACCP 和 GMP、SSOP 的关系

GMP 的规定是原则性的，SSOP 的规定是具体的，是根据 GMP 法规中有关卫生方面的要求制定的卫生控制程序，它对卫生控制的各项目标进行了具体说明，SSOP 的正确制定和有效执行对于控制危害具有重要意义。而 HACCP 强调控制重点环节，随着食品生产者及其生产过程的不同而采取不同措施来保证整个食品加工过程中的食品安全，HACCP 的实施大部分是食品企业自愿进行的。

由此可见，实施 HACCP 计划的前提和基础是 GMP 法规和 SSOP 计划的有效实施。SSOP 控制一般工序，HACCP 控制关键点，SSOP 有效的实施可以减少HACCP 计划中的关键控制点数量，通过 HACCP 计划的有效运行可以控制这些关键点并使其达到标准要求。另外，也有助于企业管理人员培养较强的危害评估能力和判断力，对 GMP 的制定和实施也有重要意义。也就是说，假如企业无法达到 GMP 要求，或者没有制定或执行 SSOP，那么 HACCP 的实施是无法实现的。

2.3　国外食品供应链安全管理实践

2.3.1　美国食品供应链安全管理实践

美国的食品安全监督是建立在联邦制基础上的多部门联合监管模式。美国食品安全涉及多部门，监管体系看上去也较复杂，但政府部门的职责相对明确，各部门依照法律授权各司其职。据了解，美国食品安全工作主要涉及卫生与人类服务部及下属美国食品药品监督管理局、美国农业部及下属的食品安全检验局、环境保护署等部门。其中，美国食品药品监督管理局主要负责监管所有国产和进口食品（包括带壳的鸡蛋，但不包括肉类和家禽、瓶装水、酒精含量小于 7% 的葡萄酒）。美国食品药品监督管理局还负责食品添加剂和色素的许可，一般公认安全物质的审查、食品安全研究及宣传教育等职责。美国食品药品监督管理局负责

跨州销售食品的监管（周内自产自销及餐饮业的监管由各州政府负责）。美国食品药品监督管理局的监管内容主要是检查食品生产企业和食品仓库，同时进行采样检验以确定是否安全。问题食品一经发现，美国食品药品监督管理局也与外国政府合作，确保进口食品的安全。

2011 年 1 月 4 日，美国总统奥巴马签署了《美国食品药品监督管理局食品安全现代化法案》，授予了美国食品药品监督管理局以更大的监管权力，加强其对美国本土生产的食品及进口产品的安全监管，以预防食品安全事故的发生。这部立法将美国食品药品监督管理局推到了预防食品安全发生的最前线，使得美国食品药品监督管理局对食品安全的管理领域扩大至 80%，在农产品领域，就水果和蔬菜的安全生产和收获制定最低标准，在其他诸如食品生产的土地改良、工人健康及卫生、食品包装、温度控制等领域也制定了统一的规范标准。该法案在涉及相关安全控制措施落实的基础上也在不断明确食品企业可以采取的整改行动。

2.3.2　新加坡食品供应链安全管理实践

根据 2017 年 1 月出炉的全球食品安全榜，在国际食品安全调查中，共计 113 个国家参与其中，考核内容围绕综合考量食品价格承受力、食品供应能力、质量安全保障能力三方面共 28 个指标展开，新加坡凭借其绝对性优势，位列第三，透过数值排名，新加坡食品安全监管力度可见一斑。众所周知，新加坡由国土面积狭小、自然资源匮乏的地理因素导致的局限性，其绝大部分食品来源于国外，这对食品安全监管造成了一定阻碍。为实现优质食品安全质量的目标，新加坡在进口食品的把关上极其严格。因此，对输入型食品质量实施最严格的监管制度成为保障安全的关键。在保证食品源的安全质量之外，科学合理的食品安全准则同样是新加坡食品安全一道有利的防火墙，食品产业在生产、加工及进口境外食品过程中，都需要经过每一道程序复杂的安全检测，在任何一环节出现质量问题，都会通过批量退回甚至销毁的方式进行严肃处理。以法律为依托，严格执法，出现任何对人体健康造成威胁的食品问题，决不姑息，在安全保障上零容忍、严惩罚，使得新加坡食品质量得到了有效保障。此外，新加坡的食品法律也在进一步完善，力保食品安全隐患消灭于萌芽阶段。

2.3.3　日本食品供应链安全管理实践

在如今食品安全监管体系较为成熟的日本，也曾遭遇食品安全危机，牛乳食物中毒事件、疯牛病问题，一度使民众陷入恐慌，对国家食品安全监管丧失信心。在经历过食品危机之后的日本政府痛定思痛，开始了食品行业的严格管制。日本日渐成熟的食品安全质量保障，得益于较为全面、科学的监管制度。从风险评估制度、风险管理监控、风险防控经验分享三个方面严格力保食品产业链各个环节的质量问题。在风险评估制度上注重监管无死角，尤其关注各种添加剂的使用，为避免造成食品安全问题，通过对可能有危害的因素实施全面性、科学性、系统性检测，在源头上规避了风险；风险管理监控的开展，使各监管部门之间分工协作、指责分明，对生产商、加工商、批发商、零售商等的监管力度更加严格；风险防控经验交流平台的建立，更是有利于带动食品安全监管的全面提升，各基层组织难免存在监管水平落后、检测标准更新不及时的诸多不利因素，通过与先进组织的交流分享，提高食品安全防控水平。此外，日本同样依托法律作为保障食品安全的坚强后盾，出台了《食品安全基本法》《食品卫生法》等。日本在现有食品安全监管体系的基础上，将对食品安全进一步加强监控管理，必将带动食品安全保障走向新高度。

2.3.4 英国食品供应链安全管理实践

英国食品立法的完善从《1990 年食品安全法》开始，这也是全世界首部以"食品安全"命名的食品法律。它对于食品制造、加工、存储、物流和销售（包括进出口、食品贴标）各环节进行全面规定，处罚其中侵害公众健康和消费者利益的违法行为，所有与食品供应链相关的商业组织、个人都属于《1990 年食品安全法》的调整范围，农场、养殖场、屠宰场等食品原料供应商，食品制造商，食品储藏、运输等物流服务提供商，超市、餐馆等食品销售商都需要进行注册登记，这部立法大大提高了政府对于食品安全的管控能力。英国现行食品安全立法指导思想以消费者保护为中心。《1990 年食品安全法》将保护消费者的思想入法，强调政府在食品安全监管体系中的主导作用，为食品安全立法和政策制定提供了基本框架。

食品安全改革的动力来源于频发的食品安全事故。此后，英国的立法改革得以根据实际问题及时地进行完善，法律法规的实用性得到提高。

此外，英国也是首个在食品安全监管中提出"可追溯性"的国家（自 2002 年 1 月 1 日起，欧盟成员国所售牛肉产品的标签上需标注来源地、生长地和屠宰场信息，否则一律禁止上市贩售，从而在欧盟全境实现食品供应链的各个环节的可追溯）自 2004 年起，所有在英国范围内销售的食品都需要遵照追溯制度进行相应的记录管理，否则该食品将禁止出现在市场销售。

2.4　本章小结

　　本章首先总结了国内外学者对食品供应链安全决策的研究，并分别从食品供应链安全协调决策、食品供应链安全监测预警、食品供应链安全风险管理、食品供应链安全综合评价、食品供应链安全信息追溯、冷链食品供应链鲁棒优化等方面进行了研究综述。其次介绍了食品供应链安全决策分析技术与方法，具体包括系统建模仿真技术、数学理论分析方法、综合评价分析方法、复杂系统分析方法、动力学分析方法、博弈论分析方法、食品安全管理控制技术。最后介绍了美国、新加坡、日本、英国等国家对于食品供应链安全管理的实践。

第 3 章　基于供应链的食品安全决策分析框架

3.1　食品供应链安全决策复杂适应性分析

3.1.1　食品供应链的复杂系统分析

复杂适应系统理论是美国圣菲研究所约翰·霍兰教授于 1994 年正式提出的，其与传统研究方法的最大区别在于模型组成上，传统方法在构建模型的时候运用方程或者公式，而复杂适应系统理论则应用适应性 Agent（智能体）建模方法。复杂适应系统理论认为，系统是由一组功能各异的 Agent 所组成，不同功能的 Agent 代表不同的对象，拥有不同的权利和能力，能够完成不同的任务，并且它们能够根据任务的需要动态地组建。

基于复杂适应系统理论，结合 1.4.3 小节所述食品供应链的概念和特点可知，食品供应链中各种功能单元，如食品原材料供应商（农户）、食品生产商、食品物流企业、食品销售商、消费者对食品原材料或食品的管理和生产、计划、采购、销售，以及运输、配送、消费等均看成是独立自主的 Agent，把供应链网络中企业的交互合作、共同完成任务的各种活动描述为多 Agent 间的自主作业活动，那么食品供应链系统就成为一个多 Agent 系统，即食品供应链多主体系统，每一个 Agent 都具有一定的功能，并可与其他 Agent 进行协作。其中，供应商 Agent 负责给生产商 Agent 供货的各项协调工作；生产商 Agent 则参与管理整个生产运作过程；而销售 Agent 负责评估市场需求、智能计算订货量、及时调整销售策略。此外，食品供应链多 Agent 系统还具有自主性、交互性、复杂性等复杂适应系统特征。

3.1.2 决策行为的复杂演化

基于食品供应链系统的复杂系统聚集行为，其协调决策过程不仅仅是多个单独企业主体决策的简单重组，而是包含多种复杂结构、多个层次累积和多决策主体的自适应、自组织过程[245]。低层次的个体为了生存和发展，会自发学习和模仿高层次个体的复杂策略。因此，在食品供应链系统中，"优胜劣汰"的适应生存规则，会使得单个的、较小的食品企业由一开始的单独决策行为，逐渐发展成通过合作、模仿、学习等方式而进行的协调决策行为，直至最终演化为与较高层、较大的、具有高度适应能力主体的决策相一致的复杂决策行为，这一演化过程如图 3-1 所示。同时，这一演化过程也说明了，为什么在食品供应链系统中，单个食品企业对于市场和顾客需求的频繁变动显得很脆弱，而整个食品供应链系统却有着很强的适应能力。

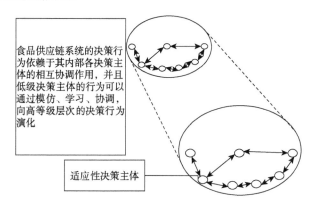

图 3-1 食品供应链多 Agent 系统决策行为演化

3.1.3 决策过程的非线性

根据复杂适应系统理论，非线性是指个体自身属性的变化，以及个体之间相互作用并非遵从简单的线性关系[246]。食品供应链系统中的各个企业主体（决策主体）大都是自主或半自主的，都会根据自身所在经营环境的变化而改变其经营决策，都具有自身的适应性，并且各个决策主体间是相互影响的而不是控制和被控制的关系。这就使得食品供应链系统决策过程的发展变化不是线性的，表现为食品供应链系统中各决策主体之间、决策主体与系统所处外部环境之间的非线性交互作用和资源的流动，这一过程如图 3-2 所示。

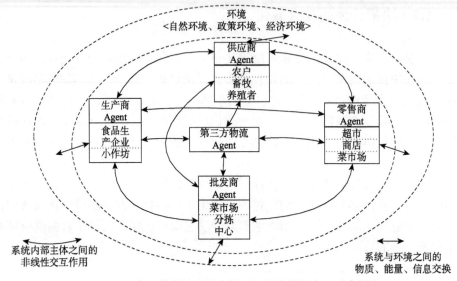

图 3-2　食品供应链系统决策过程的非线性交互示意图

3.1.4　决策过程的流特征

"流"反映了决策个体与环境之间物质的、信息的和能量的交换，"流"与食品供应链系统决策过程有着密切的关系。"流"的准确、及时是食品供应链系统中各决策主体协调决策的基础，而食品供应链系统的协调决策，则是"流"畅通无阻的保障。在食品供应链系统决策过程中的"流"是系统内各决策主体之间及其和外部环境主体之间进行协调决策的能量交换，表现形式为物流、信息流、资金流和质量流。另外，很多时候，食品供应链系统中存在的道德风险、牛鞭效应等问题，往往正是由"流"的不通畅致使决策主体的决策失误而导致的。

3.1.5　决策行为的多样性

复杂系统中的多样性的根源是主体的适应性，它是一个动态的过程，具有持续性和内聚性[247]。食品供应链系统中的各决策主体（如农户、食品生产企业等主体）之间，通过与外界进行能量信息交换和学习机制，会逐渐形成新的、更有效的协调策略。而这一新的协调策略的产生，就需要诸如批发商主体、物流服务提供商主体等其他主体的适应。而每一次新的适应都为食品供应链系统进一步的相互作用提供了机会，进而使得各个决策主体和整个食品供应链系统的协调决策行为表现出多样性。具体的形成过程如图 3-3 所示。

图 3-3 食品供应链系统的决策行为多样性形成过程

3.1.6 决策主体的标识性

食品供应链系统决策主体的"标识性"的实现,是基于复杂适应系统理论中的"标识"的特性,其为可变联系的实现提供了一个直观简便的方法。食品供应链系统中各主体间的协调决策,并不是随便达成的。其实现首先要基于某些区别各个决策主体的标志(包括商标、产品类型、生产方式、企业文化等)进行选择,从而使得各决策主体之间的协调决策是有选择性、有方向性的,而不是随意的,可以这么说,食品供应链系统协调决策行为的演化是在各个决策主体的标识的指导下进行的。

3.1.7 决策主体的内部模型

在食品供应链系统中,各个决策主体的经营决策每时每刻都是不一样的,在这不一样的变化中,各决策主体彼此之间协调发展、逐渐建立默契,每个企业都在互动中呈现出调整自身的组织结构、生产结构和工艺流程等决策行为[194]。例如,食品企业面对突如其来的食品安全事件时,企业自身有一个处理问题的"历史经验",同时它还储存着其他与其进行互动的食品企业在解决类似事件的行为模式,因此它就会通过这些记录来渐渐形成能够处理这一问题的协调性、全局性策略,这一内部模型如图 3-4 所示。

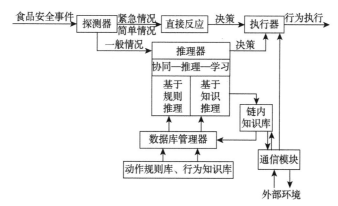

图 3-4 食品供应链系统决策主体的内部模型

3.1.8　决策机制的积木块

复杂适应系统理论中的积木是主体在应对一种新的复杂情况时，基于其自适应性而产生新解决办法的生成机制。在食品供应链系统中，每一个时期的具体经营事件和环境是不同的，但是各个决策主体大都能在以前的经验中找到类似处理问题的协调决策机制，这样一个从整体的角度对问题进行处理的协调决策机制就是那些不同积木块的排列组合，同时这些积木块和它们的组合不是固定不变的，而是随着决策主体和整个系统的演化过程，时刻进行着分解和重组。例如，当某种新食品出现了牛鞭效应时，食品生产企业、物流企业等决策主体就会调用曾经处理类似问题的"信息共享""订货机制""价格策略""物流改进"等协调决策的规则和经验，进行合理组合，迅速形成一个解决信息不共享问题的协调决策机制。

3.2　食品供应链安全决策动力学特征分析

食品供应链系统中涉及供应商、制造商、物流企业、销售商等各个决策主体内部、决策主体之间，以及它们与外部环境主体之间复杂的物流、质量流、信息流和现金流的交互关系。同时，其所处的外部环境中的市场需求的多变性、动态性和不可预测性，加剧了这种交互关系的非线性。这也说明了食品供应链系统内部各主体之间及其与外部环境主体之间协调决策过程的复杂性和动态性。

3.2.1　决策过程的全局性

由于食品供应链系统由诸多的各级子系统组成，涉及大量的人力、物质等资源。因此，食品供应链系统协调决策涉及食品供应链各个子系统之间的协调，包括地理位置分散的所有供应链成员实体，即为数众多的各级食品及其相关企业之间的协调和这些企业自身内部的协调；另外还涉及食品供应链系统与其外部环境主体（如政府机构、市场主体等）之间的协调。由此可见，食品供应链系统的协调决策具有全局性特点。针对这个特点，应用系统科学方法来把握其各个子系统在空间上的整体性，可以使食品供应链系统诸因素在战略全局上得到协调发展，从而更好地保障食品安全。

3.2.2　决策行为的动态性

市场的多变性、不确定性及不可预测性，使得食品供应链的各节点企业之间的供需过程表现出随时间不断变化的动态行为模式，其中，生产、分销、补货和配送的各种参数都在不断变化。因此，为了更好地满足消费者的需求，食品供应链系统协调决策的做出需要随着其市场地位的变化而变化。另外，食品供应链系统运行过程，还涉及生鲜食品被微生物感染的不确定性、外部政策环境的不断调整等各种动态变化，为了保证食品安全，还需要食品供应链系统的协调决策行为根据这些动态变化不断进行调整。由此可见，食品供应链系统的协调决策表现出一定程度的动态性。

3.2.3　决策行为的延迟性

食品供应链系统中的各企业主体在地域上的分散性和供需过程的动态性，使从需求的发生、下单到生产、补货、配送、入库都存在一定的时间延迟，从而使相应的协调管理决策落后于信息的获得，特别是需求的多变性和不确定性，可能导致更长时间的延迟，加剧库存积压或缺货。另外，食品供应链系统原料供应（即初级农产品、家禽、牲畜等）的延迟性，也会加剧食品供应链系统协调决策的延迟。以鸡肉食品供应链为例，从小鸡的孵化到超市货架上的鸡肉产品，这一过程需要 51 天，而这其中从小鸡的孵化、饲养到可供屠宰加工的出栏鸡就要占去 48 天，如图 3-5 所示。一般而言，食品原料获取的延迟会使食品供应链系统的协调决策大大落后于其内部的原料供应、生产等活动。另外，由于不同于工业及服务业供应链，食品供应链所需原料的生产一般还具有区域性、季节性、分散性等特点，因此，食品生产企业在生产上的延迟较工业供应链的生产延迟更长。

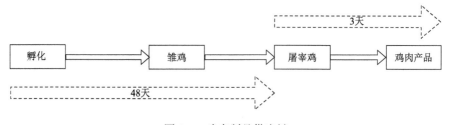

图 3-5　鸡肉制品供应链

3.3 食品供应链安全决策分析框架

3.3.1 食品供应链安全决策过程模型

食品供应链安全决策过程模型如图 3-6 所示。

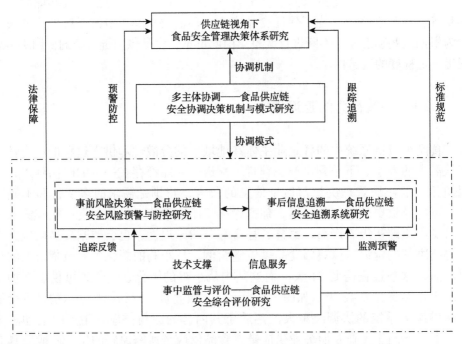

图 3-6 食品供应链安全决策过程模型

3.3.2 食品供应链安全协调决策

食品安全的主体主要包括食品原材料供应商（农户）、食品加工企业、食品物流企业、食品销售商、消费者及政府职能机构。食品安全供应链有别于一般的供应链，其首要目标是"保障安全"，然后才是对总成本最小化、总周期时间最短化、物流质量最优化等问题的考虑。所以，食品安全供应链需要在供应链各个环节加强安全管理，保证食品安全信息能够集成、共享；同时每一个环节的组织载体需要承担食品安全的社会责任，实现资源合理配置、经济利益共赢，进行协调有序的合作。

基于 3.1.1 小节所分析得到的食品供应链多 Agent 系统，运用多 Agent 方法，构建食品供应链安全管理的协调决策框架如图 3-7 所示，图中 A_1、A_2、A_3、A_4、A_5 分别表示供应商（农户）Agent、食品生产商 Agent、食品物流企业 Agent、食品销售商 Agent、消费者 Agent。框架分解为三个决策层次：战略层、战术层和执行层。

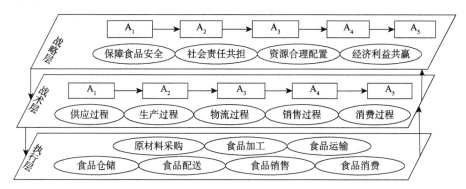

图 3-7　食品供应链安全管理的协调决策框架

1. 战略层协调

战略层协调为保证整个食品供应链组织和运作过程的执行提供目标指导，是食品供应链协调决策中最关键的环节。目前在我国，食品供应链的各环节不协调，造成供应链安全管理上的"断带"；食品供应链的资源配置不合理，造成资源浪费、重复生产；食品供应链节点企业的社会责任意识淡薄，造成环境道德缺失、食品污染严重，结果导致全社会的食品安全无法保障，威胁到人们的生命安全。所以战略层协调的目标内容包含保障食品安全、社会责任共担、资源合理配置、经济利益共赢等方面的设计。

2. 战术层协调

战术层协调是食品供应链上游和下游、纵向和横向的信息互动和任务集成的过程。一方面是根据食品供应链的战略协调要求对运作过程进行总体安排；另一方面为食品供应链的执行层协调提供综合而全面的战术指导。战术层协调包括供应过程协调、生产过程协调、物流过程协调、销售过程协调和消费过程协调。

3. 执行层协调

执行层协调是对战术层协调问题的细化和具体化，属具体操作方面的协调，通过协同执行、实施和动态性优化，负责落实战略层的目标，实现战术层的任务。执行层协调的内容包括原材料采购、食品加工、食品运输、食品仓储、食品配送、食品销售和食品消费几部分[248]。

3.3.3　食品供应链安全风险决策

食品供应链安全风险决策，即指从产品种植（养殖）、生产加工、流通销售、餐饮消费等各个环节着手，建立覆盖"从源头到餐桌"全过程的食品安全风险监测、预警与防控的链条。以生产基地、加工企业等生产环节和批发市场、农贸市场、超市等流通环节的食品安全监测与预警为工作重点，做好居民社区、农村市场等生产经营比较集中而信息化水平和监测预警控制相对薄弱的区域的工作。在食品供应链环节管理上，健全供应链监测与预警组织机构，分工负责做好各环节的监测与预警工作。加强食品安全风险监测与预警系统和基础设施的建设和完善，为整个食品安全监测与预警体系的建设提供交流的平台和有力的技术支撑。

食品供应链安全管理的风险决策目标，一是实时监测食品供应链上各环节的食品安全风险，以预防供应链各个节点的食品安全事件的发生；二是对已发生的食品安全事件进行及时报警，使相关部门采取措施对事件进行及时控制，以减少食品安全事件给企业及消费者带来的损失。具体来说，食品供应链安全管理的风险决策要实现以下功能。

1. 监测和检测功能

根据采集和分析所监测到的信息，查询和监控食品在供应链中的安全隐患，对食品的安全问题导致的诸多问题的可能性加以预测，并在必要的时候将所掌握的基本概况及时地告知相关人员，尽可能降低可能的损失和风险。

2. 控制功能

控制功能体现在由相关监督管理机构对已经监测到的食品安全风险进行预警发布、采取相关措施化解，从而有效控制食品安全产生的危害，用来对消费者进行保护并确保所有的食品在生产、储藏、加工、销售过程中对人体是安全、卫生和健康的。

3. 沟通功能

建立食品安全风险监测与预警系统，是对食品供应链的安全状况的保障，离不开食品供应商、制造商、零售商及消费者之间的密切合作，也离不开食品企业、消费者与政府管理部门间的高效交流。食品监管部门须定期采集整理食品安全数据，对食品安全的现状展开调研，知悉食品安全的大致情况，从而为筹划全面的食品安全监管策略提供根据。而广大公众能及时知悉食品安全状况，可以按需求避开有危害的食品。

3.3.4　食品供应链安全综合评价

首先，食品供应链安全综合评价可以为食品安全监管提供决策依据。由于在日常的食品安全监管中，食品安全监管部门主要通过抽样检验的方式对食品的安全性进行卫生及质量检验，因此，如何科学地抽检、准确地确定抽检的项目是食品安全监管部门最关注、也最迫切需要解决的问题。其次，食品安全综合评价可以满足食品安全监测、预警及预测的需要。食品安全具有一些典型的特点，如涉及信息面广、信息更新速度快、产生的突发事件多等特点。对食品安全进行综合评价研究，可以科学的、客观地描述食品供应链的安全状态，为食品安全监管部门提供监管工作指导，进而从供应链整体具体细化到供应链节点企业。对安全状态不合格的食品企业进行优先检测，对存在的危害做出预警，提高早期发现与防范能力。最后，食品安全综合评价为食品企业提供决策支持。从食品安全综合评价中，企业可以发现其内部各个薄弱环节及重点影响环节，对提高企业整体安全水平具有指导意义。另外，供应链整体安全评价结果也为供应链外的企业是否加入供应链、加入什么样的供应链提供了决策依据。这有助于促使食品供应链上各节点企业一起承担保障食品安全的责任，构建一个利益的共同体。

3.3.5　食品供应链安全信息追溯

食品供应链安全管理的信息追溯是通过建立一个面向食品供应链和食品安全领域，开展"监测"、"检测"、"信息采集"和"信息共享"的追溯系统实现的，涉及食品供应链运营过程中的所有环节，任何一个环节上的数据都是必不可少的组成部分。所以，食品供应链安全管理的信息追溯，即建立食品安全追溯系统，这不仅需要解决技术问题，而且需要解决一个多部门的集成、整合和协调问题。信息追溯，一方面可以为食品安全的有效监管、预警提供有力的保障，另一方面，对食品供应链的各个环节进行有效标识，可以对食品安全全程质量进行控制和跟踪溯源，一旦发生食品安全问题，可以有效地追溯到食品的源头，及时召回不合格产品，将食品安全问题的影响范围缩到最小、损失降到最低。

3.4 本 章 小 结

　　本章基于食品供应链安全决策复杂适应性分析，介绍了食品供应链决策行为的演化，提出食品供应链系统决策过程呈非线性特征，并介绍了食品供应链系统的决策行为属于多样性形成的过程，构建了食品供应链系统决策主体的内部模型。接着对食品供应链安全决策进行动力学特征分析，构建了食品供应链安全管理决策过程逻辑模型及食品供应链安全协调决策框架。该协调决策框架促使食品供应链上各节点企业一起承担保障食品安全的责任，构建一个利益的共同体，将食品安全问题的影响范围缩到最小、损失降到最低。

第4章 基于供应链的食品安全协调决策

食品供应链系统运作过程中，由各个主体间决策的不一致引起的问题主要有两个：一是为了及时满足客户需求而造成的巨大的储存成本，即食品供应链系统的牛鞭效应；二是内部各主体在协调决策过程中，由于食品安全信息不共享而产生的食品安全问题。这两大问题的存在，往往会导致食品供应链系统整体收益的下降和食品安全事件的发生。

因此，应用系统动力学和演化博弈理论，通过研究食品供应链系统的结构，来分析其内部各主体的决策行为，并从中找出促进食品供应链系统内部主体间协调决策的机制，对保障食品安全和食品供应链系统整体利益的实现具有重要意义。

本章首先按照系统动力学方法解决问题的思路，针对食品供应链系统内部主体未能协调决策导致的牛鞭效应，建立了系统动力学模拟模型，并在对模型进行分析的基础上，得到各主体间需求信息的共享，是实现食品供应链系统成本与及时反应协调平衡的有效途径；其次，利用演化博弈理论，对食品供应链系统内部各主体间协调合作行为的动态演化过程进行了研究，结果表明，食品安全信息的有效共享，是促进食品供应链系统内部各主体间协调决策的关键因素；最后，在上述分析研究的基础上，总结出了促进食品供应链系统内部主体间协调决策的相关机制及模式。

4.1 食品供应链安全协调决策的动力学机制

4.1.1 问题定义与边界划分

按照 2.2.5 小节中系统动力学分析问题的一般方法和思路，首先对食品供应链系统中的牛鞭效应,进行分析和定义。牛鞭效应,就是指当供应链上的上游主体只根据来自其相邻的下游主体的需求信息进行供应决策时,需求信息的不真实性会沿着供应链逆流而上,产生逐级放大的现象[249],如图 4-1 所示。

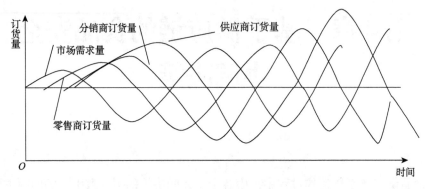

图 4-1　牛鞭效应示意图

从3.1节和3.2节分析可知,食品供应链系统具有动态性、脆弱性和需求不确定性等特点。再加上其内部各企业主体在地域上的分散性,使得食品供应链系统从消费者需求的发生、下单到生产、补货、配送、入库都存在一定的时间和信息延迟。特别是需求的多变性、不确定性和农产品种植养殖长周期性等,往往会导致更长时间的延迟,从而加剧库存积压或缺货,产生牛鞭效应。

食品供应链系统的牛鞭效应所造成的损失比工业或服务业供应链中的牛鞭效应所造成的损失都大。这是因为在食品供应链系统中,从生产食品的原材料(初级农产品)到最终的食品成品,大都具有鲜活性、保质期短等特点,而过多的初级农产品和食品产品积压,会造成庞大的因冷冻保鲜而产生的储存成本。

1. 问题定义

基于上述分析,确定研究问题为,通过对食品供应链系统中牛鞭效应的模拟分析,找出削弱牛鞭效应的关键因素,达到在保证食品消费及时供应的同时降低储存成本,保障食品安全和提高整个食品供应链系统的经济效益的目的。

2. 边界划分

根据识别的问题,划定系统动力学模型的边界包括如下内容:本模型中主要考虑食品供应链系统中的食品原材料供应主体(即农户)、食品生产企业主体、第三方物流企业主体及超市(即零售商)主体,而且仅考虑他们之间的库存订货系统,没有涉及食品生产企业的产能限制、物价指数、各主体的规模等因素。另外,还需要说明的一点是,食品生产企业的库存包括其原材料和产成品的库存。

4.1.2　因果关系分析与系统动力学模型

1. 因果关系分析

根据系统动力学方法分析问题的思路，在划定边界后，接下来就需要分析食品供应链系统牛鞭效应的系统动力学结构，建立因果关系图，进行因果关系分析。根据现实中食品供应链系统的运行情况，综合考虑影响其牛鞭效应的各因素之间的相互关系，得到食品供应链系统中库存控制系统的因果关系图，如图 4-2 所示。

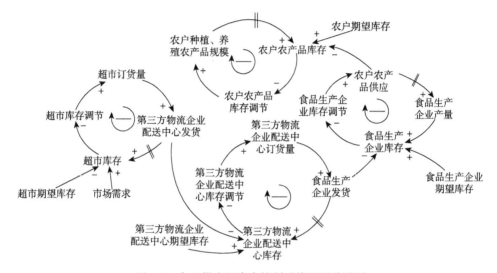

图 4-2　食品供应链库存控制系统因果关系图

图 4-2 中带箭头的线段为因果链，表明了两个要素之间的因果关系。农户种植养殖规模和农户农产品库存之间、农户农产品供应与食品生产企业产量之间、食品生产企业发货与第三方物流企业配送中心库存之间，以及第三方物流企业配送中心发货与超市库存之间的链上加了时间滞延符号，表示此处发生了生产延迟或物流延迟。前面已经提到，因果链上的极性反映的是两变量之间的相互作用关系：极性为正表示两个变量的变化趋势相同，极性为负表示两个变量的变化趋势相反。如果因果链自行相连成环，就构成了反馈回路。

判断反馈回路的极性有这样一条定理："若反馈回路包含偶数个负的因果链，则其极性为正；若反馈回路包含奇数个负的因果链，则其极性为负。"根据定理，可以观察到食品供应链库存控制系统的因果图中有四个主要的负反馈回路：

（1）超市库存→-超市库存调节→+超市订货量→+第三方物流企业配送中心发货→+超市库存。

（2）第三方物流企业配送中心库存→-第三方物流企业配送中心库存调节→+第三方物流企业配送中心订货量→+食品生产企业发货→+第三方物流企业配送中心库存。

（3）食品生产企业库存→-食品生产企业库存调节→+农户农产品供应→+食品生产企业产量→+食品生产企业库存。

（4）农户农产品库存→-农户农产品库存调节→+农户种植、养殖农产品规模→+农户农产品库存。

负反馈回路（1）中，当市场需求增加时，超市的库存将会减少，从而导致超市期望库存和超市库存之差的增加，所以超市的库存调节力度就会加大，即通过增加向第三方物流企业配送中心的订货量来调节其库存；超市订货量的增加，使得第三方物流企业配送中心发货速率和发货量增加，从而超市库存增加，客户需求得到满足。

负反馈回路（2）中，随着反馈回路（1）中第三方物流企业配送中心发货速率和发货量的增加，第三方物流企业配送中心的库存将会减少，从而导致第三方物流企业配送中心期望库存和其库存之差的增加，所以第三方物流企业配送中心的库存调节力度就会加大，即通过增加向食品生产企业的订货量来调节其库存；第三方物流企业配送中心订货量的增加，使得食品生产企业的发货速率和发货量增加，第三方物流企业配送中心库存也会相应增加，从而缺货的可能性降低。

负反馈回路（3）中，随着反馈回路（2）中食品生产企业发货速率和发货量的增加，食品生产企业的库存将会减少，从而导致其期望库存和实际库存之差的增加，所以食品生产企业的库存调节力度就会加大，即通过增加原材料的订货量（即农产品供应），从而增大其生产的产量来调节其库存；食品生产企业产量的增加，使得其库存量随之增加。

负反馈回路（4）中，随着反馈回路（3）中农产品供货速率和发货量的增加，农户农产品的库存将会减少，导致其期望库存和实际库存之差的增加，所以农户农产品的库存调节力度就会加大，即通过扩大种植养殖规模来调节其库存；如果其种植养殖规模扩大，则最终农产品的产量就会增多，其库存量必然也会增加。

从上述分析可知，第一个反馈回路中，农产品生产周期长的特点，使其生产供应存在延迟；另外三个反馈回路中，由于物流运输需要一定的时间，而存在运输延迟。除了上述生产延迟和物流延迟，该食品供应链库存控制系统还存在信息延迟，即从超市主体开始，在各个主体将其获得的市场需求信息传递给其上游主体的过程中存在延迟。正是这些延迟的存在，导致了食品供应链系统的牛鞭效应。但上述四个负反馈回路的存在，使得食品供应链系统的牛鞭效应有了调节控制的可能性，因为系统动力学理论中的负反馈回路的特性是使回路中的变量趋于稳定。

2. 系统动力学模型的建立

1）模型变量及其量纲的确定

根据因果关系图绘制流图，即构建系统动力学模型。首先要识别系统中的水平变量、速率变量、辅助变量和常量。本系统中包括超市库存、第三方物流企业配送中心库存、食品生产企业库存、农户农产品库存四个水平变量，以及超市销售率、第三方物流企业配送中心发货率、食品生产企业发货率、农产品发货率、农产品产出率五个速率变量。各个主体的发货率是根据其下游主体的订货量来决定的。各主体的订货量又是由产品销售预测和库存差来决定的。各主体的发货率还需要辅助变量来表达。辅助变量包括各主体的订货量、期望库存、销售预测量等。另外还有生产延迟、运输延迟、农产品保质期、食品保质期、期望库存可持续时间、移动平均期数等常量。以上各变量的量纲，根据食品供应链库存控制系统的实际运行情况确定。因此，基于上述因果关系图和各变量性质的区分，利用 Vensim 软件，建立系统动力学模型，如图 4-3 所示。

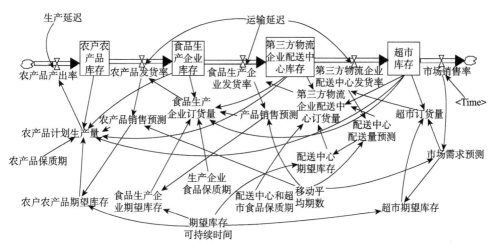

图 4-3　食品供应链库存控制系统的系统动力学模型

2）模型方程式的建立

图 4-3 所示模型中参数的设置及各变量之间关系的建立，是通过如下方程式来实现的。

模型每阶段的库存量是水平变量，是其对应的流入速率与流出速率差值的积分，初始值均设为 100 箱。例如，农户农产品库存=INTEG（产出率-农产品发货率）。

因为农产品生产周期长，存在生产的延迟性。即农户从决定养殖、种植开始，到农产品产出一般要经过 6 周左右的时间。所以速率变量农产品产出率=DELAY3（计划生产量，生产延迟），用三阶延迟方程表示。

另外由于有运输延迟的存在，下游企业本周收到的货是其对应的上游企业 2.6 周以前发出的货。所以模型中的农产品发货率、食品生产企业发货率和第三方物流企业配送中心发货率，同样也需要用三阶延迟方程 DELAY3 来表示。例如，农产品发货率= DELAY3（食品生产企业订货量，运输延迟）。

模型中采用的市场销售率是随机条件下的，市场销售率随机说明消费者的消费需求是随机的，需求随机比较客观地反映了实际需求呈现出的不确定性、多样性和动态性等特点，在这种环境下进行模拟，结果更具有实际意义。因此，销售率=100+IF THEN ELSE[Time≥5，RANDOM NORMAL（−20，20，0，10，4），0]，该式表明市场需求预测在前 4 周为 100 箱，从第 5 周开始随机波动，波动幅度为 ±20，均值为 0，波动次数 10 次，随机因子 4 个。

模型中各阶段的生产量或订货量，是由其相应阶段的产品销售预测和库存差决定的。其中，库存差（库存调整量）是期望库存量与现有库存量的差值。以农户计划生产量和食品生产企业订货量为例：农户计划生产量=MAX[0，农产品销售预测+（农户期望库存−农户农产品库存）/农产品保质期]，表示当"农产品销售预测+（农户期望库存−农户农产品库存）/农产品保质期"大于 0 时农户计划生产量取该值，小于或等于 0 时则取 0；食品生产企业订货量=MAX[0，产品销售预测+（食品生产企业期望库存−食品生产企业库存）/食品保质期 1]，表示当"产品销售预测+（食品生产企业期望库存−食品生产企业库存）/食品保质期1"大于 0 时食品生产企业订货量取该值，小于或等于 0 时则取 0。

模型中各阶段的销售预测率是其对应发货率的平滑函数，即其当期销售预测率等于其过去 5 周发货率的移动平均数，如产品销售预测=SMOOTH（食品生产企业发货率，移动平均期数）。

在建立上述模型方程式和参数设置的过程中，同时考虑了食品供应链特有的不同于其他工业供应链的特点，如考虑农产品生产周期长的特点，生产延迟设为 6 周，而其他工业供应链，一般情况下，最长的生产延迟仅为 3 周；另外，工业供应链订单的确定与其库存调整时间有关，与工业供应链不同，食品供应链各环节的订货量则主要与其各环节相应产品的保质期有关。

4.1.3 协调决策行为模拟仿真

在进行模拟之前，应该对所建模型的正确性进行检查。检查的内容包括两方面：一是检查各变量单位，确定各个系统动力学方程两边的单位是否匹配；二是对模型整体进行测试，以确定模型能否正常运行。检测由 Vensim 的 Units Check 和 Check Model 功能执行。模型检验顺利通过后，在 4.1.2 小节分析的基础上，设置模拟的时间范围是 0~200 周，时间步长为 1，对食品供应链库存控制系统的系统动力学模型进行模拟，模拟结果及分析如图 4-4 和图 4-5 所示。

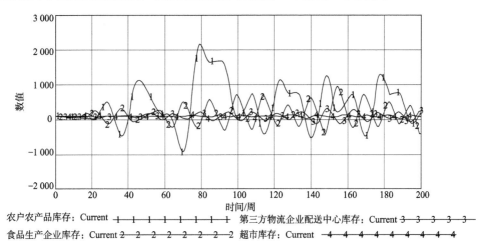

农户农产品库存：Current —1—1—1—1—1—1—1—　第三方物流企业配送中心库存：Current 3—3—3—3—3—
食品生产企业库存：Current 2—2—2—2—2—2—2—2　超市库存：Current —4—4—4—4—4—4—4—4

图 4-4　食品供应链各主体库存量变化图

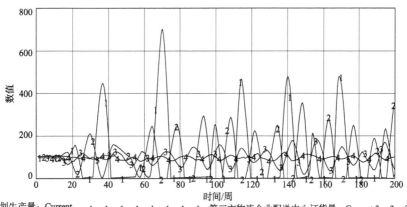

农户计划生产量：Current —1—1—1—1—1—1—1—　第三方物流企业配送中心订货量：Current 3—3—3—3—3—
食品生产企业订货量：Current 2—2—2—2—2—2—2—2　超市订货量：Current —4—4—4—4—4—4—4—4

图 4-5　食品供应链各主体订货量和生产量变化图

　　图 4-4、图 4-5 的模拟结果表明，食品供应链系统中各个成员的库存和订单量的波动幅度很大，其中农户计划生产量、农产品库存和食品生产企业订货量、库存的波动幅度，远远大于第三方物流企业配送中心和超市的订货量、库存的波动幅度。这说明市场需求信息在供应链中被逐级放大，即食品供应链系统存在牛鞭

效应。前文已经论述了食品供应链系统的牛鞭效应所造成的损失比工业或服务业供应链中的牛鞭效应所造成的损失都大。因此，现在需要采取措施来削弱牛鞭效应。根据系统动力学的建模思想，可知系统的结构决定系统的行为，同样食品供应链系统的牛鞭效应由其结构决定。所以要想削弱食品供应链系统的牛鞭效应关键在于进行改进其结构的政策优化。

1. 运输延迟对食品供应链系统牛鞭效应的影响

保持其他常量数值不变，只改变运输延迟时间这一常量值进行模拟。将运输延迟时间由初始的 2.6 周延长到 3 周，模拟后得到，食品供应链各环节的库存水平和订货量的波动加剧。以食品生产企业的库存水平变化为例，如图 4-6 所示，图中标有 1 的曲线对应运输延迟时间为 2.6 周时的库存变化情况，标有 2 的曲线对应运输延迟时间为 3 周时的库存变化情况。

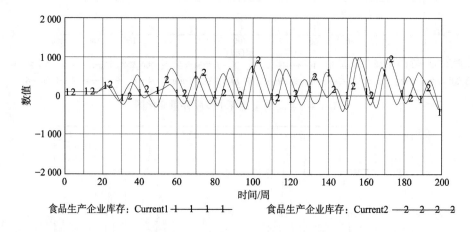

图 4-6　运输延迟对食品生产企业库存水平变化的影响

以上模拟结果说明，运输延迟时间越长，食品供应链各环节企业主体的库存水平波动就越大，趋于稳定的时间也会越长，从而使库存难以管理。因此，通过食品供应链系统各主体间的协调决策，将运输延迟时间控制在合理范围内，对于削弱食品供应链系统的牛鞭效应，降低整个系统的运行成本，提高其整体的经济效益都有着非常重要的意义。

2. 产品保质期对食品供应链系统牛鞭效应的影响

同样是以食品生产企业为例，将食品生产企业所生产产品的保质期，由现行的 2.5 周，通过技术手段延长至 4 周，通过图 4-7 的模拟结果，可以看出，延长产品的保质期，可以减小食品生产企业的库存波动幅度，图中标有 1 的曲线对应保质期为 2.5 周时的库存变化情况，标有 2 的曲线对应保质期为 4 周时的库存变化情况。

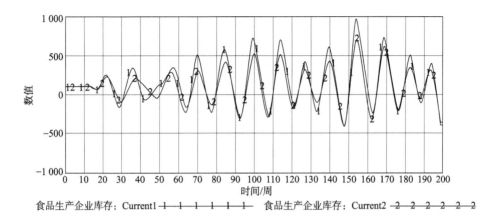

食品生产企业库存：Current1 ―1―1―1―1―1―1―1―　　食品生产企业库存：Current2 ―2―2―2―2―2―2

图 4-7　产品保质期对食品生产企业库存水平变化的影响

另外，从延长农产品保质期、配送中心和超市食品保质期的模拟结果，也可以发现延长食品供应链各阶段产品的保质期，对于减小其相应环节主体的库存波动有明显的效果。因此，食品供应链系统各主体间相互协调，通过采取一定的技术手段，来延长食品供应链各阶段产品的保质期，可以在一定程度上削弱食品供应链系统的牛鞭效应。

3. 信息共享对食品供应链系统牛鞭效应的影响

部分研究牛鞭效应的学者认为，供应链的信息结构对牛鞭效应有很大的影响[250]。由于供应链成员之间利用信息不对称进行商业博弈，从而导致市场需求信息在各级成员之间被扭曲，并被逐级放大。因此目前，已有许多学者提出应通过供应链各成员之间的协调，建立有效的信息共享机制与激励机制等措施，来减轻牛鞭效应的影响[251]。

而食品供应链作为供应链中的一种，其牛鞭效应的产生自然也与需求的不确定及需求信息的个别占有有关。因此，通过食品供应链系统各主体间的协调，建立有效的信息共享机制与激励机制，对于削弱食品供应链系统的牛鞭效应，同样具有很好的效果。

在信息不共享、各主体间不能协调决策的食品供应链系统的管理模式中，信息流从下游的消费者流向上游的农户，而物流则是由上游的农户流向下游的消费者，并且在两个"流"的流动过程中，食品供应链系统中各企业主体间都是相互独立的，信息不会被共享，每个企业主体都只考虑尽可能实现自己利益的最大化，因此，他们也只依据自己的需求预测方法，来制定各自的补货策略，即各主体只能根据各自的销售预测来确定其订货量。

与上述食品供应链系统的管理模式不同，各主体间相互协调、信息共享的管理模式，使得食品供应链系统中只包含有用的和真实的需求信息，各主体不再依赖预期来进行订货。在信息共享、协调决策的协议下，超市及时将其商品销售信息和库存消耗量跨越中间环节的多个成员，与配送中心、食品生产企业共享；供应商（农户）监视超市的库存状况，确定库存补充数量，及时安排养殖、种植等生产计划[252]。

在上述分析的基础上，建立信息共享条件下的食品供应链库存控制系统的系统动力学模型，如图 4-8 所示。

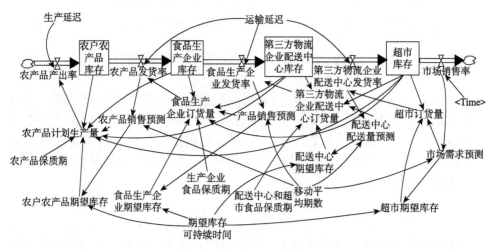

图 4-8　信息共享条件下的食品供应链库存控制系统的系统动力学模型

由图 4-8 可以知道，信息共享模式下的食品供应链各环节企业主体的生产量和订单量直接依赖于市场需求信息和其下游节点的库存水平，不再根据自己的销售预测来订货。因此，农户计划生产量和其下游各环节的订货量的方程结构也相应发生了变化。以农户计划生产量和食品生产企业订货量的方程结构为例。
农户计划生产量=MAX[0，市场需求预测+（农户期望库存×4-农户农产品库存-食品生产企业库存-第三方物流企业配送中心库存-超市库存）/农产品保质期]；食品生产企业订货量=MAX[0，市场需求预测+（食品生产企业期望库存×3-食品生产企业库存-第三方物流企业配送中心库存-超市库存）/食品生产企业食品保质期]。

对上述模型进行模拟，得到如图 4-9、图 4-10 所示的模拟结果。

图 4-9　信息共享条件下食品供应链各主体库存变化图

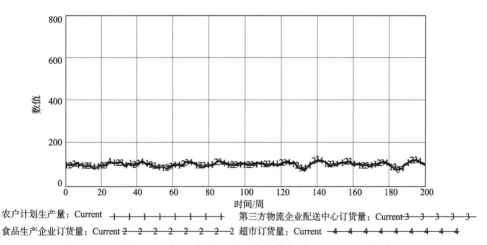

图 4-10　信息共享条件下食品供应链各主体订货量和生产量的变化图

将图 4-9、图 4-10 的模拟结果，与图 4-4、图 4-5 的模拟结果进行对比后，可以看出，在实施信息共享的食品供应链中，各节点库存量比较稳定，波动幅度明显减小。食品供应链各节点企业的生产量和订单量水平波动幅度也明显降低，说明各节点生产和订货水平越来越接近市场需求信息，需求信息的放大程度大大减少。由此可知，食品供应链系统各主体之间的相互协调和信息共享有效地缓和了市场需求的不确定性和需求信息的放大效应。所以通过对食品供应链系统的信息结构进行调整，建立信息共享机制，可以有效地削弱其牛鞭效应。

4.2 食品供应链安全协调决策的演化博弈机制

4.1 节就如何通过食品供应链系统各主体之间的协调，在保证满足正常需求的前提下，减少食品供应链系统库存、削弱其牛鞭效应、降低整个系统成本的问题进行了讨论。但鉴于食品的特殊性，其安全与否直接关系到广大消费者的健康和生命安全。因此，食品供应链系统内部各主体之间的协调在达到降低成本，获得经济效益目的的同时，还必须实现并保证食品的安全供给。

我国食品安全问题的核心是演化的问题，即如何从低质量低效率的均衡演化到高质量高效率的均衡。在食品供应链系统中，不同环节的相关行为主体之间关于食品质量安全的博弈关系决定了最终安全食品的供给，食品供应链系统中决策主体的协作行为的演化博弈分析，对于明晰化食品安全问题也就具有了理论和现实意义。因此，本节应用演化博弈理论，对食品供应链系统内部各主体间协调合作行为的动态演化过程进行分析研究，以期找到促进食品供应链系统各主体间协调决策，进而保证食品安全供给的有效机制[253, 254]。

4.2.1 食品供应链系统内部两企业主体间协调决策的演化博弈

本章研究的食品供应链系统内部食品企业多主体间的协调决策行为，主要是指食品供应链系统中供应商、食品生产企业、第三方物流企业配送中心及零售商等决策主体之间，为了保障食品的安全供给而进行的协调合作行为。而食品安全信息能否共享是食品供应链系统内部主体间能否有效协调合作的关键所在。鉴于此，本节从有限理性角度出发，运用演化博弈理论研究食品供应链系统内部各主体间协作过程中的食品安全信息共享情况的动态演化过程，探讨食品供应链系统内部各主体间协作策略的演化规律。

1. 假设与支付矩阵

鉴于食品供应链系统中，各环节之间的供需关系与原材料供应商和食品生产企业之间的供需关系是相似的，所以在这里只对供应商群体和食品生产企业群体间的协调合作行为的演化过程进行研究。

假设食品供应链系统中，为了达到保证食品安全供给的目的，供应商群体与食品生产企业群体进行是否协调合作的策略博弈，双方各自的策略集合为（协作，不协作）。在双方博弈的过程中，反复在两个群体中各随机抽取一个成员配对，进行协作和不协作的博弈。供应商和食品生产企业根据其他成员的策略选择，考虑在自身群体中的相对适应性来选择和调整各自的策略。

假定 $\pi_i(i=1,2)$ 分别表示供应商和食品生产企业采取不协作策略时获得的正常收益；而供应商和食品生产企业均采取协作策略时，可以获得额外收益，设 $\varphi_i(i=1,2)$ 为额外收益系数，反映企业主体 i 对其他企业主体采取协作策略时所共享的食品安全信息的吸收和利用能力，$\beta_i(i=1,2)$ 为企业主体 i 的协作程度（即其食品安全信息共享程度），$\alpha_i(i=1,2)$ 为企业主体 i 所拥有的食品安全信息量，则 $\varphi_1\beta_2\alpha_2$ 为供应商在博弈双方均采取协作策略时所获得的额外收益，$\varphi_2\beta_1\alpha_1$ 为食品生产企业在博弈双方均采取协作策略时所获得的额外收益；$\gamma_1\alpha_1$ 为供应商采取协作策略时所付出的期望成本（或称风险成本，因为采取协作策略的供应商共享的食品安全信息、商业机密等有被窃取的风险），$\gamma_2\alpha_2$ 为食品生产企业采取协作策略时所付出的期望成本（风险成本），其中，$\gamma_i(i=1,2)$ 为风险系数；供应商和食品生产企业选择不协作策略而遭受的（机会）损失为 $\omega_i(i=1,2)$，如对协作企业进行激励（如声誉激励等），那么选择不协作的企业由于没得到激励就可能会遭受（机会）损失（如声誉损失等）。在一般情况下供应商和食品生产企业采取协作策略时所获得的超额收益大于其期望成本，即有 $\varphi_1\beta_2\alpha_2 > \gamma_1\alpha_1$，$\varphi_2\beta_1\alpha_1 > \gamma_2\alpha_2$。根据上述假设，得到博弈双方的支付矩阵如表 4-1 所示。

表 4-1　供应商与食品生产企业博弈的支付矩阵

供应商	食品生产企业	
	协作 y	不协作 $1-y$
协作 x	$\pi_1+\varphi_1\beta_2\alpha_2-\gamma_1\alpha_1$，$\pi_2+\varphi_2\beta_1\alpha_1-\gamma_2\alpha_2$	$\pi_1-\gamma_1\alpha_1$，$\pi_2-\omega_2$
不协作 $1-x$	$\pi_1-\omega_1$，$\pi_2-\gamma_2\alpha_2$	$\pi_1-\omega_1$，$\pi_2-\omega_2$

2. 复制动态方程

根据上述博弈关系，假设供应商群体中采取协作策略的企业主体的比例为 x，则采取不协作策略的企业主体的比例为 $1-x$；假设食品生产企业群体中选择协作策略的企业主体的比例为 y，那么选择不协作策略的企业主体的比例为 $1-y$。

那么，供应商群体采取协作策略时的期望收益为

$$u_{11} = y(\pi_1+\varphi_1\beta_2\alpha_2-\gamma_1\alpha_1)+(1-y)(\pi_1-\gamma_1\alpha_1)=y\varphi_1\beta_2\alpha_2+\pi_1-\gamma_1\alpha_1 \quad (4\text{-}1)$$

供应商群体采取不协作策略时的期望收益为

$$u_{12} = y(\pi_1-\omega_1)+(1-y)(\pi_1-\omega_1)=\pi_1-\omega_1 \quad (4\text{-}2)$$

供应商群体成员的平均收益为

$$\overline{u}_1 = xu_{11}+(1-x)u_{12}=x(y\varphi_1\beta_2\alpha_2+\pi_1-\gamma_1\alpha_1)+(1-x)(\pi_1-\omega_1) \quad (4\text{-}3)$$

进一步可得，供应商群体的模仿者复制动态方程，即供应商群体成员采取协作策略的变化速度为

$$F(x) = \frac{dx}{dt} = x(u_{11} - \overline{u}_1) = x(1-x)(y\varphi_1\beta_2\alpha_2 + \omega_1 - \gamma_1\alpha_1) \qquad (4-4)$$

同理，食品生产企业群体的模仿者复制动态方程，即食品生产企业群体成员采取协作策略的变化速度为

$$F(y) = \frac{dy}{dt} = y(1-y)(x\varphi_2\beta_1\alpha_1 + \omega_2 - \gamma_2\alpha_2) \qquad (4-5)$$

令 $F(x) = 0$，$F(y) = 0$，得到五个均衡点 $O(0,0)$、$A(1,0)$、$B(0,1)$、$C(1,1)$ 及 $D(x^*, y^*)$，其中，$x^* = \frac{\gamma_2\alpha_2 - \omega_2}{\varphi_2\beta_1\alpha_1} \cap [0,1]$，$y^* = \frac{\gamma_1\alpha_1 - \omega_1}{\varphi_1\beta_2\alpha_2} \cap [0,1]$（交集的作用是限定 $0 \leqslant x^* \leqslant 1$，$0 \leqslant y^* \leqslant 1$）。

3. 演化路径分析

对于一个由微分方程系统描述的群体动态，根据 Friedman 提出的方法，其均衡点的稳定性由该系统的雅克比矩阵局部稳定分析得到。由式（4-4）、式（4-5）得系统的雅克比矩阵为

$$
\boldsymbol{J} = \begin{bmatrix} \dfrac{\partial F(x)}{\partial x} & \dfrac{\partial F(x)}{\partial y} \\ \dfrac{\partial F(y)}{\partial x} & \dfrac{\partial F(y)}{\partial y} \end{bmatrix}
$$

$$
= \begin{bmatrix} (1-2x)(y\varphi_1\beta_2\alpha_2 + \omega_1 - \gamma_1\alpha_1) & x(1-x)\varphi_1\beta_2\alpha_2 \\ y(1-y)\varphi_2\beta_1\alpha_1 & (1-2y)(x\varphi_2\beta_1\alpha_1 + \omega_2 - \gamma_2\alpha_2) \end{bmatrix}
$$

$\boldsymbol{J}$ 的行列式的值为 $\det \boldsymbol{J} = \dfrac{\partial F(x)}{\partial x}\dfrac{\partial F(y)}{\partial y} - \dfrac{\partial F(x)}{\partial y}\dfrac{\partial F(y)}{\partial x}$，迹为 $\mathrm{tr}\boldsymbol{J} = \dfrac{\partial F(x)}{\partial x} + \dfrac{\partial F(y)}{\partial y}$，当均衡点使得 $\det \boldsymbol{J} > 0$ 且 $\mathrm{tr}\boldsymbol{J} < 0$ 时，均衡点就处于局部稳定状态。

考虑 $D(x^*, y^*)$ 点的不同位置，下面分四种情况分别对其演化路径进行分析（图4-11）。

（1）当 $\gamma_1\alpha_1 < \omega_1$ 且 $\gamma_2\alpha_2 < \omega_2$ 时，$x^* = y^* = 0$，$D(x^*, y^*)$ 点与 $O(0,0)$ 点重合。因此，在这一情况下，该演化系统有四个局部均衡点。另外，根据对雅克比矩阵的分析可知，其中 O 点为不稳定均衡点，A 点和 B 点是鞍点，C 点是稳定均衡点[即只有在点 $C(1,1)$，$\det \boldsymbol{J} > 0$ 且 $\mathrm{tr}\boldsymbol{J} < 0$]，对应演化稳定策略。也就是说，当供应商选择不协作策略的损失大于其采取协作策略的期望成本，同时食品生产企业

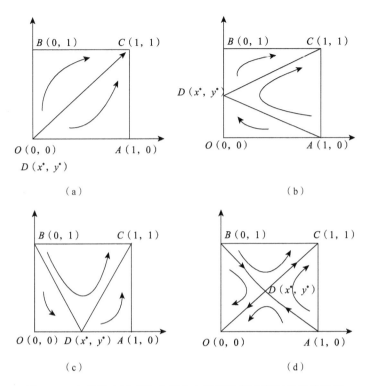

图 4-11　食品供应链系统内部多主体间协调决策行为演化路径

选择不协作策略所遭受的损失大于其采取协作策略的期望成本时，经过长期的博弈，双方均会采取协作策略。供应商和食品生产企业协调合作行为的演化路径如图 4-11（a）所示。

（2）当 $\gamma_1\alpha_1 > \omega_1$ 且 $\gamma_2\alpha_2 < \omega_2$ 时，$x^* = 0$，$0 < y^* < 1$。同样根据雅克比矩阵分析可知，在五个均衡点中，A 点为不稳定均衡点，O 点、B 点和 D 点为鞍点，C 点为稳定均衡点，对应演化稳定策略。也就是说，当供应商选择不协作策略的损失小于其采取协作策略的期望成本，同时食品生产企业选择不协作策略所遭受的损失大于其采取协作策略的期望成本时，经过长期的博弈，双方均会采取协作策略，其演化路径如图 4-11（b）所示。

（3）当 $\gamma_1\alpha_1 < \omega_1$ 且 $\gamma_2\alpha_2 > \omega_2$ 时，$0 < x^* < 1$，$y^* = 0$。同理，根据雅克比矩阵分析可知，在五个均衡点中，B 点为不稳定均衡点，O 点、A 点和 D 点为鞍点，C 点为稳定均衡点，对应演化稳定策略。也就是说，当供应商选择不协作策略的损失大于其采取协作策略的期望成本，同时食品生产企业选择不协作策略所遭受的损失小于其采取协作策略的期望成本时，经过长期的博弈，双方均会采取协作策略，其演化路径见图 4-11（c）。

（4）当 $\gamma_1\alpha_1 > \omega_1$ 且 $\gamma_2\alpha_2 > \omega_2$ 时，$0 < x^* < 1$，$0 < y^* < 1$。同理分析可知，在五个均衡点中 O 点和 C 点是稳定的，对应演化稳定策略。它们分别表示供应商和食品生产企业都采取不协作策略和都采取协作策略。A 点和 B 点是系统中两个不稳定均衡点，D 点是鞍点，如图 4-11（d）所示。折线 AD 和 BD 是协调决策行为的演化过程趋于不同策略的临界线，即在折线的右上方（$ADBC$ 部分）协调决策行为的演化过程趋于所有供应商和食品生产企业都协调合作的状态，在折线的左下方（即 $ADBO$ 部分）协调决策行为的演化过程趋于所有供应商和食品生产企业都不协调合作的状态。也就是说，当供应商选择不协作策略的损失小于其采取协作策略的期望成本，同时食品生产企业选择不协作策略所遭受的损失也小于其采取协作策略的期望成本时，供应商和食品生产企业决策行为的长期演化均衡结果，既可能是（协作、协作），也可能是（不协作、不协作）。究竟沿着哪条路径、到达哪一个状态，与该博弈的初始状态及某些参数密切相关。

4. 参数分析

针对上述的第4种情况，利用图 4-11（d）和鞍点 D，对影响供应商和食品生产企业协调合作行为演化路径的几个参数变化及控制方法进行分析。

（1）协作程度（即食品安全信息共享程度）β_i。协作程度越高，供应商和食品生产企业通过协调合作所获得的额外收益就越多。协作程度与食品供应链系统内部主体的特性、各主体间关系及主体间信息化水平的落差有很大关系。食品供应链系统内部主体的特性，尤其是其文化的相似性对协作程度有显著的正向影响。食品供应链系统中内部各主体间关系越密切，主体间协作程度越高。食品供应链系统内部主体间的信息化水平的落差越小，主体间的协作程度会越大。所以加强对食品供应链系统内部主体的相似文化、信息化水平及主体间信任关系等的建设，能够在很大程度上提高其内部主体间的协作程度。而协作程度 β_i 的提高，图 4-11（d）上折线 ADB 右上方的四边形 $ADBC$ 的面积就会变大，则系统演化过程收敛于 C 点的概率也会越大，即供应商群体和食品生产企业群体最终都采取协作策略的可能性增加。

（2）额外收益系数 φ_i。当供应商和食品生产企业相互协作过程中，彼此对对方的食品安全信息吸收、利用和转化能力增强时，即 φ_i 越大时，供应商和食品生产企业通过相互间的协调合作所获得的收益越大，图 4-11（d）中折线 ADB 右上方的四边形 $ADBC$ 的面积就越大，供应商和食品生产企业就越偏向于选择协作策略来共享其各自的食品安全信息。所以，食品供应链系统内部各主体若能通过采取相关措施来提高其各自的专业技能和提取、分析信息的能力，加强彼此之间的沟通和交流，进行食品安全生产信息的反馈，从而增强各主体自身食品安全信息的吸收、利用和转化能力，这将促使食品供应链系统内部主体间最终采取协作策略的可能性大大增加。

（3）食品供应链系统内部各主体所拥有的食品安全信息量 α_i。在食品供应链系统内部各主体间协作过程中所共享的食品安全信息涉及的范围非常广泛，信息的流动是双向的，既有供应链下游消费者对安全食品的需求信息、零售商记录的安全食品销售信息，也有上游食品生产企业的安全生产、食品检验检测信息，以及供应商的原料的安全获得和供应信息。根据雅克比矩阵可知，食品供应链系统内部各主体所拥有的食品安全信息量 α_i，对各主体选择协作策略的概率的影响方向是不确定的。

（4）风险系数 γ_i。当风险系数越低时，供应商和食品生产企业进行协作的期望成本就越低，图 4-11（d）中折线 ADB 右上方的四边形 $ADBC$ 的面积就越大，供应商和食品生产企业就越趋于选择协作策略，因此，最终演化收敛于 C 点的概率也会越大。所以，在实践中，可以通过增强食品供应链系统内部主体对其商业机密的保密意识，建立健全相关监控机制，严格约束或惩罚个别主体在协调决策过程中的"搭便车行为"来降低协作风险系数，从而实现食品供应链系统内部主体间的协调决策，进而保证食品的安全供给。

4.2.2　食品供应链系统与外部环境两群体主体间协调决策的演化博弈

在西方经济学理论中，从博弈论角度分析，食品供应链系统与其外部环境主体间的协调决策，主要是食品供应链系统中的食品生产企业与外部环境中的政府食品安全监管部门之间博弈的结果。食品供应链系统与其外部环境主体间的协调决策，是为了在各利益集团间的不同利益需求中求得平衡。针对近年来不断出现的食品安全问题，食品的安全生产越来越受到人们的关注，那么如何通过食品供应链系统中的食品生产企业群体与其外部环境中的政府食品安全监管部门这两个群体之间的协调决策，来保证食品的安全生产，进而保障食品安全呢？

本节提出的解决办法是，通过建立单个食品生产企业群体与政府食品安全监管部门两群体主体之间协调决策的演化博弈模型，以及政府食品安全监管部门与两个存在竞争关系的食品生产企业群体之间的多主体协调决策行为演化博弈的系统动力学模型，来分析不同策略对食品生产企业与政府食品安全监管部门之间协调决策行为的影响，并从中找出食品供应链系统各主体与其外部环境主体间的协调决策机制，从而达到保障食品安全的目的。

1. 基本假设

食品供应链系统中的食品生产企业为了追逐营业过程中的最大利润不断运用各种手段甚至是违法的手段降低生产成本，损害消费者的利益，危及消费者的健康和生命，给社会造成很大的损失。而对于食品生产企业的违规生产行为，有时政府食品安全监管部门虽然投入了较高的监管成本，但往往得不到满意的监管效果。因此，针对这一博弈困境，本书通过建立食品生产企业群体与政府食品安全监管部门之间的演化博弈模型，来寻求实现政府食品安全监管部门以较低的监管成本达到高效控制食品生产企业安全成产的协调决策机制。为此，提出以下假设。

假设 4-1：参与人假设，参与人指在一个博弈中的决策主体，在本书中主要指食品生产企业群体与政府食品安全监管部门。其目标函数是通过选择行动或策略来最大化自己的支付水平。

假设 4-2：政府食品安全监管部门的主要工作是对食品生产企业的生产行为进行监管。

假设 4-3：食品生产企业总是通过节约生产成本来实现其自身利益最大化。

假设 4-4：食品生产企业的策略只有两种：即诚信生产和违规生产，且采取两种策略进行生产的产量和所生产产品的售价均相同。

假设 4-5：食品生产企业可以预测政府食品安全监管部门的监管方式。

假设 4-6：在博弈中食品生产企业和政府食品安全监管部门，他们各自发生的各种成本及未来可以得到的收益都是可以估计的，是一种公共信息，并且他们的行为都是彼此已知的，即果食品生产企业违规生产，政府食品安全监管部门检查，就一定能查得到。

假设 4-7：政府食品安全监管部门也只有两个行动选择，即监管和不监管。

假设 4-8：参与者根据博弈方的策略、收益与自身情况进行比较，然后在模仿和学习的基础上不断调整自己的策略，即参与者为有限理性。

2. 模型构建

基于上述假设，建立的两群体主体协调决策的演化博弈模型如下。

政府食品安全监管部门和食品生产企业群体都是以一定的概率随机地选择其不同的策略，也就是说，政府食品安全监管部门不是纯粹的监管或者不监管，其监管行为是以一定概率出现的；食品生产企业群体的违规生产行为也是以一定概率出现的。这两群体主体之间的博弈是，政府食品安全监管部门为了达到更好的监管效果随机地采用自己的监管策略，使政府监管没有规律可循，这样一来，食品生产企业就不敢轻易造假。当然，食品生产企业也会采取随机的策略，使政府食品安全监管部门的监管行为落空，进而得利。

基于上述分析，假定食品生产企业的策略是以 $\theta(0\leqslant\theta\leqslant1)$ 的概率选择"诚信"，以 $1-\theta$ 的概率选择"违规"（即食品生产企业群体内采取"诚信"策略的企业比例是 θ，则采取"违规"策略的比例为 $1-\theta$）；政府食品安全监管部门监管的概率为 $\lambda(0\leqslant\lambda\leqslant1)$，不监管的概率为 $1-\lambda$；双方博弈的支付矩阵如表 4-2 所示。

表 4-2　食品生产企业与政府食品安全监管部门博弈的支付矩阵

食品生产企业	政府食品安全监管部门	
	监管 λ	不监管 $1-\lambda$
诚信 θ	$\pi, h-v$	$r+\pi, h-r$
违规 $1-\theta$	$\delta-g, g+h-v$	$\delta, h-s$

为论述方便，对模型符号的含义做如下说明。

（1） π 为食品生产企业诚信生产所获得的利润。$\pi=(p-c_a)q$，其中，q 为食品生产企业在单位时间内的平均产量；p 为食品生产企业所生产产品的单位销售价格；c_a 为食品生产企业诚信生产的单位生产成本。

（2） δ 为食品生产企业采取违规生产行为，所获得的超额收益。$\delta=(c_a-c_b)q$，其中，c_b 为食品生产企业违规生产的单位生产成本，且由实际情况可知 c_a 远大于 c_b。

（3） g 为罚款金额，即政府食品安全监管部门发现不合格产品后对食品生产企业进行的罚款，其中 $g=k\delta=k(c_a-c_b)q$，$k(k>0)$ 为惩罚系数；$h(h>0)$ 为政府食品安全监管部门的日常收入（一般指上级的拨款等）；$v(v>0)$ 为政府食品安全监管部门监督检查的平均成本；$s(s>0)$ 为食品生产企业的违规生产行为给社会带来的损失（包括对消费者健康生命的损害等）；$r(r>0)$ 为政府食品安全监管部门对一直诚信生产的食品生产企业的奖励，且 $g>r$，$v>r$。

3. 食品生产企业的动态演化及其稳定策略

根据支付矩阵，食品生产企业采取诚信生产策略和违规生产策略的期望支付分别为 $E_{f1}=\lambda\pi+(1-\lambda)(\pi+r)$ 和 $E_{f2}=\lambda(\delta-g)+(1-\lambda)\delta$，食品生产企业群体的成员平均收益为 $E_f=\theta E_{f1}+(1-\theta)E_{f2}$。食品生产企业群体的模仿者复制动态方程，即食品生产企业采取诚信生产策略的变化速度为

$$\frac{\mathrm{d}\theta}{\mathrm{d}t}=\theta(E_{f1}-E_f)=\theta(1-\theta)\left[\lambda(g-r)-(\delta-\pi-r)\right] \tag{4-6}$$

（1）当 $\lambda > \dfrac{\delta - \pi - r}{g - r}$ 时，$\dfrac{\mathrm{d}\theta}{\mathrm{d}t} > 0$ 为增函数，在 $\theta = 1$ 达到稳定，所有食品生产企业都采取诚信生产策略；

（2）当 $\lambda < \dfrac{\delta - \pi - r}{g - r}$ 时，$\dfrac{\mathrm{d}\theta}{\mathrm{d}t} < 0$ 为减函数，在 $\theta = 0$ 达到稳定，所有食品生产企业都采取违规生产策略；

（3）当 $\lambda = \dfrac{\delta - \pi - r}{g - r}$ 时，$\dfrac{\mathrm{d}\theta}{\mathrm{d}t} = 0$，对于 θ 取 0 到 1 之间所有的值都是稳定状态，意味着食品生产企业在这种状态下，无论采取诚信生产策略还是违规生产策略，在总收益上没有区别，因此食品生产企业采取何种策略是不确定的。

如图 4-12 所示的 3 个相位图表示了食品生产企业在以上 3 种情况下 θ 的动态趋势和稳定性。

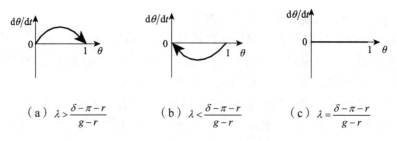

（a）$\lambda > \dfrac{\delta - \pi - r}{g - r}$ （b）$\lambda < \dfrac{\delta - \pi - r}{g - r}$ （c）$\lambda = \dfrac{\delta - \pi - r}{g - r}$

图 4-12　食品生产企业群体复制动态相位图

4. 政府食品安全监管部门的动态演化及其稳定策略

同样，根据表 4-2 的支付矩阵，政府食品安全监管部门采取监管策略和不监管策略的期望支付分别为 $E_{z1} = \theta(h - v) + (1 - \theta)(g + h - v)$ 和 $E_{z2} = \theta(h - r) + (1 - \theta)(h - s)$，政府食品安全监管部门的平均收益为 $E_z = \lambda E_{z1} + (1 - \lambda)E_{z2}$。则其模仿者复制动态方程，即政府食品安全监管部门采取监管策略的变化速度为

$$\frac{\mathrm{d}\lambda}{\mathrm{d}t} = \lambda(E_{z1} - E_z) = \lambda(1 - \lambda)\big[g + s - v - \theta(g + s - r)\big] \qquad (4\text{-}7)$$

（1）当 $\theta > \dfrac{g + s - v}{g + s - r}$ 时，$\dfrac{\mathrm{d}\lambda}{\mathrm{d}t} < 0$ 为减函数，在 $\lambda = 0$ 时达到稳定，政府食品安全监管部门采取不监管策略；

（2）当 $\theta < \dfrac{g + s - v}{g + s - r}$ 时，$\dfrac{\mathrm{d}\lambda}{\mathrm{d}t} > 0$ 为增函数，在 $\lambda = 1$ 时达到稳定，政府食品安全监管部门采取监管策略；

（3）当 $\theta=\dfrac{g+s-v}{g+s-r}$ 时，$\dfrac{\mathrm{d}\lambda}{\mathrm{d}t}=0$，对于 λ 取 0 到 1 之间所有的值都是稳定状态，意味着政府食品安全监管部门在这种状态下，无论采取监管策略还是不监管策略，在总收益上没有区别，因此政府食品安全监管部门采取何种策略是不确定的。

如图 4-13 所示的 3 个相位图表示了政府食品安全监管部门在以上 3 种情况下 λ 的动态趋势和稳定性。

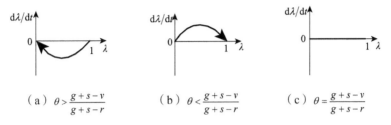

（a）$\theta>\dfrac{g+s-v}{g+s-r}$　　　（b）$\theta<\dfrac{g+s-v}{g+s-r}$　　　（c）$\theta=\dfrac{g+s-v}{g+s-r}$

图 4-13　政府食品监管部门复制动态相位图

令 $\theta^{*}=\dfrac{g+s-v}{g+s-r}$，$\lambda^{*}=\dfrac{\delta-\pi-r}{g-r}$，根据前文的假设可知 $0<\theta^{*}<1$。在不同的情况下，将上述两个群体类型比例变化的复制动态关系和稳定性在以两个比例为坐标的平面图上表示出来，如图 4-14 所示。

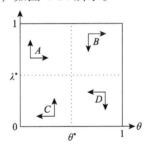

图 4-14　两群体主体协调决策演化博弈的复制动态关系和稳定性

5. 路径分析

1）食品生产企业的博弈行为及演化路径分析

从食品生产企业来看，$\lambda^{*}=\dfrac{\delta-\pi-r}{g-r}$，当政府食品安全监管部门对违规生产的食品生产企业的惩罚力度和对诚信生产的食品生产企业的奖励一定时；食品生产企业违规生产所获得的超额收益与诚信生产所获得利润的差值[即 $(\delta-\pi)$]越大（λ^{*} 越大），则 $\lambda<\lambda^{*}$ 的概率越大，由图 4-12（b）可知，食品生产企业的生产行为经过长期演化博弈会达到 $\theta=0$（违规生产）的稳定状态；同理，在同样的

前提下，食品生产企业违规生产所获得的超额收益与诚信生产所获得利润的差值 [即 $(\delta-\pi)$] 越小（ λ^* 越小），则 $\lambda>\lambda^*$ 的概率越大，由图 4-12（a）可知，食品生产企业的生产行为经过长期演化博弈，最终会达到 $\theta=1$（诚信生产）的稳定状态。

当食品生产企业违规生产所获得的超额收益与诚信生产所获得利润的差值 [即 $(\delta-\pi)$] 和政府食品安全监管部门对诚信生产的食品生产企业的奖励一定时，政府食品安全监管部门对违规生产的食品生产企业的惩罚力度（即 g）越小（ λ^* 越大），则 $\lambda<\lambda^*$ 的概率越大，由图 4-12（b）可知，食品生产企业的生产行为经过长期演化博弈会达到 $\theta=0$（违规生产）的稳定状态；同理，在同样的前提下，如果政府食品安全监管部门对违规生产的食品生产企业的惩罚力度（即 g）越大（ λ^* 越小），则 $\lambda<\lambda^*$ 的概率越大，由图 4-12（a）可知，食品生产企业的生产行为经过长期演化博弈会达到 $\theta=1$（诚信生产）的稳定状态。

2）政府食品安全监管部门的博弈行为及演化路径分析

从政府食品安全监管部门的角度来看， $\theta^*=\dfrac{g+s-v}{g+s-r}$ ，当政府食品安全监管部门对违规生产的食品生产企业的惩罚力度、对诚信生产的食品生产企业的奖励及食品生产企业的违规生产行为给社会带来的损失一定时，政府食品安全监管部门的监管成本（即 v）越大（ θ^* 越小），则 $\theta>\theta^*$ 的概率越大，由图 4-13（a）可知，政府食品安全监管部门的行为经过长期演化博弈会达到 $\lambda=0$（不监管）的稳定状态；同理，在同样的前提下，政府食品安全监管部门的监管成本（即 v）越小（ θ^* 越大），则 $\theta<\theta^*$ 的概率越大，由图 4-13（b）可知，政府食品安全监管部门的行为经过长期演化博弈会达到 $\lambda=1$（监管）的稳定状态。

当政府食品安全监管部门对违规生产的食品生产企业的惩罚力度、对诚信生产的食品生产企业的奖励及监管成本一定时；政府食品安全监管部门对信诚生产的食品生产企业的奖励（即 r）越低（ θ^* 越小），则 $\theta>\theta^*$ 的概率越大，由图 4-13（a）可知，政府食品安全监管部门的行为经过长期演化博弈会达到 $\lambda=0$（不监管）的稳定状态；同理，在同样的前提下，政府食品安全监管部门对诚信生产的食品生产企业的奖励（即 r）越高（ θ^* 越大），则 $\theta<\theta^*$ 的概率越大，由图 4-13（b）可知，政府食品安全监管部门的行为经过长期演化博弈会达到 $\lambda=1$（监管）的稳定状态。

3）两群体主体协调决策演化博弈行为及演化路径分析

由 4.1.1 小节的分析可知， $\theta^*=\dfrac{g+s-v}{g+s-r}$ ， $\lambda^*=\dfrac{\delta-\pi-r}{g-r}$ 是两个临界点，见图 4-15。

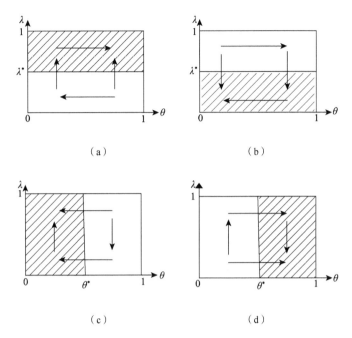

图 4-15 两群体主体协调决策演化路径图

（1）当 $\lambda > \lambda^*$ 时，两群体主体协调决策演化稳定策略为（1，1）即（诚信，监管），演化路径如图 4-15（a）所示。

（1，1）稳定策略的达成条件是 $\lambda > \lambda^*$。当初始值落在阴影区域时，会达到（1，1）的稳定条件。这种稳定状态一般会出现在政府食品安全监管部门与大型食品生产企业之间的监管关系中，因为大型食品生产企业为了自己的社会声誉，即便在没有政府监督的情况下，也会自觉地诚信生产。而这时政府食品安全监管部门对大型食品生产企业的监管也只是例行监督检查而已。

（2）当 $\lambda < \lambda^*$ 时，两群体主体协调决策演化稳定策略为（0，0）即（违规，不监管），演化路径如图 4-15（b）所示。

（0，0）稳定策略的达成条件是 $\lambda < \lambda^*$。当初始值落在阴影区域时，会达到（0，0）的稳定条件。这一稳定条件下的现实情况，正是我国食品安全领域现行的状况。我国目前还有着相当大数量的小食品生产企业和小作坊，而政府食品安全监管部门和这些小作坊之间的关系，就是这种稳定状态。造成这一现象的主要原因是，小食品生产企业、小作坊地理位置比较分散、不固定，有些甚至比较隐蔽。政府食品安全监管部门监管起来，监管成本高，监管成效小。所以，大多数情况下，只要这些小作坊没有引起严重食品安全事件，它们的生产条件达到相关的标准，政府食品安全监管部门对它们的管理也就不那么严格。另外，我国现行的免检制度，以及食品供应链系统与其外部环境主体间的不协调决策也容易导致

这种稳定状态的出现。

（3）当 $\theta < \theta^*$ 时，两群体主体协调决策演化稳定策略为（0，1）即（违规，监管），演化路径如图 4-15（c）所示。

（0，1）稳定策略的达成条件是 $\theta < \theta^*$。当初始值落在阴影区域时，会达到（0，1）的稳定条件。这一稳定条件意味着，食品生产企业诚信生产合格食品的代价太高时，企业会选择违规生产不合格食品，而政府食品安全监管部门会实行完全监管，最后是两败俱伤，不能创造社会效益，是政府和企业最不愿意看到的情形，也是食品供应链系统与其外部环境主体间没能协调决策的结果。

（4）当 $\theta > \theta^*$ 时，两群体主体协调决策演化稳定策略为（1，0）即（诚信，不监管），演化路径如图 4-15（d）所示。

（1，0）稳定策略的达成条件是 $\theta > \theta^*$。当初始值落在阴影区域时，会达到（1，0）的稳定条件。这一稳定条件意味着，食品生产企业诚信生产的代价合理，整个社会的诚信氛围良好，即便在没有政府食品安全监管部门监管的情况下，食品生产企业也自觉地诚信生产合格产品。这是两群体主体协调决策的最佳结果，如果这种结果一直保持下去，那么食品安全的保障问题就可以得到解决了。

综上，在上述四种协调决策的演化博弈行为和演化路径情况中，第二种和第三种情况，都是由两群体主体未能进行协调决策，所导致的劣均衡（或稳定状态）。而第四种情况则是两群体主体协调决策所产生的最优、最理想的均衡。但这种情况在现实中一般很难实现，这个只能是我们进行理论研究的最优目标。相对于第四种情况，第一种情况则是我们进行协调决策研究的、较现实的满意目标，这也是现实中较容易实现的一种较好的情况。

4.2.3 食品供应链企业与外部环境的多主体间协调决策演化博弈

在食品供应链系统与其外部环境主体协调决策的实际问题中，政府食品安全监管部门面对的是多个食品企业的食品安全监督问题。以政府食品安全监管部门与食品供应链系统中的两个食品生产企业为例，这两个食品生产企业由于共享同一市场资源，而存在对有限资源的竞争问题。例如，这两个食品生产企业是同属于肉制品供应链中的猪肉生产企业和鸡肉生产企业，由于它们所生产的产品在某些情况下，对于消费者来说是可以相互替代的，所以这两个食品生产企业之间存在着明显的竞争关系。尤其是同一地区的食品生产企业之间的关系，在经济和有限资源上更可能是竞争关系。因此，本节考虑现实中存在的食品生产企业之间的更为普遍的竞争情况，基于演化博弈与系统动力学理论，来研究处于同一个食品供应链系统的两个存在竞争关系的食品生产企业群体与政府食品安全监管部门之间的协调决策问题，这将更符合现实情况，更具现实意义。

1. 演化博弈与系统动力学相结合研究的可行性分析

演化博弈提供一种将博弈均衡与动态选择机制相结合的分析方法，更适合用来对多人动态博弈的演化过程进行分析。由于动力学系统理论和方法可以很好地分析演化均衡的稳定性，同时随着研究问题的深入，博弈参与者之间各种复杂的影响关系造成了模型求解的困难，因此，对于此类问题的分析只有通过理论分析与计算机模拟相结合才能得到更好的决策支持，因为即使是简单的函数，非线性微分方程的求解也可能出现混沌。另外，由于传统模拟方法对于动态政策（即某个策略随博弈个体决策行为变化而变化的情况）的分析，存在一定的困难和局限性，也加快了应用演化博弈与系统动力学相结合来研究多人演化博弈问题的进展。

正如前文提到的，美国麻省理工学院 Forrester 教授于 20 世纪 50 年代中期创立的系统动力学是一种研究非线性、多重反馈回路、高阶性复杂系统中信息反馈行为的有效的计算机模拟方法。而从某种意义上讲，博弈也是一种决策者对对手信息和行动的决策反馈。其存在的反馈的特性，如双赢互惠的概念、相互依赖的策略、"针锋相对"（tit-for-tat，TFT）策略等。因此，系统动力学为研究不完全信息条件下动态博弈的复杂演化过程提供了一种有效的辅助分析方法，能更好地帮助人们发现博弈过程中可能出现的各种动力学行为，而这些都是传统博弈纳什均衡理论不能说明的问题。

为了更好地分析同一个食品供应链系统中的两个存在竞争关系的食品生产企业群体与政府食品安全监管部门之间的协调决策问题，本节主要对它们之间协调决策的演化过程进行动态性分析，将计算机模拟与理论证明相结合，分析不同协调决策机制对协调决策行为演化过程的影响。

2. 演化博弈模型的建立

本书考虑的两个食品生产企业群体是基于成本收益计算来选择自身策略的"经济人"。同样，基于分析的方便，假设政府食品安全监管部门拥有足够强的监管能力，并且监管人员都认真负责，不会为了抽取回扣而与食品生产企业相互勾结，如果检查，就一定能够查出食品生产企业的违规行为及其所生产的食品的安全状况。

假设 4-9：存在于同一个食品供应链系统的两个食品生产企业群体 1 和 2 因共享同一市场资源（如消费者群体等）而存在竞争关系；食品生产企业群体 i 进

行诚信生产，所获得的利润为 $\pi_i = (p_i - c_{ai})q_i$，其中，$q_i$ 为食品生产企业群体 i 在单位时间内的平均产量，p_i 为食品生产企业群体 i 所生产产品的单位价格；食品生产企业群体 1 的产量和其违规生产所获得的超额收益，均比食品生产企业群体 2 的大，即 $q_1 > q_2$，$\delta_1 > \delta_2$。其中，$\delta_i = (c_{ai} - c_{bi})q_i$，$c_{ai}$ 和 c_{bi} 分别为食品生产企业群体诚信生产成本和违规生产成本，并且，由实际情况可知 c_{ai} 远大于 c_{bi}；另外，两个食品生产企业群体所处的食品供应链系统，存在收益调整机制，即违规生产的食品生产企业群体除要受到政府食品安全监管部门的惩罚，还要支付一定金额的经济补偿给诚信生产的食品生产企业群体，这一经济补偿的金额用字母 m 表示。

假设 4-10：两个食品生产企业群体中的个体只有两个行动选择，即违规生产和诚信生产，且采取两种策略进行生产的产量和所生产产品的售价均相同。参与者根据博弈方的策略、收益与自身情况进行比较，然后在模仿和学习的基础上不断调整自己的策略，即参与者为有限理性。考虑相互竞争的食品生产企业群体 1 与 2，食品生产企业群体 i 的策略是以 $\theta_i (0 \leqslant \theta_i \leqslant 1, i = 1, 2)$ 的概率选择"违规生产"，以 $1 - \theta_i$ 的概率选择"诚信生产"（即食品生产企业群体 i 内采取"违规生产"策略的企业比例是 θ_i，则采取"诚信生产"策略的比例为 $1 - \theta_i$）。则双方博弈的支付矩阵如表 4-3 所示。

表 4-3   食品生产企业群体之间的博弈支付矩阵

食品生产 企业群体 1	食品生产企业群体 2	
	违规 θ_2	诚信 $1 - \theta_2$
违规 θ_1	$\pi_1 + \delta_1 - \lambda g$，$\pi_2 + \delta_2 - \lambda g$	$\pi_1 + \delta_1 - \lambda g_1 - m$，$\pi_2 + \delta_2 + m$
诚信 $1 - \theta_1$	$\pi_1 + \delta_1 + m$，$\pi_2 + \delta_2 - \lambda g_2 - m$	π_1，π_2

根据表 4-3 及演化博弈理论，可以得到食品生产企业群体 i 的违规生产期望获益 E_{fi1} 和诚信生产期望获益 E_{fi2} 为

$$\begin{cases} E_{fi1} = \pi_i - \delta_i - m - \lambda g_i + \theta_j (m - \lambda g_j) \\ E_{fi2} = \pi_i + \theta_j (m + \delta_i) \end{cases} i, j = 1, 2 \text{ 且 } i \neq j \qquad (4\text{-}8)$$

则食品生产企业群体 i 内成员的平均收益为

$$E_{fi} = \theta_i E_{fi1} + (1 - \theta_i) E_{fi2} \qquad (4\text{-}9)$$

假设 4-11：政府食品安全监管部门有两个选择，即监管和不监管。本章 4.1 节已经假设了，政府食品安全监管部门的策略是以 λ 的概率对食品生产企业生产的产品及生产过程进行监督检查；并对违规生产的食品生产企业群体 i 进行罚款，处罚金额为 g_i，且由假设 4-9 可知，$g_1 > g_2$；如果两个食品生产企业群体都采取违规生产策略时，群体 i 一旦被发现，则政府食品安全监管部门对其的罚款

为 $g = g_1 + g_2$，另外，$g_i = k\delta_i = k(c_{ai} - c_{bi})q_i (k > 0, i = 1,2)$，$k$ 为惩罚系数（与 4.2.2 小节描述的含义相同）；政府食品安全监管部门的日常收入 $h(h > 0)$；其监督检查的平均成本 $v(v > 0)$；食品生产企业群体 i 的违规生产行为给社会造成的损失为 $s_i(s_i > 0, i = 1,2)$；上述这些符号的含义与 4.2.2 小节所描述的含义一致。

考虑制政府食品安全监管部门随机地与两个食品生产企业群体中的任意一个食品生产企业群体进行博弈，获益矩阵如表 4-4 所示。

表 4-4　政府食品安全监管部门的支付矩阵

食品生产企业群体策略选择		政府食品安全监管部门的策略选择	
		监管 (λ)	不监管 $(1-\lambda)$
两个食品生产企业群体均采取违规生产策略 (θ_1, θ_2)		$(g_1 - s_1) + (g_2 - s_2) - v + h$	$h - s_1 - s_2$
其中一个食品生产企业群体采取违规生产策略	$(\theta_1, 1-\theta_2)$	$(g_1 - s_1) - v + h$	$h - s_1$
	$(1-\theta_1, \theta_2)$	$(g_2 - s_2) - v + h$	$h - s_2$
两个食品生产企业群体均采取诚信生产策略 $(1-\theta_1, 1-\theta_2)$		$h - v$	h

由表 4-4 可以得到政府食品安全监管部门进行监管的期望支付 E_{z1} 和不监管检查的期望支付 E_{z2} 分别为

$$\begin{cases} E_{z1} = \theta_1(g_1 - s_1) + \theta_2(g_2 - s_2) + h - v \\ E_{z2} = h - \theta_1 s_1 - \theta_2 s_2 \end{cases} \tag{4-10}$$

则政府食品安全监管部门的平均收益为

$$E_z = \lambda E_{z1} + (1-\lambda)E_{z2} \tag{4-11}$$

3. 模型求解

根据式（4-8）~式（4-11）得到，食品生产企业群体 i 采取违规生产策略的概率变化率和政府食品安全监管部门采取监管策略的概率变化率分别为 $\dfrac{\mathrm{d}\theta_i}{\mathrm{d}t}$ 和 $\dfrac{\mathrm{d}\lambda}{\mathrm{d}t}$，则用如下的复制动态方程表示为

$$\begin{cases} \dfrac{\mathrm{d}\theta_i}{\mathrm{d}t} = \theta_i(E_{fi1} - E_{fi}) = \theta_i(1-\theta_i)(E_{fi1} - E_{fi2}) \\ \dfrac{\mathrm{d}\lambda}{\mathrm{d}t} = \lambda(E_{z1} - E_z) = \lambda(1-\lambda)(E_{z1} - E_{z2}) \end{cases} \quad i = 1,2 \tag{4-12}$$

将式（4-8）、式（4-10）代入式（4-12），整理得

$$\begin{cases} \dfrac{\mathrm{d}\theta_i}{\mathrm{d}t} = \theta_i(1-\theta_i)\left[\delta_i - \lambda g_i - m - \theta_j(\lambda g_j + \delta_i)\right] \\ \dfrac{\mathrm{d}\lambda}{\mathrm{d}t} = \lambda(1-\lambda)(\theta_1 g_1 + \theta_2 g_2 - v) \end{cases} \quad i,j = 1,2 \text{ 且 } i \neq j \quad (4\text{-}13)$$

静态支付矩阵条件下，即惩罚机制为一般函数，由于参与博弈的主体是有限理性的，所以一旦各主体在进行博弈时，各自选择策略的初始值不是博弈均衡点，则博弈的稳定状态很难在较短的时间内达到，此时往往要通过长时间的重复博弈过程才能逐渐趋于稳定；如果存在信息延迟的话，则情况更为复杂。若惩罚函数与食品生产企业群体采取违规生产策略的概率相关，则能缩短博弈双方达到博弈均衡的时间，同时也能抑制博弈过程的波动性。

但现实中的食品供应链系统中的企业主体往往不止一个，而且各主体之间并不是完全独立的，其彼此间有着一定的相互作用和影响。随着参与博弈的主体数量的增多，变量数目及其之间的作用关系也会相应增多，完全求出式（4-13）的所有均衡点并对其演化路径进行分析是极其困难的。而建立上述模型的主要目的就是要把握问题的本质，分析各种影响因素，寻找解决供应链网络上下游企业间道德风险问题的方法。因此，当模型无法完全通过理论分析达到研究目的时，通过计算机模拟手段，同样能够对各种环境政策的实施效果进行短期和长期的预测分析。

4.2.4 多主体间协调决策行为演化博弈的模拟仿真分析

1. 演化博弈的系统动力学模型

用 Vensim PLE 建立食品供应链系统中的两个存在竞争关系的食品生产企业群体与政府食品安全监管部门之间的协调决策行为演化博弈的系统动力学模型，如图 4-16 所示。

该多主体演化博弈的系统动力学模型主要由 6 个状态变量、6 个速率变量、20 个辅助变量、4 个表函数和 14 个常量构成。食品生产企业群体 1 和 2 中采取诚信生产策略和违规生产策略的企业数量，以及政府食品安全监管部门采取监管和采取不监管的部门个数，分别用 6 个状态变量来表示；食品生产企业群体 1 和 2 采取违规生产策略和采取诚信生产策略之间的相互转化率，以及政府食品安全监管部门采取监管策略和采取不监管策略之间的相互转化率，分别用 6 个速率变量来表示。模型中的企业 i 违规收益，即食品生产企业群体 i 采取违规生产策略所获得的超额收益。

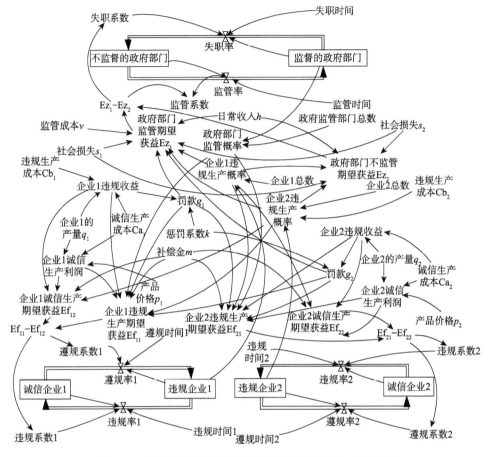

图 4-16　多主体协调决策行为演化博弈的系统动力学模型

另外，系统动力学模型中的相关公式及其涉及的中间变量，主要是根据前面分析得到的变量之间的关系和演化博弈模型中的复制动态方程式（4-13）制定的。

2. 策略模拟分析

模型采用的软件为 Vensim PLE，假设 INITIAL TIME=0，FINAL TIME=10 000，TIME STEP=1，政府食品安全监管部门的日常收入为 $h=20$，政府食品安全监管部门监管的平均成本 $v=10$，政府食品安全监管部门对违规生产的食品生产企业群体的惩罚系数 $k=0.14$，社会损失 $s_1=30$、$s_2=25$，食品生产企业群体 1 和 2 的诚信生产成本分别为 $c_{a1}=16.5$ 和 $c_{b1}=14.5$，补偿金 $m=5$，食品生产企业群体 1 和 2 违规生产成本分别为 $c_{b1}=5$ 和 $c_{b2}=4$，食品生产企业群体 1 和 2 的产品价格分别为 $p_1=20$ 和 $p_1=19$，食品生产企业群体 1 的单位产量 $q_1=65$，食品生产企业群体 2 的单位产量 $q_2 = 60$ 。以上参数的设置，是在对天津市经济技术开发区及其内部的部分食品企业进行调研所获得数据的基础上，利用趋势外推法、算术平均值法、回归分析方法对调研数据进行相关处理，然后运用灰色系统预测模型进行修正而确定的。

1）惩罚力度对演化过程的影响

在静态支付矩阵条件下，随着惩罚系数 k 的提高，食品生产企业在博弈均衡点时的违规生产概率 θ 也会随之下降。图 4-17、图 4-18 给出了不同惩罚系数 k 对博弈双方策略选择的影响。其中，图中标有 1、2、3 的曲线，是对应的惩罚系数 k 的取值分别为 $k = 0.12$、$k = 0.14$、$k = 0.16$ 的运行结果。

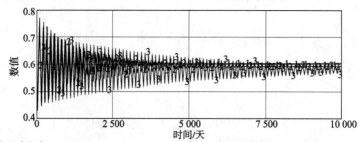

图 4-17　惩罚系数对食品生产企业群体 1 违规生产概率的影响

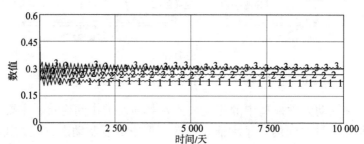

图 4-18　惩罚系数对政府食品安全监管部门监管概率的影响

如图 4-17、图 4-18 所示，随着惩罚系数 k 的提高，即政府食品安全监管部门采取监管策略的概率不断升高，食品生产企业采取违规生产策略的概率逐渐下降。这一现象在实际生活中是普遍存在的，由于食品生产企业违规生产行为次数的增多，食品安全事件连续发生，从而引起政府食品安全监管部门的重视，此时政府食品安全监管部门就会采取严厉的惩罚措施，从而降低食品生产企业违规生产的概率，保障食品安全。

但是，从运行结果中，我们同样可以看出，博弈过程的波动振幅和频率随着惩罚额度的提高逐渐加大。并且这种博弈过程中出现的波动性，很容易让政府食品安全监管部门对策略的实施做出错误的预测估计，从而影响其决策的正确性。另外过于严厉的惩罚制度往往会限制食品产业的发展，在实施过程中也会存在各种各样的问题和困难。因此，我们需要一个更科学的惩罚机制，来帮助我们更好地协调食品供应链系统中的两个存在竞争关系的食品生产企业群体与政府食品安全监管部门之间的决策行为。

2）动态惩罚策略对演化过程的影响

博弈演化过程存在反复的波动，往往会给决策者以错误的信息，甚至造成演化均衡的改变和演化中断，而动态惩罚策略能够有效地抑制协调决策博弈演化过程中的波动现象。

考虑食品生产企业群体 1 和 2 同时采用动态惩罚函数 $g_i = k(c_{ai} - c_{bi})q_i\theta_i$ （$k > 0, i = 1,2$），即在系统动力学模型中添加以下变量关系式，如图 4-19 所示。

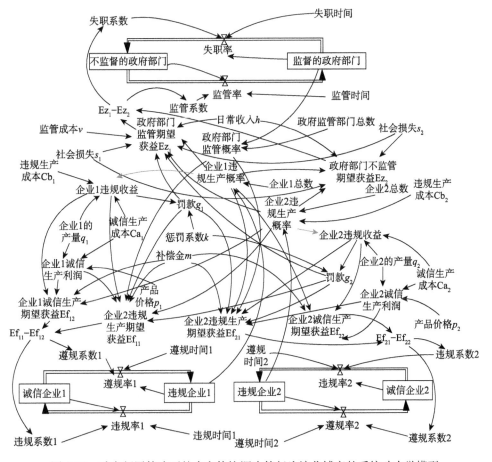

图 4-19　动态惩罚策略下的多主体协调决策行为演化博弈的系统动力学模型

罚款 g_1=企业 1 违规生产概率×惩罚系数 k×企业 1 违规收益

罚款 g_2=企业 2 违规生产概率×惩罚系数 k×企业 2 违规收益

当惩罚系数为 $k=0.16$ 时，得到如图 4-20 所示的模拟结果。曲线 1 和 2 分别表示当政府食品安全监管部门分别采取静态惩罚策略和动态惩罚策略时，食品生产企业群体 1 策略选择演化过程。

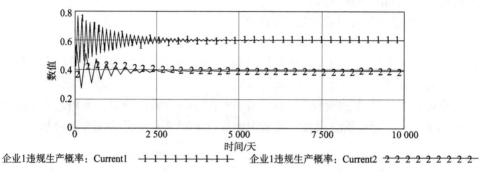

图 4-20　不同惩罚策略对食品生产企业群体 1 的策略选择的影响

从模拟结果可以看出，动态惩罚策略与静态惩罚策略相比，能够有效地抑制博弈演化过程的波动性。并且，在相同的惩罚系数下，动态惩罚策略对食品生产企业群体违规生产行为的抑制效果要比静态惩罚策略好，并且动态惩罚策略可以使得博弈达到演化稳定策略的时间大大缩短。因此，采用动态惩罚策略在有效抑制博弈过程波动性的同时也降低了食品生产企业群体违规生产行为的博弈均衡值。这说明，采取动态惩罚策略能够有效协调食品供应链系统中的两个存在竞争关系的食品生产企业群体与政府食品安全监管部门之间的决策行为。

3）控制生产成本策略对演化过程的影响

在模拟过程中还发现，提高食品生产企业群体违规生产的生产成本或降低食品生产企业群体诚信生产的生产成本，能够有效抑制博弈过程的波动性，降低食品生产企业违规生产的概率，并且能够使其在较短的时间内达到博弈的演化稳定状态。以提高食品生产企业群体违规生产的生产成本为例，将食品生产企业群体 1 和 2 的违规生产成本 c_{b1} 和 c_{b2} 由初始的 5 和 4（分别对左图和右图中标有数字 1 的曲线）提高到 9 和 8（分别对左图和右图中标有数字 2 的曲线）后，食品生产企业群体 1 和 2 的违规生产概率的变化如图 4-21 所示。

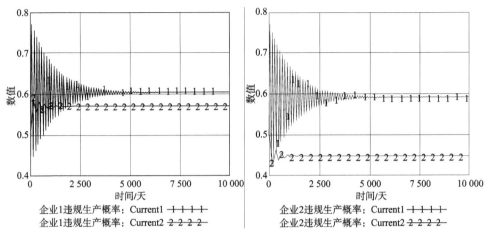

图 4-21 提高违规生产成本对食品生产企业群体 i 的策略选择的影响

4.3 食品供应链安全协调决策机制

4.3.1 食品供应链系统内部多主体间的协调决策机制

食品供应链系统内部各成员企业的局部利益和行为经常与系统整体的目标不一致，从而使食品供应链系统性能降低、效益受损、食品安全得不到保障。因此，设计和实现食品供应链系统内部各主体互相合作、信息共享，提高快速反应能力，降低运营成本的协调决策机制，对于提高食品供应链系统的功能收益非常重要。食品供应链系统内部主体间的协调决策，可使系统内各主体为了系统的同一目标努力，在降低成本的同时有效提高食品供应链的效率和服务水平，并且还可以实现从食品原料的源头进行安全控制，从而确保食品的安全质量。

在 4.2.1 小节所获得的研究结论的基础上，分析总结了以下两个食品供应链系统内部主体间的协调决策机制。

1. 食品供应链系统内部综合协调治理机制

食品供应链系统中各环节的参与主体之间的关系越紧密，一体化程度越高，他们之间的诚信合作水平越高，最终食品安全的水平就越高。因此，建立食品供应链系统内部利益相关者自我激励、自我组织、多层次、多组织以信誉为基础的综合协调治理机制，对于提高食品供应链系统一体化程度、实现各主体间的协调决策、保障食品安全起着非常重要的作用。

促进食品供应链系统内部主体间协调决策的综合协调治理机制的形成，主要基于中观层面的行业协会（第三方组织）的综合协调治理和微观层面的各企业主体对其内部各运作环节的综合协调治理。

1）行业协会（第三方组织）的综合协调治理

行业协会（第三方组织），是由从食品供应链系统内部的相关利益主体中抽出一部分熟悉食品供应链管理的专业人员，组成一个具有协调、沟通、仲裁功能，经济上独立的，连接食品供应链系统内部各个环节的非营利性社会团体。同时该组织成员充分了解食品供应链系统内部整个运作流程，掌握各种食品安全检测技术，拥有与食品供应链系统内部各企业主体决策层沟通的权力。行业协会的综合协调治理体现在其在信息收集和协调功能上的优势。

食品供应链系统内部的行业协会在信息搜集上的优势体现在，协会通过多种渠道获取信息，进行加工整理后，形成系统的信息资源，再按照各自需求配置给食品供应链系统内部各个环节的需求主体。避免了农户、流通加工企业、供应商等各主体因搜索信息难、成本高，采取机会主义行为引起的供应链失调。行业协会的协调功能主要体现在对食品供应链系统内部主体企业利益关系的协调。具体表现为协调行业价格，维护公平竞争关系；规范食品供应链系统内部主体企业的行为，对违约的主体实施惩罚，加强行业自律；通过协会的协调和惩罚机制，食品供应链系统内部主体企业间的利益分配大体维持在一个各方满意的均衡点上，从而促使不同环节的企业主体由竞争走向合作。

综上，行业协会（第三方组织）的综合协调治理，能够在有效促进食品供应链系统内部主体间的协调决策的同时大大降低整个系统的运行成本。

2）各企业主体对其内部各运作环节的综合协调治理

上述食品供应链系统中观层面的行业协会的综合协调治理机制能够有效降低系统运作成本，而微观层面上的各企业主体对其内部各运作环节的综合协调治理，则更注重解决食品供应链系统的食品安全问题。微观层面上的各企业主体对其内部各运作环节的综合协调治理，主要体现在以下几个方面：一是各企业主体通过建立和完善其内部供应链安全规范，来加强其组织内部的质量控制和生产过程管理；二是各企业主体积极推行实施标识管理和可追溯制度；三是在物流上配备低温冷链系统；四是对已进入流通环节的食品引入先进技术，进行鲜度维持管理；五是在加强食品安全技术能力的同时，各企业主体也会不断培训员工及供应商，引导他们正确认识和处理与食品安全相关的事情，如追溯系统的使用培训、食品召回等。

2. 食品供应链系统内部信息共享机制

通过 4.1 节及 4.2.1 小节的论述，可知信息共享是保证食品及时和安全供应的同时降低食品供应链系统运营成本的关键因素。另外，信息共享还增加了食品供应链系统内部主体间的互信，减少冲突，降低运营风险。食品供应链系统是由供应商、食品生产企业、物流企业、零售商等主体组成的较为松散的组织，在这个组织中，每个主体都有不同的利益追求，有自己独特的文化、经营战略、目标市场和运营模式。此时，维系食品供应链系统整体性的力量除了各种各样的契约、管理关系、联盟、协定以外，就是食品供应链系统中所有主体之间有效、及时、全面的信息共享。因此，建立食品供应链系统内部信息共享机制，是实现其各主体间协调决策、保障食品安全供给的重要手段。食品供应链系统内部信息共享机制的建立，主要包括以下几个方面。

1）加强信息基础设施

在加大通信网络设施投入的基础上，建立信息物质技术基础设施。包括食品供应链系统中各企业主体的外部网、内部网、知识库、电子数据库及电子数据交换系统等的建立。

2）建设信息交流平台

在建设信息交流平台之前，首先要实施共享信息的标准化建设。因为共享信息的标准化是信息有效交流的重要前提条件，而只有信息实现有效交流，信息交流平台才能达到信息共享的目的。共享信息标准化后，就可以应用相关的软件搭建统一的信息交流平台了。一般信息交流平台主要包括信息管理、信息共享及食品供应链技术协同三个系统。信息管理系统，主要是用来收集和传递农产品标准化信息和相关的政策法规。信息共享系统，主要是通过共享食品供应链系统内部主体有关库存、销售、预测、供应链绩效评价等信息，促进各企业主体间信息沟通、互信与协同。食品供应链技术协同系统的主要作用是实现整个信息平台无缝隙对接。

根据上面对信息交流平台结构的分析，应用中国物品编码中心系统和射频识别技术，构建食品供应链系统的基于信息跟踪的协调决策平台，如图 4-22 所示，其中射频识别技术解决方案可确保食品供应链系统的高质量数据交流，为食品行业提供了"源头"信息追踪解决方案；同时，在射频识别标签中还可以存入食品供应链系统内部各企业主体的认证信息，进行认证管理。该协调决策平台可以在食品供应链系统中以精确、快速的方式检索追溯数据，实现食品供应链系统内部原材料采购、食品加工/包装、食品运输/仓储/配送、食品销售等各个环节的无缝连接和有效协调[255]。

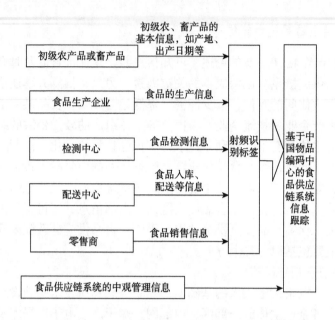

图 4-22   食品供应链系统信息跟踪的协调决策平台

4.3.2   食品供应链系统与外部环境间的协调决策机制

在对 4.2.2 小节、4.2.3 小节及 4.2.4 小节建立的食品供应链系统与其外部环境主体间协调决策的演化博弈模型的分析和模拟的基础上，本节的主要任务是针对分析和模拟结果，总结食品供应链系统与其外部环境主体协调决策机制，以期为保障我国食品安全提供一些新的思路。

1）综合控制生产成本，提高诚信生产预期收益的机制

由 4.2.2 小节的演化博弈分析可知，降低食品生产企业违规生产所获得的超额收益，同时提高其诚信生产所获得的利润，食品生产企业的生产行为经过长期演化，就会达到诚信生产的稳定状态。而由 4.2.4 小节的模拟分析又可知道，提高食品生产企业违规生产的生产成本或降低食品生产企业诚信生产的生产成本，能够有效抑制博弈过程的波动性，降低食品生产企业违规生产的概率，并且能够使其在较短的时间内达到博弈的演化稳定状态。因此，政府和食品供应链系统内各主体之间，通过联合建立综合控制食品生产企业生产成本，提高其诚信生产预期收益的协调决策机制，将会有效促进二者的协调决策行为，从而保证食品安全。

具体可以采取有效营销、提高违规生产成本、降低诚信生产成本的措施。食品生产企业可以通过在市场上运用营销的方式，提高产品价格，从而获得额外的

收益，提高企业的预期收益；或者通过进行专业、规范的整合营销规划，来提高企业的利润空间；政府部门可以借助媒体平台公开曝光问题食品和食品问题企业，并将违法不整改的企业列入"黑名单"，从而提高违规企业的违规生产成本；另外，食品企业还可以通过寻找安全且成本较低的原材料替代品，从而降低其诚信生产成本，提高诚信生产的预期收益。

2）有效降低监管成本，健全守信受益的激励机制

同样由 4.2.2 小节的演化博弈分析可知，降低监管成本可有效提高食品生产企业诚信生产的概率。因此，监管部门应通过技术创新、加强内部运行控制等手段提高监管效率、降低监管成本，从而降低监管部门采取监管策略的门槛。监管部门采取监管的可能性越大，食品生产企业违规操作的可能性相应就越小。

在降低监管成本的同时，食品监管部门还可以通过健全对诚信生产的食品生产企业的激励机制，来引导食品生产企业做出诚信守法的生产经营决策。例如，对于诚信生产的食品生产企业大力宣传褒扬、建立以信用为凭证的行业准入机制、为诚信生产的食品生产企业提供更多的福利和资源等。另外，质检部门还可以通过及时公布食品的检测信息，包括合格和不合格食品品牌、批次等，加强新闻媒体对违规企业行为的舆论监督，将食品的信任品属性转化为搜寻品属性，帮助消费者及时更新对食品生产企业所生产的产品质量的预期，在增进消费者消费信心指数的同时，也有助于诚信生产的食品生产企业建立良好声誉，从而获得更高的质量溢价，激励其继续生产优质产品。

3）合理加大惩处力度，完善监管制度机制

《国务院关于加强食品等产品安全监督管理的特别规定》中说明，生产企业和销售者不履行处理存在安全隐患产品相关义务的，由农业、卫生、质检、商务、工商、药品等监督管理部门依据各自职责，责令生产企业召回产品、销售者停止销售，对生产企业并处以货值金额 3 倍的罚款，对销售者并处以 1 000 元以上 5 万元以下的罚款；造成严重后果的，由原发证部门吊销许可证照。由 4.2.2 小节的博弈结果和 4.2.4 小节的模拟分析，我们也可以看出加大对违规生产的食品生产企业的处罚力度，对于保障食品行业的安全生产，可以起到直接的作用。但是，有时一味地加大惩处力度，却并不能达到我们想要的效果，就像前文提到的，过于严厉的惩处制度有时反倒会对食品行业的发展造成一定的限制。因此，应当合理加大惩处力度，与此同时，积极健全行业规范，提升法律法规的公信力，完善监管制度。

4）客观评价企业行为，建立科学的惩罚机制

正如上述第 3 个机制中提到的，一个良好的惩罚机制并不是单纯依靠提高罚款额度来降低违法行为，而是在合理的水平上既能抑制食品不安全事件的发生，也能避免博弈演化过程的波动性。4.2.4 小节的模拟结果也表明，加大对食品生

产企业的惩罚力度对于短期内其违规生产行为有一定的抑制效果，但从建立食品安全管理的长效机制来看，还需要有效结合动态惩罚政策，即惩罚的力度应随食品生产企业违规生产概率大小的不同而变化，从而达到稳定地控制食品安全生产的目的。因此，在对食品生产企业的实际生产情况客观评估的基础上，建立科学的惩罚机制，使食品生产企业将诚信生产内在化、自主化，由"要我诚信"转变为"我要诚信"，才能从根本上解决食品安全问题。

4.4　食品供应链安全协调决策模式

4.4.1　食品供应链系统内部多主体间的协调决策模式

近年来，我国食品质量安全事故的频繁发生，引发了人们对此类偶发事件背后必然性的思考。在本书的研究过程中发现，要想减少食品安全问题的发生，解决我国复杂的食品安全问题，必须整合多种资源，建立一种由核心企业主体进行统筹的食品供应链系统内部协调决策模式，从根本上来保障食品安全。而这种由核心企业主体进行统筹的食品供应链系统内部协调决策模式，可以通过采取建立"食品产业实验园"的形式予以实现。

1. "食品产业实验园"的结构

"食品产业实验园"本身是一个由核心食品企业及其上下游企业主体、行业协会、第三方检测机构、中介组织、金融机构等所组成的，为促进食品供应链系统内部各主体有效协作，保障食品安全而相互作用的复杂网络系统。在这个复杂系统里，系统各主体为了在保障食品安全的同时，获得经济效益这一共同目标，相互之间既合作，又竞争，通过不断的学习和适应，逐步形成一种协调决策模式，从而实现食品业的健康发展。

"食品产业实验园"的建立，需具备两大类要素和两个重要的规制。两大类要素包括：一是要聚集一批食品企业，主要包括核心食品企业及其上下游企业主体；二是要拥有为上述食品企业提供服务的相关设施和组织，如可以共享食品产业资讯等信息的信息交流平台、投融资平台、食品应用技术研发机构、检测机构、技术管理培训组织等，其具体的结构如图 4-23 所示。

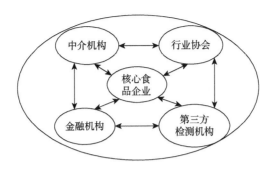

图 4-23　"食品产业实验园"结构图

　　两个重要规制则：一是纵向的食品供应链契约规制，就是由实验园内的核心食品企业通过契约设计，来控制其上下游企业主体的质量生产行为，以实现食品产出和交易的质量安全；二是横向的食品行业规制。

　　2. "食品产业实验园"的特点

　　1）聚集性

　　"食品产业实验园"的聚集性，为其保证食品安全提供了可能。核心食品企业及与其相关的其他企业主体、第三方组织等为了共同的目标而聚集在一起，它们之间相互合作，相互监督，从而保证食品安全。例如，实验园内的第三方食品检测机构，由于其拥有先进检测设备、高端检验人才、丰富检验经验，往往能及时发现问题，并且由于它们与行业协会的相关监管部门及食品企业的有效沟通，可以将食品安全问题扼杀于萌芽阶段。同时，通过检测机构与食品企业间的互动，还可以增强其对食品企业安全生产的监控作用。

　　2）安全机制的涌现性

　　"食品产业实验园"内安全机制涌现的前提条件是，其内部各主体的主动性和相互间的学习、模仿行为。正如前面提到的，"食品产业实验园"作为一个复杂的网络体系，主体间的相互作用把它们连接在一起，一个主体的行为会影响到网络中其他主体的行为，而其他主体的行为反过来又会影响到这个主体，产生一种循环效应。同时，某一主体行为产生的效应，在其他主体的循环作用下，使系统最后总的效应增大，产生一种乘数效应。因此，当实验园内包括核心食品企业在内的一些食品企业通过采取一些保障食品安全的机制，获得了较好的社会和经济效益时，其他没采取保障食品安全机制的企业就会通过学习、模仿，也采取相应的保障食品安全的机制，来获得经济效益。最终的结果就是，整个实验区涌现出一种主动、自觉保障食品安全的氛围，这一具体过程如图 4-24 所示。

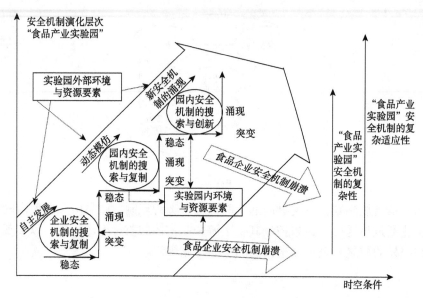

图 4-24 "食品产业实验园"安全机制的涌现过程图

3）自适应性

"食品产业实验园"内各主体的自适应性，为实验园内保障食品安全的新举措的产生，尤其是食品安全技术上的新方法的产生，提供了重要的保证。"食品产业实验园"的主体在保障食品安全的过程中，要适应环境，不断学习，以明确哪些行为对未来的成果有效，哪些行为对未来的成果无效。同时，在这个过程中，随时间的流逝，系统内随时都会有新情况出现，实验园中的主体要根据不同的情况而采取相应的措施来处理问题。例如，实验园内政策的变化，可能会对食品企业、科研机构的食品安全技术创新行为产生影响。如果确定带来的是正面影响，就应抓住机会，进一步扩大自己的行为效应；但是如果产生的是负面影响，就应调整行为，以适应政策的变化。

3. "食品产业实验园"的优势

1）信息成本优势

"食品产业实验园"内信息成本优势来源于园内的核心食品企业的信息获取能力、实验园内各主体的聚集性，以及园内的两个重要规制。首先，实验园内的核心食品企业比其他中小食品企业、行业协会、中介组织等掌握更多的专业技术知识，能够低成本地获取食品生产的质量信息。其次，因为实验园内食品企业及与其相关的组织机构都相对集中，所以彼此间容易通过市场的变化灵敏捕捉各种最新的信息，借助网络状的人际关系将信息高效传播，从而大大节省实验园内各主体搜索信息的时间和费用。最后，实验园内的两个重要规制，使得其在食品安全信息的动态更新上具有独特的优势，即"食品产业实验园"的各主体对食品供应链内部的食源性污染和添加剂滥用的反应速度更快、应变弹性更强，缩短了食品安全事故被发现的信息时滞。因此，"食品产业实验园"这一食品供应链系统的协调决策模式在节约信息成本方面的效率优势明显。

下面以乳品供应链系统为例，说明实验园内的规制在信息成本上的优势。这一优势主要表现在，通过实验园内的核心生产企业对上游的原奶生产过程进行质量干预，可以大大节约交易的质量信息成本。在乳品供应链中的供应环节，由于核心生产企业与奶农事后交易存在着信息不对称和质量不确定的风险，因此可以通过采取核心生产企业介入原奶的生产过程、提前进行质量干预的办法，来保证高质量产出所需要的高标准投入，从而节约了日后原奶交易的质量检测费用。

综上，实验园内的规制在改善食品供应链系统内各主体间信息不对称、降低信息获取和交易成本等方面拥有明显的优势。

2）有效保障食品安全的优势

首先，由于"食品产业实验园"内各主体之间在空间上相对邻近，有关食品安全的信息将会很快得到交流。其次，园内各主体具有很强的学习能力和氛围，可以加快各种有关保障食品安全的专业知识和技能的交流、扩散、创新，从而可以激发保障食品安全的新措施、新手段、新技术的应用。再次，园内各食品企业的集聚还创造了积极的相互监督的环境，在这种环境中，各食品企业会存在一定的潜在压力，而这种潜在压力和持续的比较也构成了园中各个食品企业积极强化其保障食品安全措施的有效动力。最后，通过园内规制进行利益协调和成本分担，可以减少食品供应链系统内各主体的对策性行为，从而保障食品安全。

"食品产业实验园"内的规制，在保障食品安全方面的优势，表现在可以通过园内核心食品企业与其上下游主体之间的契约设计来实现彼此的激励约束机制。依然以乳品供应链系统为例，针对奶农生产高质量原奶的成本太高、缺乏投入激励、被动低质量选择的问题，园内核心生产企业可以通过采取改造农户的落后生产方式、提升其利润空间的办法，来进一步减少农户的对策性行为。例如，核心生产企业凭借自身的资金和技术优势，可以通过把奶农分散式的高成本原料采购，变为由公司集中生产或统一采购，并向农户优惠发放，使农户生产高质量原奶有利可图，从而减少其对策性行为[256]。

3）资源整合优势

"食品产业实验园"的资源整合效果明显。因为园内集聚的主体，都是食品产业链条上的企业及其相关组织机构。各主体间有效地分工协作，将会使得园内的资源得到合理的应用。"食品产业实验园"作为营造食品产业优良运行环境的一个区域，具有系统性和综合性，这将会使其成为现代食品生产及安全技术、信息、设备、人才、管理、资源的最佳集中地，从而使食品生产和安全技术的研究、开发、运用有了丰富的源头和实施的载体。另外，各种经济成分和不同运作模式的食品企业聚集在一起，互为补充、相得益彰，也有效地促进了园内资源的整合。具体表现为，园内主体可以共享园区内的公共基础设施和配套服务设施，从而大大减少了资源的浪费。此外，园内第三方检测机构、第三方认证机构、食品研发中心和食品应用技术的有效整合，可增加食品行业的自控力，有利于国家相关部门对食品企业的监管。在这些机构的共同运作下，"食品产业实验园"将会朝着更安全、更合理的层次发展。

4.4.2　食品供应链系统与外部环境间的协调决策模式

4.4.1 小节介绍了食品供应链系统内部主体间协调决策模式——"食品产业实验园"的构成、特点和优势。从中可以发现，虽然在核心食品企业的规制下，该内部协调模式拥有降低信息成本、保障食品安全和整合资源的优势，但是，食品企业终究是一种营利性组织，其企业的特性决定了其必须以盈利作为其经营目标。有此观念在作祟，再加上其经济人的本质，食品企业总是最大限度地为自身谋利。这也就避免不了其为了追求短期经济利益，忽视食品安全质量而采取投机行为。因此，光靠食品供应链系统内部主体间的协调决策和其核心食品企业的规制，还不足以解决食品安全问题这一系统问题，还必须有消费者、政府、非政府组织等食品供应链系统外部环境主体的共同参与。所以，本小节将着重论述食品供应链系统与其外部环境主体间的协调决策模式。陆雅婷和董敏认为要完善食品安全管理，应该走一条政府主导，非政府组织、企业和公众合作互动的"协同治理"的新路径，以复杂适应系统结构来应对多样化问题，方可充分整合各种资源，以达成"合力共治"的良好局面，确保民生安全[257]。邓辉强认为，目前我国食品安全治理存在症结之一，就是忽视企业和社会在食品安全治理中的作用，以及政府、社会、企业三方没有实现互动，所以应当运用系统思维，创新机制，坚持大社会治理观，积极推动政府、企业、消费者、食品行业协会、社会团体等参与食品安全治理[258]。

因此，在上述学者的观点的基础上，结合我国目前的食品安全治理现状，本章运用系统思维，考虑食品安全治理的复杂适应系统特性，提出了包括食品经营者、社会监督主体、政府等多主体在内的"综合协同治理"模式。

"综合协同治理"这一食品供应链系统与其外部环境主体的协调决策模式，主要是基于"自律网"、"监督网"和"监管网"这三大网络的构建和联动而得以实现的。

1. 食品经营者"自律网"的构筑

食品企业是食品生产加工的直接参与者，是食品安全监管的第一道关口，是食品安全的第一责任。因此，需要通过构筑食品经营者的"自律网"，营造公平的竞争环境，让市场实现优胜劣汰，把贪图眼前利益违法生产的经营者踢出市场，使自律诚信的企业获得长久发展，从而达到保障食品安全的目的。食品经营"自律网"的构建，需要借助三大平台，这三大平台为企业信用平台、电子信息平台和行业自律平台。这三大平台的搭建及其作用如下。

（1）建立食品经营户诚信档案，搭建企业信用平台。在完善食品经营主体档案的基础上，建立食品安全信用档案。信用档案按照单独建档、一户一档原则建立，内容包括营业执照复印件、食品流通许可证复印件、从业人员健康证明复印件、监督检查记录、责令改正或行政处罚文书等材料。通过对食品经营单位诚信状况进行持续的跟踪记录，掌握其执行食品安全法律法规的动态情况，并如实记入信用档案。同时制定"流通环节食品经营者信用等级评定办法"，对一般食品经营户每年进行一次、特殊食品经营户每半年进行一次信用评价，内容包括履行自律制度情况、监督检查结果情况，划分为 A、B、C、D 四个信用等级。根据不同信用等级，采取不同监管频次、突出不同监管重点，对守信单位实施宣传鼓励、示范引导，对失信单位进行曝光评议、严格惩处。

（2）应用食品电子溯源管理系统，搭建电子信息平台。食品电子溯源管理系统，除了具备信息发布、法规宣传、食品广告、电子商务等功能以外，最核心的是提供给广大食品批发经营户使用的一套进、销、存内部管理系统，这套系统既能够满足经营户日常经营管理的要求，同时，也嵌入了法律规定的一些要素，使经营户可以方便地通过系统记录食品的购销台账[259]。在批发户运用成熟的基础上，普通食品经营户也可以通过使用特制终端参与这个系统。通过网站建立流通环节的食品安全溯源管理体系，督促食品企业利用信息化手段，落实进货台账和销售台账"两项自律制度"，帮助食品经营企业落实国家法定要求，规范自身经营行为，防范食品经营风险。

（3）成立食品流通行业自律协会，搭建行业自律平台。通过成立"食品行业自律协会"，制定食品行业自律公约，督促指导食品经营者建立健全内部食品质量管理体系和管理制度。"食品行业自律协会"不定期对会员执行自律的情况进行检查，及时将检查情况录入经济户口信息系统，计入经营户食品安全信用档案。对协会在监督过程中发现的违规经营户，加大巡查监管力度，直至吊销食品流通许可证和营业执照，在行业内营造惩戒失信、褒奖诚信的监督氛围。

2. 社会"监督网"的打造

社会"监督网"的构成，主要有三大重要主体，它们分别是消费者、非政府组织和新闻媒体。而通过采取有关措施，充分鼓励和调动这三大主体的监督积极性，形成的协调、组织、有序的社会"监督网"，对于有效保障食品安全的意义重大。

1）完善消费者参与机制

由于消费者是食品安全最敏锐的察觉者和最切身的体验者，所以消费者在保障食品方面有着其不可替代的作用。非法生产、加工和销售食品的问题本身具有一定的隐蔽性，受人力、物力和财力等多方面因素的限制，要完全、及时地发现和查处所有的不法行为，仅靠政府的努力是不够的，必须借助消费者群体这一更广泛的监督力量。因此，完善消费者参与机制，积极发挥消费者对食品安全监管的参与性，对于有关部门及时发现并防止不安全食品问题，营造良好的食品安全生产和消费环境，有着重要意义。

2）培育和健全非政府组织

非政府组织主要以不以营利为目的的事业型的组织机构为主，如研究所、协会、调查队、社团、调查公司等，他们着重对某专业问题进行监督，具有知识的权威性。非政府组织具有灵活的机制、专业的技术、较高的效率，以及丰富的社会资源等优势。基于这些优势，非政府组织可以在规范行业行为的同时引导消费者理性消费，同时它还可以为政府和公众搭建沟通的桥梁。因此，培育和健全非政府组织，对于提高食品行业的管理水平，推动食品行业的健康有序发展，有着不可估量的重要作用。

3）充分发挥新闻媒体的作用

新闻媒体主要有报纸、电视、广播、杂志、书籍、网络等，其中报纸、电视、广播由于传播速度快、覆盖范围广、影响力大，成为最主要的社会舆论监督主体[260]。近年来，随着网络媒体的飞速发展，在曝光食品安全事件方面，网络媒体也发挥了不可替代的作用。新闻媒体对保障食品安全的作用，表现为对食品安全的关注和报道、有效普及了食品安全知识、提高了全社会的信用意识、促进了社会诚信体系建设，同时新闻媒体还积极发挥了舆论监督功能，揭露了食品安全领域存在的问题，有效保障了公众的知情权，推动了问题的解决和食品安全保障体系的建设。

综上，在现实的食品安全管理过程中，社会"监督网"中的消费者、非政府组织和新闻媒体这三大主体，通过彼此间不断地相互作用、信息交流和协同合作等方式来共同保障食品安全。这一具体的交互过程如图 4-25 所示。

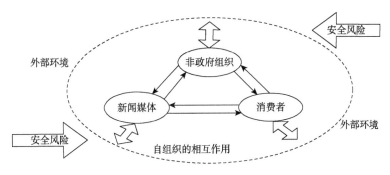

图 4-25　社会"监督网"内各主体交互作用示意图

3. 行政"监管网"的构建

行政"监管网"的构建需要创新三项制度[261]。这三项制度主要为规范企业经营行为的"食品安全约谈制",强化食品过期预警的"临过期食品管理"制度,以及强化食品退市监管的"曝光食品退市专人定店联系制度"。

"食品安全约谈制"就是针对食品安全监管工作中发现的问题,约请食品经营企业的法定代表人或其授权委托负责人进行面谈,与其一起对存在的问题进行集中剖析,研究提出切实可行的整改措施,消除食品质量安全隐患。约谈对象要按照约谈中确定的整改措施和要求实施整改,并在约谈结束后的规定期限内完成整改,并向实施约谈的工商部门提交食品生产经营监管约谈整改报告。

"临过期食品管理"制度主要是用来指导超市、商场等零售食品经营户在醒目位置设立"临过期"食品销售区或专柜,并在销售区域设置"本区食品降价销售,请消费者购买后尽快在保质期内食用完毕"等字样的友情提示;督促食品供货商及时通知购货商在临近期限内进行降价促销,督促食品经营者对到期食品进行下架退货或销毁,并对下架退货、销毁情况进行记录,做到退货销售情况有档可查。

强化食品退市监管的"曝光食品退市专人定店联系制度",主要是通过加强对曝光问题食品的检查,规范"问题食品"的退市监管。其要求各基层工商所有辖区内一定面积以上超市为重点,明确由食品安全负责人担任食品安全监管联络员,与责任区监管人员对接。问题食品曝光后,各责任区监管人员在第一时间进驻本区域超市,检查经营者索证索票、进货检查验收义务履行情况、主动撤柜退市食品情况,收集保存退市记录。对已经确定存在问题的,启动案件查处程序,强制退市。对"疑似问题食品",经营者自行撤柜的,做好备案登记;退回供应商的,要求经营者提交退单手续;已经自行销毁的,要求提供销毁记录和图片;经营者准备销毁的,监管人员可以参与销毁过程,做好销毁记录,双方签字备案;需要通过检测判定质量的,及时抽样送检。

综上，通过食品供应链系统各企业主体、消费者、非政府组织及政府等多方的共同努力，最终形成以行业自律为核心、政府监管为主导、社会监督为配套的综合协同治理模式，这一模式的形成，将会强而有力地保障食品安全[262]。

4.5　本 章 小 结

本章首先介绍了食品供应链安全协调决策的动力学机制，按照系统动力学方法解决问题的思路，针对食品供应链系统内部主体未能协调决策导致的牛鞭效应，建立了动力学模拟模型，并在对模型进行分析的基础上，得到各主体间需求信息的共享，这是实现食品供应链系统成本与及时反应协调平衡的有效途径；其次，介绍了食品供应链安全协调决策的演化博弈机制，利用演化博弈理论，对食品供应链系统内部各主体间协调合作行为的动态演化过程进行了研究，结果表明，食品安全信息的有效共享，是促进食品供应链系统内部各主体间协调决策的关键因素；最后，在上述分析研究的基础上，总结出了促进食品供应链系统内部主体间协调决策的相关机制及模式。

第5章 基于供应链的食品安全风险监测与预警

5.1 食品供应链安全风险监测与预警体系

5.1.1 食品安全风险监测与预警体系的含义

食品安全风险监测与预警体系是在现有法律法规、标准体系的基础上，依据一定的原则，利用现代食品安全监测手段，对食品中的添加剂或者其他微生物含量等可能对食品安全产生影响的要素进行动态监测，并应用预警理论和方法对监测结果进行统计分析、预警判断，然后结合媒体及相关政府监管部门进行预警信息的发布和传递，为政府相关部门和有关各方高效预防食品安全风险、对食品不安全情况进行实时警告提供科学的依据，进而降低其带来的风险和经济社会损失，维护社会的和谐安定的一套完善的体系。

食品安全风险监测与预警体系的核心组成部分为食品安全预警指标体系和食品安全风险监测与预警信息系统。利用预警指标体系并结合现有的食品安全法律法规及标准体系，可以对食品安全问题的主要影响因素进行综合评价和分析，并给出评价结果，为食品安全风险或事件的预警分析、警情判断及食品安全问题出现时的快速反应提供较好的依据。食品安全风险监测与预警系统利用预警指标体系的评估数据来分析监测食品的安全状态和潜在的各种风险，揭示食品安全的发生背景、表现方式和防御措施，以最大限度地减少食品安全风险导致的危害。目前，根据不同的预警需求和特点，食品安全监测与预警系统有不同的类型，若按照食品产生风险的警源分类可以分为化学残留预警、微生物污染预警、有机物污染预警、添加剂污染预警、有毒物质污染预警和其他污染预警。另外，食品安全监测与预警系统也能按照预警指标、预警时间、食物链构成、食品流通形式、食品监管责任和食品统计口径等进行分类。按照不同的标准对食品安全监测与预警系统进行分类，有利于体现系统的特征，方便和简化系统的结构，准确表达和运行预警功能。

除此之外，食品安全法律法规体系及食品安全监管体系也为食品安全监测与预警的有效性及执行性提供了全面保障，对于整个监测与预警体系有着十分重要的意义。

5.1.2 食品供应链安全风险监测与预警体系框架

借鉴国外食品安全风险监测与预警系统的先进经验和国内研究理论，结合国内食品供应链实际情况，构建食品供应链安全风险监测与预警体系框架，如图 5-1 所示，体系框架主要包括四个部分，即信息基础设施模块、数据服务模块、应用模块及用户模块[263-265]。

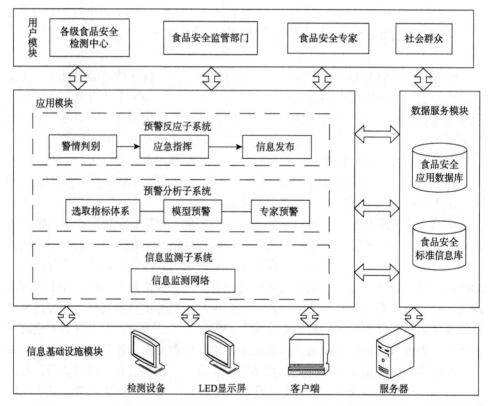

图 5-1　食品供应链安全风险监测与预警体系框架

1. 信息基础设施模块

信息基础设施模块为食品供应链安全监测与预警提供网络基础，是预警体系中所有职能部门之间及职能部门与非职能部门之间的连通的媒介。信息基础设施模块主要包括各种检测设备，客户端、服务器等用户操作设备，以及用于发布预警信息的 LED 显示屏等。

2. 数据服务模块

依据食品安全监管部门和食品安全相关法律法规，利用食品安全数据库为用户提供食品安全数据的查询统计等需求，并对不同用户的不同权限进行分配与管理，以便于食品安全预警体系的运作。

3. 应用模块

要实现食品安全监测与预警体系内部所要实现的所有同监测与预警直接相关的功能，包括预警反应子系统、预警分析子系统、信息监测子系统等。

4. 用户模块

该体系的用户包含供应链上各节点的食品安全检测中心、食品安全监管部门，以及食品安全专家和社会群众，以使不同人群能够查询和知悉食品安全的实时信息。

5.2　食品供应链安全风险因素分析

食品供应链对食品安全有着非常重大的影响，在食品生产经营领域，食品供应链的各环节主要包括原材料供应、食品加工、食品储藏、食品运输、食品消费等环节，每个环节都存在潜在的影响食品安全的风险。

5.2.1　原料供应环节风险

原材料采购是影响食品质量安全的第一个环节，也是食品安全管理的起始点。农林、畜牧及水产等产业中的饲（种）养、种植、养殖如果有安全隐患，则将会传递到食品供应链的下游环节。常见的原材料供应的环节风险主要包括农药、激素、抗生素及其他有害物质造成的问题等。农药问题主要发生在农作物的种植环节，如在果树的栽培过程中，有些树农利用导管将农药从树皮注入树体内，从而使整个树体都会含有农药。关于激素，2013 年被曝光的某品牌瘦肉精事件就暴露出激素方面的食品安全存在的激素风险。有些抗生素经常被用作动物的饲料添加剂，甚至被用来治疗奶牛的乳腺炎之类的疾症。其余的危害物质包括化学残留物质、违禁药物和重金属等。有的时候在个别地方还存在着人为非法掺杂的其他危害食品安全的物质。

5.2.2　食品加工环节风险

食品在生产、包装的过程中存在生产加工环节的风险。通常包括两种情形：一是在生产、包装的过程中食品受到污染，如过期的、失效的、变质的、污秽不洁的、回收的、受到其他污染的食品原材料或者非食用的原辅料生产食品都对食品的质量安全有很大影响。二是操作环节，就是违规加入添加剂或其他危害食品安全的原料。生产加工环节的风险的特性是不确定性、系统性及道德性。不确定性是指存在于食品生产环节的风险通常来自其所处的生产环境的标准的制约，所以发生食品安全具有不确定性，这种风险短时间内能够降低。系统性是指只要在该环节发生风险，就会危及整个食品链的其他环节，该风险一般与该环节的生产加工的标准规范或支撑条件相关，并且短时间不能够很好地调整。道德性即食品安全事故的发生取决于食品企业及个人的职业操守，取决于相关企业或个人对社会责任感的强弱。

5.2.3　食品储藏环节风险

食品大多易腐烂，在储藏过程中容易变质，如受潮、受霉，受虫，以及化学物品的污染等。而考虑到采取相关储藏措施和设立专用储藏室的成本，一些非法商贩便通过添加诸如防腐剂、抗氧化剂等食品添加剂，以延长其保鲜期、保质期。此外，他们还通过采用化学物质调节动植物的生长和发育，以使得生产和消费的时间相吻合。这些添加剂和化学合成物质若使用不当，则会对人体健康造成很大的危害甚至死亡。

5.2.4　食品运输环节风险

城市化的加速和现代物流的发展，彻底颠覆了消费者的行为模式，从而引导食品供给的重大变革。食品行业的飞速前进使得生产和消费差距日益扩大，但是消费者对食品多样性的要求也日益增多。因此导致了远距离的输送、广泛区域的销售和各种来源及各种方式流通的迫切需求。然而实际当中，依照统计数据，国内年均价值多达 740 亿元的各种食品在运输流通环节腐坏[266]。这表示，如此广泛地域、多国家的食品交易在迎合顾客需要时，也导致食品中的有害污染物的含量趋于增加，食品安全事故的出现频率也大大提高。这些更增加了对食品的运输、流通过程中的标准。

5.2.5　食品消费环节风险

随着现代家庭人口数量的减少及流动人口数量的增多，消费者对食品的消费逐渐趋向于品种多样性和便利性。非季节性食品的需求、外出就餐等需求日益显现，食品消费日益增多，从而导致群体性的食品安全风险日益严峻。食品安全的影响因素呈现出由表面的征兆（如味道、口感），到能由工具测出的因子（如病菌含量、农药兽药残留），继而到前沿科技水平下不能迅速检测的因素（如转基因）的趋势。但是，由于食品受客户所拥有的相关食品领域的专业认知能力的制约，并且由于客户与食品的生产、流通环节信息难以知悉，供应链上食品安全信息的共享程度缺乏，在食用食品前，客户不能对食品质量做出正确的估量，不能很好地维护自己的利益。若政府相关管理人员无法确保将食品安全的相关状态及时、高效传达给客户，并且食品企业虚报相关的食品安全信息，将导致客户不能快速了解食品的安全情况，潜伏食品隐患。

由上述可以看出，食品的不安全因素贯穿于整个食品供应链，包括从采购、生产加工、包装、运输到最终消费的各个环节，任何一个环节出现问题都将提高食品风险发生的概率。

5.3　食品供应链安全预警指标体系构建

5.3.1　指标体系构建原则

1. 科学性原则

科学性原则是选取指标的基本原则，科学性原则一方面要求所选指标能够反映食品安全的基本内涵，并且具有明确的预警意义；另一方面要考虑食品质量安全是动态变化的，过去、现在的数据和信息应该能够建立合理的时间序列。

2. 重要性原则

与重要性原则相对应的是全面性原则，即指标体系中所包含的指标要尽量覆盖所有可能产生食品安全风险的因素。然而要做到面面俱到、一个不漏地选取指标，不仅耗费人力、物力、财力，也是不现实的。并且有的指标对食品安全的反映不是十分明显，过多的指标选取会造成不必要的负担。因此，可以应用一定的方法选择能够反映食品状况的比较重要的指标，以有效地反映食品安全状况。

3. 动态性原则

食品安全问题种类复杂，且发生的时间、地点、起因等具有诸多不确定性。因此，食品安全预警指标体系也应具有动态性，选取针对不同的食品安全动态变化的重要的预警指标，而不是一种静态的框架。指标体系要能够根据新情况的变化不断更新，这样才能保持整个预警系统的先进性。

5.3.2 预警指标选取原则

指标选择的典型性、可操作性及实际中操作的难易对食品安全预警的效果有重要意义。因此，指标的选取要遵循一定原则，确保预警的可靠性。

1. 灵敏性原则

所选指标能准确、科学、及时地反映食品安全风险的变化情况，具有较强的敏感性，使其成为反映食品安全风险状况的显著指标。

2. 实用性原则

预警模型终究服务于实际的操作，所以指标体系应当具有实用价值及较强的操作性。指标绝非数量多就有好的评价结果，指标的选取要容易取得和量化及统计，并尽量使用当前具有的相关统计数据，尤其以统计年鉴为主。应择取重要、基础、典型的综合性指标及可以计算的指标，使指标具有横纵向的可比性。

3. 定性与定量相结合原则

食品安全预警指标既涉及产品监测指标和经济发展指标，又涉及社会管理指标，既有主观指标，也有客观指标。这些指标既有定性的又有定量的，而忽略了任何一种必然导致预警准确性较差，因此要坚持定性分析与定量分析相结合原则。

4. 时效性原则

预警指标根据所能预警时间阶段的功能，可分为先行指标、一致指标及滞后指标。先行指标即在食品供应链运行之前就确定的相关指标，先行指标是预警系统的主要指标，目的是为整个预警体系供给预警的征兆。在选择预警指标时要尽可能选取先行指标，所选指标要在出现实际变化前，有超前性或同步性，能快速、准确地预警食品安全状况的变化。风险的防御需要一定的时间，若时间过长，就无法得到风险评估的效果，预警也就没有意义。

5.3.3　食品供应链安全预警指标体系

根据 5.2 节中对食品供应链安全风险因素的分析可知，许多因素会引发食品安全风险，这些风险不仅来自宏观的制度环境、食品安全法律法规和食品安全监测水平等，也来自从农田到餐桌上的各个环节，即初级农产品的种植养殖环节、加工、配送和消费环节等。我们根据食品供应链上的食品安全影响因素，基于供应链的食品安全预警指标选择原则，结合相关文献[267, 268]，构建了含有总体层、指数层、指标层三个等级的食品供应链安全预警指标体系，如表 5-1 所示。

表 5-1　食品供应链安全预警指标体系

总体层	指数层	指标层
食品供应链安全总警度	食品原料供应环境质量	水质环境指标（污染物指数）
		空气环境指标
		土壤环境质量（或养殖环境质量）指标
	食品种植养殖技术	种苗成活率
		肥料标准
		农药（兽药）使用标准
		农产品种植养殖标准化程度（标准化农户百分比）
		病虫害/疫病发生率
	食品加工技术	原材料投入合格率
		加工设备合格率
		加工工艺合格率
	食品包装储运技术	包装技术水平
		贮藏技术水平
		运输技术水平
	食品销售质量	新鲜品感官识别程度
		食品理化指标达标率
		食品标识清晰度

续表

总体层	指数层	指标层
食品供应链安全总警度	食品安全管理与监测技术	监测机构建设水平合格率
		市场监管水平满意度
		农村劳动力专科以上比例
		信息共享程度
		供应链结构有效度
		食品质量抽检合格率
		食物中毒人数

1. 总体层

总体层表示的是某一区域的某行业中的某个食品供应链的食品安全的总体警情程度，代表着该区域某一时期该食品供应链上食品安全的总体状态和发展态势。

2. 指数层

指数层主要是根据食品供应链各环节影响食品安全的主要因素确定的食品安全指数，包括食品原料供应环境质量指数、食品种植养殖技术指数、食品加工技术指数、食品包装储运技术指数、食品销售质量指数和食品安全管理与监测技术指数等。

3. 指标层

指标层为整个指标体系的基础指标，是某个供应链环节上的具体的项目指标，如食品原料供应环境质量指数中包含水质环境指标、空气环境指标、土壤环境质量指标等。指标的选取根据是国内外的多种食品安全的检测标准、行业法规、食品专家的领域知识，从而选出反映食品安全状况的微生物及有毒有害物质含量等数据指标。

由于食品种类繁多，影响各种不同食品的风险因素不尽相同，因此在具体应用该指标体系的过程中，应针对不同的食品供应链，选取适当的指标进行预警分析。

为了实现对食品安全问题的有效预警，可以对其进行分级处理，不同预警等级采取不同的应对措施。本书在相关研究成果的基础上，根据食品安全风险的严重程度，将食品安全风险设为无警、轻警、中警、重警和巨警五个等级，分别对应无食品安全事故、一般食品安全事故、较大食品安全事故、重大食品安全事故和特大食品安全事故，各个等级的指标警界按照国家食品安全标准体系来确定。食品安全风险监管部门应根据各部门统计的相关数据和信息，以及现场调查获取的有关预警指标的状态和水平实行有针对性的检查，并进行综合分析，对警情等级很高或较高的应立即制订并采取行动方案，努力将各种风险消灭在萌芽状态，减少其带来的经济和社会损失。

5.4　食品供应链安全风险监测与预警系统

食品供应链安全风险监测与预警系统是将食品供应链安全风险监测与预警体系的各个部分进行有机结合的平台，是实现该体系的有效手段。因此，本节将对食品安全监测与预警系统进行详细分析与设计，实现对食品供应链安全的风险监测、预警分析和应急反应功能。按照基于供应链的食品安全风险监测与预警系统的功能需求，将系统分为四个子系统，分别是食品安全风险监测子系统、食品安全预警分析子系统、食品安全预警反应子系统和食品安全数据库子系统[269]。

为了准确描述食品供应链安全风险监测与预警系统中各子系统之间的关系，构建了食品供应链安全风险监测与预警系统的结构框架，如图 5-2 所示。

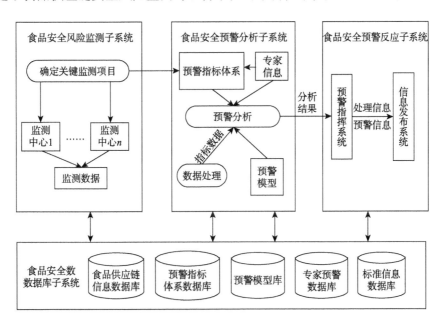

图 5-2　食品供应链安全风险监测与预警系统结构框架

5.4.1 食品安全数据库子系统

食品安全数据库子系统是对食品安全问题进行预警分析的基础，主要负责对食品安全相关数据和信息的收集、整理、更改及完善。在监测与预警系统中，食品安全数据库子系统具有重要的作用。数据库中包含的基础数据为食品安全监测与预警系统的运转提供了基础的数据环境，若食品安全数据库系统无法整理和提供基础的食品安全数据，即使监测与预警体系框架再完善，仍不能进行准确的判断和快速的预警。良好的数据来源是安全监测与预警体系的重要的基础，数据保障体系的优劣，将直接影响到整个系统的优劣。要实现整个系统的优化，必须先保证数据基础的优化，以客观、准确、及时地描述客观事实。

食品安全数据库涵盖了食品安全各方面的数据，是食品安全预警分析的重要基础和来源，食品安全数据主要包括食品污染数据、食品安全技术标准、食品安全法律法规、中国宏观经济及农村经济等相关信息。根据食品供应链上的食品安全对食品相关指标的监测与预警要求，总体上，可将食品安全数据库分为以下五部分内容。

1. 食品供应链信息数据库

根据监测与预警需求，食品供应链信息数据库一般包括以下内容。

1）编码标准和交换标准

建立一致的编码标准和交换标准是实现信息交换和共享的基础，同样是食品监管系统的基本内容。在整个食品业内实现一致的编码标准，能够保证食品数据库的建立与连接。一致的编码标准、交换标准要涵盖食品种类编码、原辅料编码、相关食品企业和其他编码。交换标准在一致的编码标准上建立。建立编码标准需先按照国家标准编制和实施。交换标准是推行编码标准的有效的方式。相关地区、食品企业按照一致的交换标准进行信息交换，不仅实现了一致的编码标准，也减少了食品企业的成本。

2）食品企业数据库

食品企业包括食品生产企业、食品批发企业及食品销售企业。这里的食品生产企业涵盖了种植、养殖企业和食品生产、加工企业。在该数据库中包括各种食品企业的名称、成立时间、地点、注册资金、生产能力、获得的认证等级、法人代表、生产食品的品种、批准文号、国家批准的食品配料等。通过这个数据库可以为食品安全监管部门的监督检查提供依据和便利，也能使政府部门从宏观上制定有关的制度或政策，规范食品行业发展趋势。另外，这个数据库对食品企业而言，要进一步规范自己的行为，从而使非法及不道德的行为发生率在很大程度上减少。

3）食品数据库

食品数据库应该尽可能包括监测范围内的食品的详细信息（食品的名称、商标、批准文号、批准的原辅料等），配上有关图文，并与食品企业数据库相连，以保证能查询每种食品的各个厂家的信息。食品监管部门依据食品数据库和食品生产企业数据库可以了解市场上存在的所有食品的全面状况，简单快速获得信息，从而为食品监管提供决策依据，并把相关信息实时更新给数据库。食品数据库和食品企业数据库的结合使用为消费者选取食品提供了较好的选择依据。消费者通过这个系统能够明白所买或要买食品的真实状况，不会被夸大其词的宣传所欺骗。

食品数据库中还应包括供应链上各环节食品的各项监测指标的监测数据，如在农产品种养过程中收集到的各种污染源监测数据和疫情监测数据，在食品生产加工及流通过程中收集到的食品生产和加工过程中的监测信息，商品销售环节食品的抽检和召回数据，消费环节收集到的食物中毒数据等。监测信息的收集依靠食品安全监测网络的建设，监测网络上各个监测中心负责传送供应链各环节的监测信息，并由数据库维护人员进行维护。

4）食品交易流通数据库

食品交易流通数据库主要是为每种食品的每个生产批次指定一个唯一的条码，标示出身份（如生产厂家、生产日期、生产批次、名称、质量信息等），食品从生产到消费过程的每一次交易，包括种植、养殖企业与食品生产企业，食品生产企业与食品批发企业，食品批发企业与食品零售企业，食品零售企业和最终消费者之间的交易都要在系统中形成交易记录。这样一来，监管部门就可以真正了解每一个批号的食品的详细流通过程，可以据此数据库迅速有效地进行食品预警及相关责任认定等处理工作。而食品企业，必然会规范自己的生产过程和交易行为。

2. 预警指标体系数据库

由于不同食品的成分与所受影响因素不同，指标体系中的预警指标的选择也会多种多样，因此将不同的指标体系形成文件存入数据库，可以减少重复工作，提高系统进行预警分析的效率。

3. 预警模型库

该数据库中存储各种预警模型，以根据实际情况在进行预警分析时调用相应的预警模型。

4. 专家预警数据库

存储食品安全领域专家的知识，与定量预警模型综合进行食品安全警情的分析，增强预警结果的科学性。

5. 标准信息数据库

标准信息数据库主要收集、储存与食品安全相关的法律法规、政策等信息，它的主要特点是信息的标准化、通用性和国际化。标准化是指数据具有权威性和规范意义，如食品安全相关政策、法律法规等，必须是具有代表性的职责部门或机构公开发布的，是指定适用范围所有人员共同遵守或采用的信息。通用性是指信息具有被其他系统应用的价值，如分析的方法、一些通用的计算公式等。国际化实际上是相对而言的，主要指信息模块中的一些产品标准、生产规范等的制定，要结合中国国情和预警特性，借鉴和参考有关的国际标准的要求和制定的思想、理念，使信息模块中的标准类信息具有较高的国际化程度。标准信息数据库中涉及食品安全技术标准和技术法规的数据应当与国际通用的数据相一致，这不仅有利于和国际接轨，还有利于和其他国际组织及国家（地区）进行对比，方便信息的共享和交流。

5.4.2 食品安全风险监测子系统

食品安全风险监测子系统由各监测中心和监测网络组成，它的功能是利用各种监测手段和设备收集、储存、更新和补充预警系统所需要的所有数据和信息。监测系统的输入端是监测、统计等得到的有关预警的数据和信息；监测系统的输出端是可供提取的有效的数据和信息。由于食品本身的多样性、复杂性，数据的采集和预处理工作量巨大，开发和维护都非常困难，风险监测子系统的质量直接关系着整个监测与预警系统实施的成败，包括实时监测网络建设。实时监测网络负责持续采集食品供应链上的食品安全数据，保障食品安全数据库的补充和实时更新。食品安全数据库中的数据主要涉及食物的污染、是否有毒、是否使用非食品原料、添加剂是否违规超标、标签是否规范等方面，从而便于预警分析子系统对食品安全状况进行有效及时的数据分析，充分支撑食品安全监测与预警体系的信息产出和加工需求。

1. 食品安全风险监测网络

食品安全风险监测网络的层次结构可分为国家级、省级、市级、县级监测中心，各监测中心再根据具体情况设置子监测中心或监测点。各监测点负责收集监测区域内各个食品供应链上的食品安全信息。监测网络实现各监测站点的互联互通和数据的传递，各级检测数据集中存储于监测与预警中心节点食品数据库。

2. 食品安全风险监测网络职能机构

省级食品安全监测中心、市级食品安全监测中心、县级食品安全监测中心在食品药品监督管理部门的食品安全综合监测下，可以收集汇总包括农业主管部门管理的初级农产品环节食品安全监测点、质量技术监督部门管理的食品生产加工环节食品安全监测点、工商主管部门管理的食品流通环节食品安全监测点，以及卫生主管部门所管理的消费环节的食品安全监测点所收集和监测到的食品供应链安全信息。食品安全风险监测网络职能机构的层级结构如图 5-3 所示。

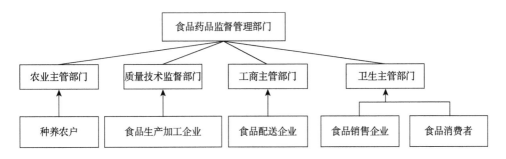

图 5-3　食品安全风险监测网络职能机构

如图 5-3 所示，该层级结构中，各职能部门分别对食品供应链的各个环节进行风险监测信息的采集与处理，具体职责如下。

（1）农业主管部门：负责收集初级农产品的相关信息，包括对水果蔬菜的农药残留进行定期或不定期的抽样检查，按照不同品种建立果蔬农药残留监测网络体系；对农资市场的贮藏、运输和加工等各个环节进行动态检测；对土壤肥力进行调查和监测；对无公害农产品产地进行管理；维护初级农产品安全监测信息。

（2）质量技术监督部门：负责收集食品生产加工环节的相关信息。实行食品生产企业巡查、回访、年审、监督抽查相结合的监管制度；对新种类食品、食品添加剂和食品包装材料等进行重点检查；对重点食品实行市场准入制和严格的食品安全检测；维护食品生产加工过程中的食品安全监测信息。

（3）工商主管部门：负责收集食品流通环节的相关信息，包括收集农副产品批发市场、食品流通企业的相关信息。并由有关的中间机构、政府部门（工商局）对包括零售市场和农产品批发市场等流通区域进行调研和抽查；维护食品流通市场的监测信息。

（4）卫生主管部门：负责收集餐饮消费和食堂消费场所的食品安全信息，如学校食堂、机关食堂的食物性中毒事件的有关信息；按期抽查餐饮消费行业的食品及环境的卫生状态；维护消费场所的监测信息。

（5）食品药品监督管理部门：负责收集来自农业主管部门、质量技术监督部门、工商主管部门、卫生主管部门等相关机构的食品安全资讯并汇总上报，维护食品安全信息网络和重点企业的食品安全信息监测网络总平台。

3. 食品安全风险监测手段

食品安全问题非常复杂，它涉及从农田到餐桌的整个过程，是一个涉及多个领域、多个环节的动态问题，影响因素很多。由于食品中污染物繁多复杂，若对每项物质逐个检测，要耗费大量的人、财、物资源，是不经济的。然而，因为顾虑到节约经费问题而采取少检或漏检食品安全项目，会导致食品安全风险的增加。为防止因不必要项目带来的资源损耗而又能确保食品安全，按照一定的方法如 HACCP，对食品安全的关键监测项目进行选取。HACCP 对食品安全控制的价值体现在它强调对食品的供应链各个环节，包括原材料供应、生产、加工、流通和销售等进行危害分析，确定危害根源和关键控制项目，以合理的手段实施检测和控制，达到对从农田到餐桌食品供应链的全过程进行食品安全危害防御，减少了食品安全风险，为消费者的健康提供了保证。利用 HACCP 或其他方法重点选择出的食品安全关键监测物主要是国家标准限量类危害物中对生命危害严重的物质，包括重金属、农药及兽药残留、食品添加剂、生物毒素等。各类项目的最高残留限量值是激发预警系统、对危害物给予预警的主要依据。

5.4.3　食品安全预警分析子系统

预警分析子系统是整个系统的关键与核心部分，它利用食品安全数据库系统中的监测数据通过一定的预警分析，为预警反应系统提供判断和决策依据，在整个预警体系中起着承前启后的作用。

食品安全预警分析系统的主体有模型预警、专家预警。模型预警是利用统计数据和已知的条件，结合现在的预警模型实施数学运算，获得预警分析数据或结论。而不能结合模型预警的情形，则可运用专家预警方法，运用相关领域的专家的现实经验、相关领域的知识积累，以及现有的理论和实际研究，实施警情判断、评价和趋势估计。模型预警和专家预警互相弥补，运用模型预警能够降低专家人员的工作难度，也能够使用专家预警处理靠模型预警无法处理的事件，拓宽食品安全预警的广度，很大程度上确保了食品安全预警的水平。因为食品安全问题牵涉到的范围较广，用到的领域知识繁杂，因此，要拥有一个牢靠、有完善的实践经历、广泛涉猎各个专业领域的高级食品安全预警的专家组，并制定专家的任务及预警评价流程。

1. 常用预警分析方法

1）单指标警限预警方法

单指标警限预警是最基本也是最简单的预警方法。某些问题并不需要对多个指标进行综合分析，如猪肉中的瘦肉精的含量，这些单一指标均有标准值对其进行限制，监测数值与标准值之间的偏差可作为进行单指标预警的依据，根据单个指标数值大小变动来发出不同程度的预警。可以根据相关技术标准建立该指标的量化的警限范围，如设某类食品的指标 C 量化的安全范围为（C_a，C_b），一般危险区域为（C_a，C_c）和（C_b，C_d），高度危险区域为（C_c，C_e）和（C_d，C_f），指标数值在相应区域内即触发相应等级预警。单指标警限预警如图 5-4 所示。

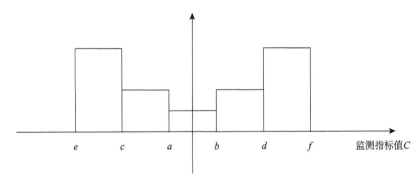

图 5-4　单指标警限预警

2）移动平均线方法

移动平均线方法就是分析食品安全监测点或监测地区中食品检测出危害物超标的不合格产品的数量分布情况，利用 5 日均线、30 日均线、60 日均线进行预警判断，如出现以下情形要重点关注：短期的移动平均线从下降变化为上升时，如果超越中长期平均线表示食品安全风险迅速加大，上升到预警阈值时须立刻进行预警；当短期、中长期的移动平均线由上到下布列时，短期的食品安全风险较大；如果均线总是黏合情形，短期移动平均线骤然发散向上，则说明食品安全的风险骤然加大，当给予重视。

图 5-5 用单根短期移动平均线反映了监测数据指标随时间变化的趋势。

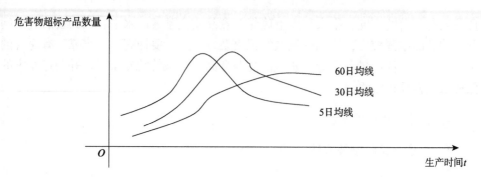

图 5-5　移动平均线预警

3）基于控制图的食品安全预警分析方法

控制图又叫管制图，是对过程质量特性进行测定、记录、评估，从而监察过程是否处于控制状态的一种用统计方法设计的图。图上有中心线、上控制线和下控制线，并有按时间顺序抽取的样本统计量数值的描点序列。中心线、上控制线、下控制线统称为控制线。中心线是所控制的统计量的平均值，上下控制线与中心线相距数倍标准差。多数的制造业应用三倍标准差控制界限，如果有充分的证据也可以使用其他控制界限。若控制图中的描点落在上控制线和下控制线之外，或描点在上控制线和下控制线之间的排列不随机，则表明过程异常。

控制图是进行工序控制的主要统计手段，广泛应用于生产流程中的质量状况的动态控制，随着国内对食品安全风险监测与预警方法的研究，相关学者发现，控制图基于历史数据进行分析并能进行"动态预测"的特性，正是食品风险监测与预警所需要的。所有的食品都是经过一定生产工艺和流程后所生产出来的产品，其中危害物的含量便是其中的一个重要的质量指标，而实验室获得的危害物检测数据则是该指标的直接反映。当受到环境污染、工艺流程的变化、原材料变化及其他异常因素干扰时，危害物的含量会发生变化并直接体现在所检测到的数据的波动上。这些检测数据通过控制图处理便可显示随时间变化的危害物波动情况，并有助于分析和判断是偶然性的原因还是系统性原因所造成的波动，并对系统性原因造成的异常波动发出预警，从而起到事先预防的作用。在此基础上，相关学者将食品安全理论知识融合到控制图中，为食品安全预警提供了一种新的方法。

4）人工神经网络

人工神经网络包括很多类型，其中 BP 网络是人工神经网络的重要也是最常用的模型之一。BP 网络由一个输入层、多个隐含层（隐层）及一个输出层构成，其中输入为向量 $\boldsymbol{X} = \left(x_1, x_2, \cdots, x_i, \cdots, x_n\right)^{\mathrm{T}}$，隐含层输出为向量 $\boldsymbol{Y} = \left(y_1, y_2, \cdots, y_j, \cdots, y_m\right)^{\mathrm{T}}$，输出层为向量 $\boldsymbol{O} = \left(o_1, o_2, \cdots, o_k, \cdots, o_l\right)^{\mathrm{T}}$；输入层、隐含

层、输出层个数分别为 i、j、k。BP 网络的特征为，每层有一个或多个神经元，相邻两层的神经元之间能够靠可调权值实现连接，各层内的神经元之间没有联系，各层神经元之间没有反馈渠道，网络的输入和输出呈现高度的非线性映射关系。通过调整神经网络中的连接权值、阈值及隐层节点数，可以实现非线性分类等问题，并可以以任意精度逼近任何非线性函数。

本书以猪肉供应链中的生鲜猪肉的品质评价为例进行食品的单因素趋势预测和预警。

挥发性盐基氮（TVB-N）是指猪肉水浸液在碱性条件下能与水蒸气一起蒸馏出来的总氮量，也就是在这种条件下能形成氨的含氮物的总称。猪肉蛋白质分解后，所产生的碱性含氮物质有氨、伯胺、仲胺及叔胺等，都具有挥发性。挥发性盐基氮在猪肉的变质过程中，能有规律地反映出猪肉新鲜度的变化。新鲜肉、次鲜肉和变质肉之间差异非常显著，且与感官检测一致，因此挥发性盐基氮的含量是评定猪肉新鲜度变化的重要的客观指标。

在某科研实验室采集了 18 组猪肉挥发性盐基氮（TVB-N）值作为训练数据，如表 5-2 所示。

表 5-2　TVB-N 训练数据

时间/天	TVB-N/（毫克/100 克）	时间/天	TVB-N/（毫克/100 克）
1	9.63	10	17.45
2	10.97	11	17.65
3	11.97	12	18.01
4	13.61	13	19.54
5	14.02	14	19.75
6	14.53	15	20.03
7	15.62	16	20.84
8	15.84	17	22.17
9	17.24	18	22.97

按照上述 BP 网络的基本原理及从实验室采集到的数据资料，对 18 个样本进行 BP 网络训练，该 BP 网络结构为输入层 3 个节点，输出层 1 个节点，隐含层 9 个节点。整个 BP 算法是学习率取 0.1，输入层到隐含层选择 Logsig 函数，隐含层到输出层选择 Purelin 函数，选择 Traincgb 作为训练函数。将样本数据输入 BP 网络，对其进行学习训练，迭代计算，直到输出的误差足够小。将上面的 18 个训练样本代入该模型进行学习与训练，训练后的数据误差达到预测要求后，结果见图 5-6。

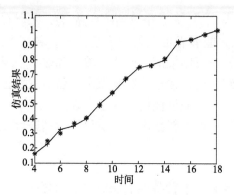

图 5-6　TVB-N 的预测值与实测值的拟合曲线

"+"代表实测值，"*"代表预测值

由图 5-6 可以看出，应用神经网络模型预测数据与实测数据的对比来看，预测值与实测值的拟合效果好，绝对误差在 -0.015 ~ 0.02，误差较小，故 BP 神经网络模型可用。

利用训练好的网络预测第 19 个样本和第 20 个样本，进行仿真预测，同时进行跟踪监测，结果如表 5-3 所示。

表 5-3　BP 神经网络预测值与实测值数据

时间/天	TVB-N 预测值/（毫克/100 克）	TVB-N 实测值/（毫克/100 克）	相对误差
19	24.40	24.62	0.89%
20	25.02	25.13	0.91%

从表 5-3 中可以看出，预测值与实测值的平均相对误差为 0.90%，小于 1%，这一结果说明模型有效，并且挥发性 TVB-N 值随着贮藏时间的增加而逐渐增加，这与猪肉的贮藏品质变化规律基本一致，因此该模型可用来预测猪肉中的 TVB-N 值的变化情况，以在一定程度上反映猪肉的新鲜度，从而在猪肉变质前采取预防措施防止其变质腐烂。

2. 其他预警方法

其他预警方法有回归方法、支持向量机方法、可拓物元模型等。

（1）回归方法：有线性回归和非线性回归，食品安全趋势预警一般选用简单的线性回归，即因变量 y 与其他的影响因素 $(X_1, X_2, \cdots, X_k)$ 之间存在线性关系。多元线性回归方程通常表示成 $Y = b_0 + b_1 X_1 + \cdots + b_k X_k$，$b$ 为回归系数，利用最小二乘法可知，它表示在假设其他自变量固定时某一个自变量的变化所导致的因变量变化的比率。为了使多元回归拟合线性规律达到所要求的精确度，须结合统计检验的方法对回归方程进行检验，一般涉及相关性 R 检验、回归参数总体显著性 F 检验、回归系数 T 检验。

（2）支持向量机方法：是根据有限的样本信息在模型的复杂性（即对特定训练样本的学习精度）和学习能力（即无错误地识别任意样本的能力）之间寻求最佳折中，以期获得最好的推广能力。其分类算法的基本思想是找到一个最优分类超平面，使两类样本的分类间隔最大化，其假定为超平面间的距离或差距越大，分类器的总误差越小。支持向量机的模型来自样本本身。实验者可以自由地将数据分类，将训练集的属性值和标签作为已知量，选取不同的核函数和归一化方式，训练出匹配的模型。与此同时，加入交叉验证，可以使数据得到最充分的运用，在最优参数下得到的模型为最终用于分类的模型。这个模型基本涵盖了训练集的所有信息，可以说是较为完善的、体系的模型。最后以这个模型来对测试集进行分类，可得到很高的分类准确率。并且支持向量机是一种基于统计学习理论的新的学习方法，具有很好的泛化能力，能够较好地解决小样本、非线性、高维数等实际问题，适用于解决食品安全样本数据较少时的预警问题。

（3）可拓物元模型：建立了以物元、事元和关系元为基本元的形式化描述体系，构成了描述千变万化的大千世界的基本元，统称为基元。它可以简洁地表示客观世界中的物、事和关系，帮助人们按照一定的程序推导出解决问题的策略。本书将在 5.5 节详细介绍可拓学的物元模型，并探讨将该模型应用于食品安全监测与预警体系的方法。

5.4.4　食品安全预警反应子系统

预警反应子系统的主要功能是按预警分析子系统中得出的结果进行预警应对。根据警情的不同，应对系统将给出预测、预报、警示和调控手段。预警反应子系统的输入端是预警分析子系统，输出端是预警控制指令。预警反应子系统主要包括预警指挥系统和信息发布系统。

通常情况下，预警分析的结果有两种情况，一是食品安全状态正常，没有警情；二是食品安全状态出现危机，有警情，需要实施相应的处理措施。在没有警情时，应急响应系统只要按正常运转程序运行即可；在出现警情时，则要根据警情的严重程度启动对应的应急预案机制，并实现对应的预警信息发布机制。预警反应子系统在获取预警分析子系统的预警结果后，首先要实施警情判断，判别潜在的食品安全事故的等级，然后进行分级响应。本书将食品安全预警等级划分为无警、轻警、中警、重警和巨警五个等级，因此，在启动应急预案的过程中，也要按照警情的严重程度分别采取不同的措施，并分别采取 I 级应急响应、II 级应急响应、Ⅲ级应急响应、Ⅳ级应急响应、Ⅴ级应急响应，根据警情级别的需要发布不同的预警信息。

1. 预警指挥系统

预警指挥系统是一套实现政府协调指挥各相关部门，处理某一区域的食品供应链上的食品安全特殊、突发、紧急事件和向公众提供社会紧急救助服务的联合行动系统。其囊括整个食品供应链上的应急联动系统，将实现不同地区、不同部门、不同警区之间的统筹应对，联合行动。预警指挥系统，从实际应用和布局上讲，就是依靠通信系统与信息系统集成的平台，一致协调各机构部门，为广大用户提供高效、及时的多渠道救助和应急的服务系统。各部门之间通过通报制度，传递警情和预警指挥措施，具体有从下往上和从上往下两种通报方式。

从下往上：各级分管机构（农业、质监、工商、卫生）将食品供应链上的食品安全预警信息向本级食品药品监督管理局的通报和向上级相应各分管机构（农业、质监、工商、卫生）的通报。

从上往下：食品药品监督管理局将收到的预警信息向本级各分管机构（农业、质监、工商、卫生）的通报和向下一级食品药品监督管理局的通报。

农业、质监、工商、卫生等部门对于所管辖区域的食品安全监测与预警系统中警情较轻的食品安全问题，按实际情况可以独自处理，并可以把预警信息报送所辖区域的上级部门和本级的食品药品监督管理局。这些分管部门对于所管辖区域的食品安全监测与预警系统中警情较为严重的预警，则要实施快速反应机制，在将预警信息报送本级的上级部门和本级的食品药品监督管理局后，按照本环节的上级部门和本级食品药品监督管理局的要求进行统一安排。快速反应机制主要是对重大、突发安全事件的紧急应对处理，是预警反应系统的一种特殊形式。快速反应机制的实质就是应急防控预案，是危机处理的计划与方法。快速反应机制可以更好地应对突发、紧急事件，对预警反应系统的职能发挥着重要的补充功能。

食品药品监督管理局是食品安全的统筹指挥、统一协调部门，负责处理食品安全预警机制的整体协调和统一指挥。各县市相关机构把发现的有疏漏、有重大安全问题的食品和重大食品安全事故的信息上传到食品药品监督管理局的可读数据库。食品药品监督管理局通过信息平台接收上传的食品安全资讯，并按照一定标准进行汇总分析，决策信息是否要继续传播。食品药品监督管理局制定预警通报等级的代码，并将食品安全信息上传到食品安全信息检测总平台。各分管机构或部门能够通过该平台获取上传的食品安全电子信息。对于重大的食品安全事故，须快速通报给上级食品药品监督管理局，在上级食品药品监督管理局做出相应的预警分析决策后，将信息通过信息平台通报给各个分管机构。各个分管机构再通报给供应链各环节的企业，以使各企业做出及时的应对措施，减少或避免食品安全事件带来的损失和危害。

　　然而食品供应链的食品生产者和管理者职责清楚，监管机构之间条块合理、协调及时，预警反应系统才能遇警而动，反应及时。如果监管环节出现漏洞，反应系统必将失灵。所以有效的监管是预警反应系统实施的有力保障。

　　2. 信息发布系统

　　预警信息的发布对实现食品安全监测与预警来说是一项非常重要的功能。预警信息产生后，就需要确定预警信号的发布主体、预警信息的发布渠道及制定预警信息的发布办法的主体。并且预警信息的发布，需要有一套完善的预警信息发布制度。预警信息发布制度的建设，使信息通过权威机构发布，在规定的传媒和渠道公示，实现信息的合理规范传播。预警信息的发布不仅有利于指导和帮助消费者及时获取有价值的食品安全信息，也为食品供应链各环节的生产企业和食品安全监管部门提供了有益的市场信息。然而，对于食品安全信息发布的地域性、时效性、权威性，仍有许多新的问题需要解决。我国正在逐渐理顺各级机构关于食品安全信息发布的制度，如对国家市场监督管理总局等都明确规定各自关于食品质量安全信息发布的权利和责任，使有关的食品安全信息公布越来越及时。

5.5　猪肉供应链食品安全风险监测与预警应用

　　食品供应链安全风险监测与预警体系的构建以食品供应链安全预警指标体系和监测与预警系统为主要内容和平台，需要食品安全监管部门、食品安全法律法规体系和食品安全相关监测与预警关键技术的支撑。然而，预警体系的实际运用要与具体的食品供应链预警行业、预警范围和预警时间紧密联系，才能达到较好的预警效果。本节以天津市的猪肉供应链为应用案例，对该区域的猪肉供应链进行食品安全风险监测与预警的应用研究。由于食品的种类繁多，各种不同的食品影响其安全的因素也有所不同，因此，建立起一套适用于各行业的食品安全指标预警体系是不可能的，也是不现实的。本节主要是以猪肉供应链为例，结合 5.2.3 小节中食品供应链安全预警指标体系，构建猪肉供应链的安全预警指标体系，并利用可拓物元模型对该供应链进行食品安全预警，评价该区域的猪肉供应链的食品安全水平[269]。

　　天津市的屠宰及肉制品加工行业是天津市食品行业中较为传统和规模较大的行业。然而，天津市猪肉供应链的各环节质量安全问题也存在部分隐患：在生猪饲养环节，饲养户尤其是散养户在饲养过程中的饲料使用、疫病防疫、生猪出栏后的检疫情况的科学性和标准化程度较低，不能从源头上保证猪肉的质量安全；

在猪肉屠宰加工环节，企业的卫生状况较差，且加工过程中的添加成分的标准或限量没得到严格的执行，企业存在侥幸和获取利益的心理；在猪肉销售环节，猪肉销售渠道的不可控使得流通在农贸市场上的猪肉质量管理不规范，且卫生条件不达标，另外在猪肉运输储藏过程中的相关质保措施也不够到位。基于此，本节以天津市猪肉供应链为例对天津市食品供应链安全状况进行预警分析。

5.5.1 预警指标体系的构建

经过对天津市猪肉供应链的食品安全状况进行实地调研和数据采集，并结合猪肉食品安全研究专家的评估信息，构建猪肉供应链安全预警指标体系，如表 5-4 所示。

表 5-4   天津市猪肉供应链安全预警指标体系

指数层		指标层	说明
天津市猪肉供应链安全总警度	猪场环境	水质环境指标（污染物指数）	定量描述
		空气环境指标（氨气浓度）	定量描述
		饲养环境指标（饲养密度）	定量描述
	生猪养殖	种猪成活率	定量描述
		饲料标准	定量描述
		兽药使用标准	定量描述
		疫病发生率	定性描述，主观赋值
	猪肉加工	原材料投入合格率	定量描述
		加工设备合格率	定量描述
		加工工艺合格率	定性描述，主观赋值
	包装储运技术	包装技术水平	定性描述，主观赋值
		贮藏技术水平	定性描述，主观赋值
		运输技术水平	定性描述，主观赋值
	猪肉销售	新鲜品感官识别程度	定性描述，主观赋值
		食品理化指标达标率	定量描述
		食品标识清晰度	定性描述，主观赋值
	食品安全监管与监测	检测机构建设水平	定性描述，主观赋值，包括检测机构数量、设施设备、认证情况、人员情况等
		市场监管水平	定性描述，主观赋值，包括区域市场准入、制度建设情况等
		农村劳动力文化水平（专科以上比例）	定量描述
		信息共享程度	定性描述，主观赋值
		供应链结构有效度	定量描述
		猪肉质量合格率	定量描述
		猪肉中毒人数	定量描述

1. 猪场环境预警指标

（1）水质环境指标：反映猪场中供猪饮用的水中所含污染物如大肠杆菌的水平的指标。一般利用相关的检测设备获得。

（2）空气环境指标：反映猪场或猪舍中的氨气浓度及大气细菌数的指标。其中氨气浓度尤其对猪的生长有着重要的影响。猪舍中的氨气大多来源于粪便的分解，氨易溶于水，在猪舍中氨经常被溶解或寄存于潮湿的地面、墙壁及猪黏膜上。氨能刺激黏膜，导致黏膜充血、喉头水肿、支气管炎，甚至导致肺水肿、肺出血；氨还可导致中枢神经系统麻痹、中毒性肝病等。在低浓度氨的长期作用下，猪体质变弱，对某些疾病敏感，采食量、日增重、生殖能力都会下降。若氨浓度较高，则会导致猪出现明显的病理反应和症状。

（3）饲养环境指标：饲养环境指标主要指饲养密度，饲养密度是猪舍内猪的饲养疏密度，以每头猪所占区域面积的大小衡量。饲养密度很大程度上影响猪舍内的空气卫生情况，饲养密度越大，猪散发出来的热量越多，导致猪舍气温偏高，湿度大，灰尘、微生物及有害气体增加。为了防寒暑，可采取冬天适当提高饲养密度，夏天降低密度的方法。饲养密度对猪的生长速度有较大影响，密度过大，猪过于拥挤，不能安睡，相互间的争斗增加，严重影响增重；密度过小，猪舍利用率降低，影响养猪的经济效益，但对猪的质量没有负面影响。

2. 生猪养殖预警指标

（1）种猪成活率：尽量选用优良品种进行养殖。优良品种有助于猪肉的增产，选用抗病能力强、优质的种猪是增产、优质的前提，也是减少兽药使用、降低兽药残留的有效途径。使用动物生长调节剂处理种猪，能够改善猪肉质量、增加产量。但是这样的操作应该在国家相关部门规定的相应的标准条件下进行。本书以种猪成活率给出种猪标准的阈值。

（2）饲料标准：猪饲料以植物饲料如谷物饲料、青绿饲料等为主，配合使用矿物质饲料和饲料添加剂，本书中指的饲料标准主要指的是矿物质饲料的标准。各种饲料的使用应符合国家标准，切忌滥用，以防影响猪的生长质量，进而影响猪肉的质量。

（3）兽药使用标准：兽药的使用量在很大程度上影响猪肉的质量安全。兽药虽然不能直接影响猪的质量安全，但是可以通过生长作用到猪的机体，从而导致猪肉质量安全事件的发生。

（4）疫病发生率：猪的疫病的发生直接威胁到猪肉的质量安全。猪发病越严重，猪肉质量就越不安全。

3. 猪肉加工预警指标

（1）原材料投入合格率：这里的原材料包括为保证猪肉的口感而添加的基本原料，如盐，还包括为保鲜等其他目的使用的添加剂等，原材料的使用要严格按照一定的标准投入，为猪肉质量安全提供重要保障。原材料的质量安全直接反映猪肉的质量安全。原材料抽检合格率=（抽检合格批次/抽检批次总数）×100%。全面、系统的原材料抽检合格率数据较难取得，因此该指标还应综合其他指标如猪肉的抽检合格率等进行判断。

（2）加工设备合格率：基于供应链的猪肉质量安全对食品加工设备的标准要求极高，不同环节的食品加工设备亦有不同的标准。这些加工设备的合格率决定了最终生产的猪肉的质量安全。加工设备合格率也可以根据抽检合格率来确定。

（3）加工工艺合格率：产品的加工工艺是猪肉供应链上的食品企业的核心竞争力。这个标准十分重要，不同的猪肉食品有不同的工艺标准。各工艺应在保证猪肉安全基础上进行改进、优化。

4. 包装储运技术指标

（1）包装技术水平：猪肉食品的包装作为猪肉食品的外在构成部分，其特点一是不可食用；二是对食品的保护；三是对食品产生一定的影响。例如，由于超过保质期的罐头食品的包装材质会产生不良的金属味，从而影响食用，故为保持猪肉食品最佳的理化性能，所设置的包装应防潮、防氧化等。在卫生方面，避免一切有害物质对食品的内在质量造成不良反应。

（2）贮藏技术水平：贮藏技术包括将引起劣变的微生物或酵素完全杀死或使其失去活性如高温加热、利用放射线、适用杀菌剂等，抑制引起劣变微生物或酵素的活性如低温冷藏、冷冻、干燥、脱水，使用防腐剂等，或者用一定容器隔离食品与引起劣变的因素（如微生物、空气），如真空包装、密封保存等。

（3）运输技术水平：反映猪肉食品在运输过程中不改变食品的质量和样态的运输技术水平的指标。猪肉食品质量在运输过程中易于受到外界环境的影响，如气候、温度等的变化等，因此运输水平对猪肉食品质量有着一定影响。

5. 猪肉销售预警指标

（1）新鲜品感官识别程度：该指标反映依据猪肉食品的色泽、气味、浓度、黏度等，通过感官来鉴别食品的质量水平。

（2）食品理化指标达标率：就是以检测猪肉食品中含有的污染物、致病菌和残留物的达标程度，来反映食品的污染物状况和食品安全状况，使消费者吃上放心的食品。检测出的污染物、致病菌和残留物越少越好。

（3）食品标识清晰度：食品标识是粘贴、印刷在食品或者包装上来表示食品名称、质量等级、商品用量或者使用方法、生产者或者销售者等相关信息文字、符号、数字、图案及其他说明的总称。食品标识越清晰，消费者越清楚明白，也就越能了解该食品的警情，根据标识的清晰程度和借鉴专家的建议可以确定其食品的安全程度。

6. 食品安全监管与监测预警指标

（1）检测机构建设水平：该指标主要反映天津市食品安全检测机构的数量、仪器设备情况、采用的检测技术和标准、实验室认证、检测人员素质等情况，这些方面都直接反映着食品质量的安全水平。

（2）市场监管水平：市场监管水平的高低影响到猪肉食品生产加工等企业遵守食品安全规范的程度，进而影响到猪肉食品的质量水平。

（3）农村劳动力文化水平：反映天津市的整体劳动力文化水平的指标，以专科以上学历的人口占天津市总人口的比例来衡量。农村劳动力文化水平越高，食品安全的意识就越强，从而对食品供应链源头的食品安全质量的管理与监督就越重视。

（4）信息共享程度：反映猪肉供应链节点企业间信息的充分共享程度的指标。可以从供应链上企业的运营决策信息、生产运作信息及供应链企业的合作绩效信息（指供应链中成员用来衡量是否达到合作目的的信息）等方面来反映食品供应链的信息共享程度，猪肉供应链节点企业间的信息共享程度对减缓猪肉供应链的牛鞭效应、提高猪肉供应链运作效率有着重要的影响。

（5）供应链结构有效度：反映整个猪肉供应链各节点及前后各环节之间的有效程度的指标，一个有效度极高的供应链的相关主体之间配合默契，能够实现信息共享，从而降低整个供应链的食品安全风险。

（6）猪肉质量合格率：猪肉质量合格率 =（抽检的猪肉产品合格数/检测数）×100%。

（7）猪肉中毒人数：反映天津市在指定的预警时间范围内食用猪肉的平均中毒人数的指标。中毒人数越多，猪肉的安全水平越低。

5.5.2　预警指标的警限及阈值设置

Likert 五点尺度量表方法是现代调查研究中普遍运用的测量度量表，该方法是一种比较简单的评估方法，用来作为评估受测反应的依据。根据此方法，将上述食品安全总警度和预警指标的警限划分为五类，按警情轻重从低到高依次为无警警限、轻警警限、中警警限、重警警限、巨警警限。在确定猪肉供应链安全预警指标体系和划分等级的基础上，参考国家环境相关标准，如《地表水环境质量标准》（GB 3838—2002）、《公共场所卫生标准》（GB 9663—9673—1996）、家畜环境相关规定及天津市当地的具体情况，确定各预警指标对应的各风险级别的阈值（取值范围），如表 5-5 所示。

表 5-5 预警指标警限及阈值

	指标	无警警限	轻警警限	中警警限	重警警限	巨警警限	节域
猪场环境	水质环境指标（污染物指数）	[0, 0.5)	[0.5, 0.7)	[0.7, 0.8)	[0.8, 0.9)	[0.9, 1]	[0, 1]
	空气环境指标[氨气浓度/（毫克/米³）]	[0, 20)	[20, 30)	[30, 50)	[50, 100)	[100, 150]	[0, 150]
	饲养环境指标[饲养密度/（米³/头）]	[1, 3]	[0.67, 1)	[0.55, 0.67)	[0.45, 0.55)	[0.3, 0.45)	[0.3, 3]
生猪养殖	种猪成活率	[98%, 100%]	[90%, 98%)	[80%, 90%)	[70%, 80%)	[50%, 70%]	[50%, 100%]
	饲料标准/吨	[0, 3 500)	[3 500, 4 000)	[4 000, 4 500)	[4 500, 5 000)	[5 000, 6 000]	[0, 6 000]
	兽药使用标准/吨	[0, 100)	[100, 130)	[130, 160)	[160, 200)	[200, 300]	[0, 300]
	疫病发生率	[0, 5%)	[5%, 10%)	[10%, 30%)	[30%, 40%)	[40%, 100%]	[0, 100%]
猪肉加工	原材料投入合格率	[95%, 100%]	[90%, 95%)	[80%, 90%)	[70%, 80%)	[0, 70%)	[0, 100%]
	加工设备合格率	[95%, 100%]	[90%, 95%)	[80%, 90%)	[70%, 80%)	[0, 70%)	[0, 100%]
	加工工艺合格率	[80%, 100%]	[60%, 80%)	[40%, 60%)	[20%, 40%)	[0, 20%)	[0, 100%]
包装储运技术	包装技术水平	[80%, 100%]	[60%, 80%)	[40%, 60%)	[20%, 40%)	[0, 20%)	[0, 100%]
	贮藏技术水平	[80%, 100%]	[60%, 80%)	[40%, 60%)	[20%, 40%)	[0, 20%)	[0, 100%]
	运输技术水平	[80%, 100%]	[60%, 80%)	[40%, 60%)	[20%, 40%)	[0, 20%)	[0, 100%]
猪肉销售	新鲜品感官识别程度	[80%, 100%]	[60%, 80%)	[40%, 60%)	[20%, 40%)	[0, 20%)	[0, 100%]
	食品理化指标达标率	[0, 1%)	[1%, 5%)	[5%, 10%)	[10%, 20%)	[20%, 100%]	[0, 100%]
	食品标识清晰度	[95%, 100%]	[90%, 95%)	[80%, 90%)	[50%, 80%)	[0, 50%)	[0, 100%]
食品安全监管与监测	检测机构建设水平	[95%, 100%]	[90%, 95%)	[80%, 90%)	[50%, 80%)	[0, 50%)	[0, 100%]
	市场监管水平	[95%, 100%]	[90%, 95%)	[80%, 90%)	[50%, 80%)	[0, 50%)	[0, 100%]
	农村劳动力文化水平（专科以上比例）	[70%, 100%]	[52%, 70%)	[45%, 52%)	[18%, 45%)	[0, 18%)	[0, 100%]
	信息共享程度	[90%, 100%]	[85%, 90%)	[80%, 85%)	[50%, 80%)	[0, 50%)	[0, 100%]

续表

指标		无警警限	轻警警限	中警警限	重警警限	巨警警限	节域
食品安全监管与监测	供应链结构有效度	[85%, 100%]	[75%, 85%)	[70%, 75%)	[60%, 70%)	[0, 60%)	[0, 100%]
	猪肉质量合格率	[98%, 100%]	[94%, 98%)	[85%, 94%)	[70%, 85%)	[0, 70%)	[0, 100%]
	猪肉中毒人数/人	[0, 10)	[10, 30)	[30, 50)	[50, 70)	[70, 100]	[0, 100]

5.5.3 天津猪肉供应链食品安全预警

1. 可拓物元模型

可拓物元模型方法的基础理论有物元模型、可拓集合和关联函数。设事物名称为 N，它的关于特征 c 的量值为 V，三元有序组称为事物的基本元，简称物元，记为 $R=(N, c, v)$（N，c，v 为物元 R 的三要素）。可拓理论将逻辑值从模糊数学的[0, 1]闭区间拓展到（$-\infty$，$+\infty$）实数轴，提出表示事物性质变化的可拓集合概念。利用物元模型描述安全等级，并用可拓集合和关联函数确立预警标准和安全关联度，建立综合预警模型，以关联度大小判断预警对象发展变化趋势，实现动态安全预警。

1）待评价对象的经典域、节域和预警对象

设待评价对象的安全程度可分为 m 个标准模式或等级 $N_1, N_2, \cdots, N_m$，则第 j 个等级的物元模型如式（5-1）所示：

$$R_j = (N_j, C, V_j) = \begin{bmatrix} N_j & c_1 & V_{j1} \\ & c_2 & V_{j2} \\ & \vdots & \vdots \\ & c_n & V_{jn} \end{bmatrix} = \begin{bmatrix} N_j & c_1 & <v_{j_{\min}1}, v_{j_{\max}1}> \\ & c_2 & <v_{j_{\min}2}, v_{j_{\max}2}> \\ & \vdots & \vdots \\ & c_n & <v_{j_{\min}n}, v_{j_{\max}n}> \end{bmatrix} \quad (5\text{-}1)$$

其中，N_j 为第 j 个等级的物元；C 为物元的特征集；c_i 为等级 N_j 的第 i 个特征，$i = 1, 2, \cdots, n$；区间 $V_{ji} = <v_{j_{\min i}}, v_{j_{\max i}}>$，为 N_j 的特征 c_i 的量值范围，即各等级的相关特征的数据范围——经典域。用 R 表示所有等级的物元模型，$R \supset R_j$，则称 $V_i = <v_{j_{\min i}}, v_{j_{\max i}}>$ 为物元 N 关于 c_i 所取量值的节域，表示为式（5-2）所示：

$$R = (N_j, C, V_j) = \begin{bmatrix} N_j & c_1 & V_1 \\ & c_2 & V_2 \\ & \vdots & \vdots \\ & c_n & V_n \end{bmatrix} = \begin{bmatrix} N_j & c_1 & <v_{\min 1}, v_{\max 1}> \\ & c_2 & <v_{\min 2}, v_{\max 2}> \\ & \vdots & \vdots \\ & c_n & <v_{\min n}, v_{\max n}> \end{bmatrix} \quad (5\text{-}2)$$

若用 N_e 表示待评的对象物元，v_{ei} 表示 N_e 关于特征 c_i 的特征值，则待评的有关各特征的检测数据以物元模型 R_e 表示为式（5-3）所示：

$$R_e = (N_e, C, V_e) = \begin{bmatrix} N_e & c_1 & v_{e1} \\ & c_2 & v_{e2} \\ & \vdots & \vdots \\ & c_n & v_{en} \end{bmatrix} \qquad (5\text{-}3)$$

2）权重系数

假设各特征的权重系数为 w_i，i 为各评判指标的排号，则

$$\sum_{i=1}^{n} w_i = 1 \qquad (5\text{-}4)$$

预警指标权重系数是决定各指标重要性的系数，它可以通过专家打分法给出，也可以根据比例法、层次分析法等数学方法确定。由于造成食品供应链风险的原因比较复杂，各种因素相互影响，食品不安全的产生往往是几个因素综合作用的结果。在评估风险等级的时候，若指标量归入某个区域的数值大，则产生该类风险的概率就大，应给予较大的权重。根据上述原理，本书采用简单可拓关联函数来判别权重。令 $\theta_{ij}(v_{ei}, V_{ji})$ 表示 v_{ei} 与区间 V_{ji} 的可拓关联度，设 $v_{ei} \in v_i$，$i = 1, 2, \cdots, 5$，则

$$\theta_{ij}(v_{ei}, V_{ji}) = \begin{cases} \dfrac{v_{ei} - v_{j_{\min}i}}{v_{j_{\max}i} - v_{j_{\min}i}}, & v_{ei} \leqslant v_{j_{\min}i} \\[3mm] \dfrac{v_{j_{\max}i} - v_{ei}}{v_{j_{\max}i} - v_{j_{\min}i}}, & v_{ei} \geqslant v_{j_{\max}i} \end{cases} \qquad (5\text{-}5)$$

令 $\theta_{ij_{\max}} = \max_j \{\theta_{ij}(v_{ei}, V_{ji})\}$，如果指标 i 的数据归入的类别越高，该指标的权值也就越大。取

$$\theta_i = j_{\max}\left[1 + \theta_{ij_{\max}}(v_{ei}, V_{ji})\right] \qquad (5\text{-}6)$$

则指标 i 的权重为

$$w_i = \dfrac{\theta_i}{\sum\limits_{i=1}^{n} \theta_i} \qquad (5\text{-}7)$$

3）等级评定

在等级评定中可以结合可拓距离函数及关联度函数计算待评对象与各等级的关联度。计算过程如下：

步骤 1：对于等级物元 N 必须符合相关条件的特征 c_i，取 R_e 关于 c_i 的量值 v_i 作评价。

（1）若 $v_i \notin V_{ji}$，则认为 N 的特征 c_i 不符合必要条件，N 为不规范对象。

（2）若 $v_i \in V_{ji}$，则可以继续进行以下环节。

步骤 2：确定待评对象关于各等级的关联度，令

$$\rho\left(v_{ei}, V_{ji}\right) = \left| v_{ei} - \frac{v_{j_{\min}i} + v_{j_{\max}i}}{2} \right| - \frac{v_{j_{\max}i} - v_{j_{\min}i}}{2}$$

$$\rho\left(v_{ei}, V_{pi}\right) = \left| v_{ei} - \frac{v_{\min i} + v_{\max i}}{2} \right| - \frac{v_{\max i} - v_{\min i}}{2}$$

（5-8）

其中，$\rho\left(v_{ei}, V_{ji}\right)$ 表示 v_{ei} 到区间 V_{ji} 的可拓距离；$\rho\left(v_{ei}, V_{pi}\right)$ 表示 v_{ei} 到区间 V_{pi} 的可拓距离。$\rho\left(v_{ei}, V_{pi}\right) \geqslant 0$ 表示 v_{ei} 不在区间范围 V_{ji} 内；$\rho\left(v_{ei}, V_i\right) \leqslant 0$ 表示 v_{ei} 在区间范围 V_{ji} 内，不同的取值说明 v_{ei} 属于区间范围 V_{ji} 的不同程度。

待评对象第 i 个特征关于等级 j 的关联函数为

$$K_j\left(v_{ei}\right) = \begin{cases} \dfrac{-\rho\left(v_{ei}, V_{ji}\right)}{\left| V_{ji} \right|}, & \rho\left(v_{ei}, V_{ji}\right) = \rho\left(v_{ei}, V_i\right) \\[3mm] \dfrac{\rho\left(v_{ei}, V_{ji}\right)}{\rho\left(v_{ei}, V_i\right) - \rho\left(v_{ei}, V_{ji}\right)}, & \rho\left(v_{ei}, V_{ji}\right) \neq \rho\left(v_{ei}, V_i\right) \end{cases}$$

（5-9）

$K_j\left(v_{ei}\right)$ 越大，表示 v_{ei} 具有 V_{ji} 的属性越多，反之，则表示 v_{ei} 与 V_{ji} 越不相近。

步骤 3：利用权重系数计算待评对象 N 关于等级 j 的关联度：

$$K_j(N) = \sum_{i=1}^{n} w_i K_j\left(v_{ei}\right)$$

（5-10）

步骤 4：等级评定，若

$$K_{\overline{j}}(N) = \max_{j \in \{1,2,\cdots,m\}} K_j(N)$$

（5-11）

则评定 N 的等级为 $\overline{j}$。

2. 猪肉供应链预警应用研究

经过实地调查，向有关食品安全监测中心征集数据并进行整理和推算，得出 2011 年天津市猪肉供应链的各项指标的数据，如表 5-6 所示，利用上文介绍的可拓物元模型应用方法进行供应链上的综合预警。

表 5-6　天津市猪肉供应链预警指标值

指标	数值	指标	数值
水质环境指标（污染物指数）	0.56	空气环境指标[氨气浓度/（毫克/米³）]	28

续表

指标	数值	指标	数值
饲养环境指标[饲养密度/（米³/头）]	0.67	新鲜品感官识别程度	90.5%
种猪成活率	80%	食品理化指标达标率	0.85%
饲料标准/吨	4 150	食品标识清晰度	90%
兽药使用标准/吨	135	检测机构建设水平	75%
疫病发生率	20%	市场监管水平	76%
原材料投入合格率	95%	农村劳动力文化水平（专科以上比例）	20%
加工设备合格率	75%	信息共享程度	56%
加工工艺合格率	70%	供应链结构有效度	60%
包装技术水平	80%	猪肉质量合格率	90%
贮藏技术水平	73%	猪肉中毒人数/人	2
运输技术水平	67%		

1）待评定物元的经典域与节域

根据表 5-6，取猪肉食品安全预警评价指标分级标准对应的取值范围作为经典域。

$$
R_{01} = \begin{bmatrix}
N_1 & C_1 & <0, 0.5> \\
& C_2 & <0, 20> \\
& C_3 & <1, 3> \\
& C_4 & <98\%, 100\%> \\
& C_5 & <0, 3\,500> \\
& C_6 & <0, 100> \\
& C_7 & <0, 5\%> \\
& C_8 & <95\%, 100\%> \\
& C_9 & <95\%, 100\%> \\
& C_{10} & <80\%, 100\%> \\
& C_{11} & <80\%, 100\%> \\
& C_{12} & <80\%, 100\%> \\
& C_{13} & <80\%, 100\%> \\
& C_{14} & <80\%, 100\%> \\
& C_{15} & <0, 1\%> \\
& C_{16} & <95\%, 100\%> \\
& C_{17} & <95\%, 100\%> \\
& C_{18} & <95\%, 100\%> \\
& C_{19} & <70\%, 100\%> \\
& C_{20} & <90\%, 100\%> \\
& C_{21} & <85\%, 100\%> \\
& C_{22} & <98\%, 100\%> \\
& C_{23} & <0, 10>
\end{bmatrix}
\quad
R_{02} = \begin{bmatrix}
N_2 & C_1 & <0.5, 0.7> \\
& C_2 & <20, 30> \\
& C_3 & <0.67, 1> \\
& C_4 & <90\%, 98\%> \\
& C_5 & <3\,500, 4\,000> \\
& C_6 & <100, 130> \\
& C_7 & <5\%, 10\%> \\
& C_8 & <90\%, 95\%> \\
& C_9 & <90\%, 95\%> \\
& C_{10} & <60\%, 80\%> \\
& C_{11} & <60\%, 80\%> \\
& C_{12} & <60\%, 80\%> \\
& C_{13} & <60\%, 80\%> \\
& C_{14} & <60\%, 80\%> \\
& C_{15} & <1\%, 5\%> \\
& C_{16} & <90\%, 95\%> \\
& C_{17} & <90\%, 95\%> \\
& C_{18} & <90\%, 95\%> \\
& C_{19} & <52\%, 70\%> \\
& C_{20} & <85\%, 90\%> \\
& C_{21} & <75\%, 85\%> \\
& C_{22} & <94\%, 98\%> \\
& C_{23} & <10, 30>
\end{bmatrix}
$$

同理可以得出 R_{03}、R_{04}、R_{05} 的经典域。

节域是根据评价中的指标取值范围来定的，一般是猪肉安全预警评价指标分级标准的全体，当有评价单元指标性状严重超标时，节域可适当放大。本书的节域 R_p 为

$$R_p = \begin{bmatrix} N_1 - N_5 & C_1 & <0,1> \\ & C_2 & <0,150> \\ & C_3 & <0.3,3> \\ & C_4 & <50\%,100\%> \\ & C_5 & <0,6\,000> \\ & C_6 & <0,300> \\ & C_7 & <0,100\%> \\ & C_8 & <0,100\%> \\ & C_9 & <0,100\%> \\ & C_{10} & <0,100\%> \\ & C_{11} & <0,100\%> \\ & C_{12} & <0,100\%> \\ & C_{13} & <0,100\%> \\ & C_{14} & <0,100\%> \\ & C_{15} & <0,100\%> \\ & C_{16} & <0,100\%> \\ & C_{17} & <0,100\%> \\ & C_{18} & <0,100\%> \\ & C_{19} & <0,100\%> \\ & C_{20} & <0,100\%> \\ & C_{21} & <0,100\%> \\ & C_{22} & <0,100\%> \\ & C_{23} & <0,100> \end{bmatrix}$$

2）各指标的权重的确定

在对猪肉食品供应链的安全状况进行预警时，由于各因素对猪肉质量的影响程度不同，故根据各因素对供应链环境下猪肉质量安全的作用大小分别赋予不同的权重。依据式（5-5）~式（5-7）并利用 MATLAB 软件，得出相关指标的权重，如表 5-7 所示。

表 5-7　天津市猪肉供应链预警指标权重表

指标	权重	指标	权重
水质环境指标（污染物指数）	0.024 9	运输技术水平	0.025 9
空气环境指标[氨气浓度/（毫克/米³）]	0.034 5	新鲜品感官识别程度	0.014 6
饲养环境指标[饲养密度/（米³/头）]	0.057 6	食品理化指标达标率	0.017 7
种猪成活率	0.076 7	食品标识清晰度	0.057 6
饲料标准/吨	0.037 4	检测机构建设水平	0.070 4
兽药使用标准/吨	0.033 6	市场监管水平	0.071 6
疫病发生率	0.043 2	农村劳动力文化水平（专科以上比例）	0.041 2
原材料投入合格率	0.038 4	信息共享程度	0.046 0
加工设备合格率	0.057 6	供应链结构有效度	0.095 9
加工工艺合格率	0.028 8	猪肉质量合格率	0.044 8
包装技术水平	0.038 4	猪肉中毒人数	0.011 5
贮藏技术水平	0.031 7		

3）等级评定

利用式（5-8）、式（5-9）计算得出猪肉供应链的风险预警各特征和相应等级的关联度，如表 5-8 所示。

表 5-8　天津市猪肉供应链风险预警等级评定表

指标	权重 w_i	V_{ei}	$K_1(V_{ei})$	$K_2(V_{ei})$	$K_3(V_{ei})$	$K_4(V_{ei})$	$K_5(V_{ei})$
水质环境指标（污染物指数）	0.025	0.560	−0.120	0.158	−0.241	−0.353	−0.436
空气环境指标[氨气浓度/（毫克/米³）]	0.035	28.000	−0.222	0.077	−0.067	−0.440	−0.720
饲养环境指标[饲养密度/（米³/头）]	0.058	0.670	0.000	0.000	0.000	0.571	2.000
种猪成活率	0.077	80.000	−9.000	1.250	0.000	0.000	1.250
饲料标准/吨	0.037	4 150.000	−0.260	−0.075	0.088	−0.159	−0.315
兽药使用标准/吨	0.034	135.000	0.206	−0.036	0.038	−0.156	−0.325
疫病发生率	0.043	20.000	−0.429	−0.333	1.000	−0.333	−0.500
原材料投入合格率	0.038	95.000	0.000	0.000	0.250	1.500	−0.357
加工设备合格率	0.058	75.000	−4.000	3.000	0.333	−2.000	0.333
加工工艺合格率	0.029	70.000	0.250	−0.167	0.250	1.500	−2.500
包装技术水平	0.038	80.000	0.000	0.000	0.500	2.000	−3.000
贮藏技术水平	0.032	73.000	0.152	−0.117	0.325	1.650	−2.650
运输技术水平	0.026	67.000	0.382	−1.297	0.175	1.350	−2.350
新鲜品感官识别程度	0.015	90.500	−0.119	0.175	0.763	2.525	−3.525

续表

指标	权重 w_i	V_{ei}	$K_1(V_{ei})$	$K_2(V_{ei})$	$K_3(V_{ei})$	$K_4(V_{ei})$	$K_5(V_{ei})$
食品理化指标达标率	0.018	0.850	0.214	-0.150	-0.830	-0.915	-0.958
食品标识清晰度	0.058	90.000	0.143	0.000	0.000	0.333	-0.800
检测机构建设水平	0.070	75.000	4.000	1.500	0.250	-0.167	-0.500
市场监管水平	0.072	76.000	2.712	1.167	0.182	-0.133	-0.520
农村劳动力文化水平（专科以上比例）	0.041	20.000	-1.167	1.778	1.000	-0.038	0.042
信息共享程度	0.046	56.000	-3.400	5.800	2.400	-0.150	0.214
供应链结构有效度	0.096	60.000	-1.667	1.500	0.667	0.000	0.000
猪肉质量合格率	0.045	90.000	0.667	0.250	-0.167	0.333	-0.286
猪肉中毒人数	0.012	2.000	0.200	-0.800	-0.933	-0.960	-0.971

利用式（5-10）计算事件关于各等级的关联度如下：

$$K_1(N) = -0.776\,651, \quad K_2(N) = 0.889\,705, \quad K_3(N) = 0.333\,910,$$
$$K_4(N) = 0.147\,014, \quad K_5(N) = -0.394\,820$$

根据式（5-11）可知，最大数值所对应的等级为待评对象所对应的预警等级。本例中关联度最大值为 $K_2(N) = 0.889\,705$，由此可判断出目前该猪肉供应链安全警情级别为第二级，即轻警。但 $K_3(N) = 0.333\,910$，说明天津市猪肉供应链的质量安全有从轻警向中警转化的趋势，天津市的猪肉供应链的各个管理部门应对该警情信息进行通报，并向当地相关食品企业发布预警信息，使供应链企业根据预警结果有针对性地对猪肉供应链的质量安全情况做出及时的改善，以避免猪肉质量的潜在恶化。

5.6　食品供应链安全风险监测与预警对策建议

天津市猪肉供应链的安全状况从一定程度上反映了我国食品安全状况的总体水平。基于天津市的食品安全现状，为了充分确保食品安全，天津市已采取各种措施，对重要的食品企业进行食品安全监测和预防食品安全风险。例如，2008年投入使用的猪肉质量溯源网络系统中，已有部分养猪企业、猪肉屠宰加工企业、零售企业等作为测试点和示范点；天津宝迪农业科技股份有限公司和部分地域的大型超市逐步构建起猪肉产品从养殖到餐桌的全程监控服务平台。一旦猪肉出现问题，通过溯源网络便可找到食品问题的根源。2012 年运行的食品质量安全风险预警系统，正对食品供应链上的重点食品生产企业进行食品安全风险评估和技术预警，有的放矢，以做到对食品质量安全风险早发现、早判断、早预警、早处置，以最大限度地避免食品安全事件的发生。然而由于天津市的食品企业种类较多，规模不一，监管难度较大，且现有相关的食品安全监测与预警系统比较分散，资源整合度不够，因此本章从以下几方面提出对天津市食品供应链的安全风险监测与预警体系完善的对策建议，以期对天津市的食品供应链安全风险监测与预警体系的完善提供参考，也期望对我国食品供应链安全风险监测与预警体系建设提供一定决策支持。

1. 食品安全法律法规体系和食品安全标准体系的完善

完善以预警机制为基础的食品安全法律法规体系。通过制定国家法律来界定各食品机构在食品安全预警过程中所肩负的法律责任，减少食品安全风险的出现和对大众带来的危害。作为食品安全预警体系的主体，食品生产加工企业要严格确保投入食品市场的食品的质量，并要符合规定的检验。食品安全是一个从农田到餐桌的系统工程，涉及多个环节的部门。而我国现有的食品监管机构布局散乱，急需构建联动预警机制，保证分工清楚，应对联动，也急需规范与建设相关法律法规体系及其预警机制，完善食品安全预警体系。

参照国际食品法典委员会标准，建立符合国际食品法典委员会原则的食品安全标准体系。在标准体系建设方面，按照先进、实用、配套的原则，加速与国际接轨。首先，要明确食品标准的制定和批准发布权限，解决当前食品标准政出多门、交叉重叠的混乱局面。其次，在合理规划的基础上，加大对现行食品标准的删除和修订力度，解决标准陈旧落后、配套性和可操作性差的问题。再次，要明确食品标准执行规则。凡是有国家标准的，统一执行国家标准，无国家标准的，执行行业标准，既无国家标准又无行业标准的，地方可以制定地方标准在本地实行。最后，对食品标准实施动态管理。积极参与国际食品合作与交流，掌握食品技术指标动态，对标准进行及时修订。

2. 食品安全监管机构的健全

天津市食品安全监管机构有市场监督管理委员会、农业农村委员会、市出入境检验检疫局和市卫生健康委员会等，要对食品安全进行有效监督，天津市食品安全有关监管部门必须划分权责、分级监管，以保证对本市食品安全监管工作做到位，提高食品监测与预警体系的运行效率。

1）确保明确职责与权限

天津市食品安全管理机制中的监管机构较多，因此，要实现对食品安全的有效监管、预警，必须明确各个监管部门的职责与权限，当今，从农田到餐桌的供应链安全管理体系是最有效的食品安全监管方式。因此，天津市应按照食品供应链管理模式，建立并加强食品安全专家委员会的职能，对当今食品安全监管部门进行统一整合协调，加大监管力度和提升效率，成立食品安全专家组，把握供应链诸环节，消除监管漏洞，建立起与之相符的食品安全监管机制，以对天津市食品安全进行宏观、有效监管。

2）全力实施分级监管

在进行食品安全监管时，实行市、县（区）食品安全监管机制，实施分级监管，相互合作，能够消除食品安全监管的漏洞，并有效提升食品安全监管的效率。市级监管机构负责各地市之间的食品安全贸易问题、市外进入的食品的安全问题和市内食品的省外贸易安全问题，对天津市境内的食品安全进行有效监管和反馈；县级食品安全管理体系主要负责本县内农产品的安全性监管。

3. 信息共享机制的完善

目前，天津市已构建食品安全风险预警信息平台，及时发布准确、科学的食品安全信息，降低食品安全领域中由信息不对称而引发的食品安全问题的发生频率，同时也让食品生产者和经营者处于社会各界的共同监督之下，但总体来说效果还不够理想。因此，要进一步整合现有的食品安全监测和检测网络资源，推进信息共享制度。管理部门应完善覆盖面宽、时效性强的食品安全预警信息收集、管理、发布制度和监测抽检预警系统，对现有的部门预警网络进行有效整合，构建起统一、协调、权威、高效的预警机制，向消费者和有关部门快速通报食品安全的预警资讯，从而将食品不安全因素控制在初始阶段、个体层面和偶发性上。

4. 前沿预警科技的引进

参考欧美等发达国家的风险分析和预警分析策略，选取和构建适合天津市的食品安全风险评估模型和技术。为评价天津市的食品安全水平，并为风险评估和判定提供准确信息，须设置食品安全监测中心实施主动监控，获得天津市的食品安全的动态信息，即保底水准和市内食品安全危害的地区布局、时间波动及危害程度，建立重要食品的主要危害物的监控数据库，对食品供应链所有环节实施跟踪监测。动员科研人员广泛调查研讨食品安全风险监测、预警和快速反应机制的有效策略，并编制重大食品安全事故的应急说明书，为完善食品安全监管部门之间的持久的联动体系，及时有效处理食品安全突发事故提供保证和条件。

5. 食品安全预警数据库系统的完善

基于人们对食品安全和食品质量的日益重视和食品行业的信息技术的进步，天津市急需构建涵盖内容范围广、统一的食品安全预警数据库系统。然而，食品安全预警数据库的构建，关系到的食品的种类繁多、范围大，各种数据和信息复杂繁多，是一项持久、复杂的工作。对于目前天津市的相关状况，须在原来分散的食品安全数据库的基础上，合理地整合和规划各个数据库的布局，这样能够构建内容广泛、协调统一的食品安全预警数据库，降低食品安全的风险，从而为天津市的食品安全风险评估、预警和快速应对提供良好的决策依据。

5.7 本 章 小 结

本章从以下几个方面展开论述。首先，借鉴国外食品安全风险监测与预警系统的先进经验和国内研究理论，结合国内食品供应链实际情况，构建了食品供应链安全风险监测与预警体系框架。其次，在分析食品供应链安全风险因素的基础上，指出食品供应链包括原材料供应、食品制造、食品储藏、食品运输、食品销售等环节，每个环节都存在潜在的影响食品安全的风险。再次，基于供应链的食品安全预警指标选择原则，结合相关文献，构建了含有总体层、指数层、指标层三个等级的食品供应链安全预警指标体系；对食品安全监测与预警系统进行了详细分析与设计，构建了食品供应链安全风险监测预警系统，实现了对食品供应链安全的风险监测、预警分析和应急反应功能；以猪肉供应链为例，构建了猪肉供应链的安全预警指标体系，并利用可拓物元模型对该供应链进行食品安全预警，评价该区域的猪肉供应链的食品安全水平。最后，提出了对完善天津市食品供应链的安全风险监测与预警体系的对策建议，以期对天津市的食品供应链安全风险监测与预警体系的完善提供参考，对我国食品供应链安全风险监测与预警体系建设提供一定的决策支持。

第6章 基于供应链的食品安全信息风险防控

6.1 食品供应链安全信息风险形成动因分析

6.1.1 需求不确定下食品供应链牛鞭效应

1. 牛鞭效应的内涵

在 4.1.1 小节已经对牛鞭效应有相应介绍，著名的"啤酒游戏"是用来解释牛鞭效应的典型案例。"啤酒游戏"是 20 世纪 60 年代由美国麻省理工学院斯隆商学院开发的一个策略游戏，游戏在麻省理工学院约翰·斯特曼的系统动力学课堂中进行，并通过录像带在《麦克尼尔和莱尔新闻小时》发布，从而使游戏与现实世界的供产销问题结合起来。

牛鞭效应是供应链上的一种需求放大现象，主要是市场需求信息的信息流从客户终端沿着供应链向着原始供应商逐级逆向传递时，原始真实信息遭到扭曲并逐级放大，导致需求信息遭到越来越大的波动。这种现象在图形上的显示很像一根被甩起的牛鞭，因此被称为牛鞭效应。

牛鞭效应在各行各业十分普遍。宝洁公司在研究纸尿裤的市场需求时发现，该产品的终端市场需求量和零售数量十分稳定，波动性不大，但是在考察分销中心的订货情况时却发现分销中心的订货量明显增大。宝洁公司根据研究发现，零售商往往根据对历史销量和现实销售情况的预测来确定一个相对客观的销售量，但为了应对客户需求量的变化，避免缺货，他们会将这个数量进行一定比例的放大后向批发商订货，批发商向生产商的订货及生产商向原料提供商的订货也是如此，这样，虽然终端的销售量没有较大的波动，但是经过逐级的订货放大行为后，订货量就这样被放大了。

2. 牛鞭效应的成因

20世纪90年代美国斯坦福大学的李效良教授（Hau L. Lee）对牛鞭效应进行了深入的研究，将其产生的原因归纳为以下几个主要方面。

（1）供应链节点企业处理下游需求信号的过程。当下游企业订货量增加时，其上游企业会认为这意味着市场需求的增加，从而增加本企业的产量，进而将本就放大的需求量进一步放大给上游，由于供应链级数多，涉及的节点企业众多且范围较广，这样一级一级的需求放大则导致了信息传达到供应链顶端的严重失真现象。

（2）订货提前期、订货批量与订货方式选择。由于企业为避免原料或货物中断造成的缺货损失，都会存在订货提前期和安全库存储备量问题，不同企业的订货提前期确定方式和确定出的安全库存量的大小不同，这就使得在订货期望值相同的情况下，订货量的方差增大，上游企业的需求信息波动较大，具体信息难以把握，从而也会产生牛鞭效应。

（3）产品市场价格的波动性。在现实市场环境中，供应商、零售商等供应链企业都会进行不定期的产品促销，包括数量折扣、现金折扣等，从而产生一定的价格波动，价格的波动会促使购买者提前或滞后购买所需产品，从而造成需求的不确定性，产生牛鞭效应。

（4）限量供应现象和短期博弈行为。当市场上某种产品出现供不应求时，供应商就会采取某种方法分配有限的供应量，但是，一旦此种现象开始缓解，来自需求者的订单大量减少，导致产量远远大于销量，此时就会产生牛鞭效应。这是供应商和需求商在短时期内考虑自身利益的前提下的多方博弈的结果。

6.1.2　牛鞭效应与食品供应链风险

食品供应链包含食品类产品从农田到餐桌的全过程。食品供应链的独特性决定了其风险的复杂性、多发性和产生影响的重大性。一方面，食品供应链的主体——食品产品极易腐烂变质，对生长环境、生产加工环境、储存环境、运输配送环境、零售环境及再制作（餐饮制作）环境又有严格的高质量要求，所以食品供应链风险发生的可能性往往大于其他供应链。另一方面，食品供应链对信息流通的要求较高，食品供应链信息流通受阻，尤其是供求信息扭曲或受阻，可能导致食品供应链断裂，对节点企业造成严重的不可挽回的损失。最典型的例子就是常常发生的瓜农、果农的瓜果蔬菜大量滞销的情况，其原因可能是由初级生产者的地理位置偏僻、技术手段落后等导致的与供应链下游企业沟通不畅；也可能是因为零售商根据市场销售的利好势头加大采购量，订货信息随着食品供应链逆向传递逐级放大，到达食品初级生产者——农民手中时，需求量被放大的情况足够使市场供需严重失衡，供大于求造成滞销，给供应链各级参与者，尤其是规模较小、风险抵抗能力较差的农业生产者，造成不可挽回的巨大损失，这就是由牛鞭效应产生的食品供应链风险。而且，由于食品在保持鲜活性时的储存成本、生产加工时的消毒灭菌等生产成本、快速流转成本、供应链风险发生后的巨大声誉成本和政府惩罚成本等的作用，食品供应链的牛鞭效应造成的损失比其他供应链的牛鞭效应损失都要大。因此，有效控制牛鞭效应对食品供应链来说显得更为重要。

6.2　食品供应链安全风险防控的动力学机制

6.2.1　食品供应链安全风险管理的动力学特征分析

作为复杂系统的食品供应链系统，涉及供应商、加工商（初级加工商和深度加工商）、分销商、零售商（包括餐饮企业）等各个行为主体之间，行为主体内部，以及系统与外部环境主体之间错综复杂的资源交换作用。同时，该系统是一个典型的开放式系统，其所处外部宏观环境的多变性、动态性和不可预测性，加剧了这种交互关系的非线性。

1. 食品供应链系统风险管理行为的全局性

由于食品供应链系统中包含一系列的不同层级的子系统，涉及来自不同供应链环节的大量的人力、物力、财力资源，任何一个子系统发生风险都会波及大系统内其他子系统，从而放大整个食品供应链的风险性，这就需要子系统之间加强合作。由此可见，食品供应链风险管理行为不是一个或几个企业的任务，也不单单是政府监管部门的责任，而是整个供应链大系统与外部环境共同交流、协调、通力合作的结果，具有全局性。

2. 食品供应链系统风险管理行为的动态性

需求的多变性及市场的不可预测性，使得食品供应链系统内部各个参与企业之间的供需过程表现出不成规则的复杂行为方式，其中，采购、生产、分销、运输配送和回收的各种参数都在不断变化。因此，食品供应链系统的风险等级和参数也在不断变化，为了在保证有效的控制或者降低食品供应链风险的同时实现系统收益的最大化，达到风险支出与收益的最优平衡状态，食品供应链的风险管理行为也应随着其内部状况的变化而变化。另外，这一行为还包括管理生鲜食品被微生物感染的不确定性。

3. 食品供应链系统风险管理行为的多样性

食品供应链中的各决策主体能够与外界进行能量信息交换，建立学习机制，从而逐渐摸索出新的、更有效的风险管理模式。而这种新的模式的产生和形成，都需要系统内各个主体之间和系统与外部环境主体之间的相互协调和适应。而每一次新的适应都为食品供应链风险管理模式的进步和相互作用提供了机会，具体过程如图 6-1 所示。

图 6-1　食品供应链系统风险管理模式多样性的形成过程

6.2.2　考虑牛鞭效应的食品供应链系统动力学模型

1. 模型边界界定

通过以上关于牛鞭效应与食品供应链风险的分析，本节确定研究的主要问题为模拟食品供应链系统中的牛鞭效应问题，找出影响牛鞭效应作用的敏感因素和非敏感因素，找出在保证生产消费、不发生缺货成本的情况下有效降低库存成本、降低食品供应链断裂的可能性的方法，从而达到抑制牛鞭效应的影响、降低食品供应链风险、保证食品供应链整体效益最大化的目的。

模型边界界定如下：模型中涉及的供应链参与主体有原材料供应商——农产、食品加工商、食品分销商、食品零售商（超市及餐饮企业），且仅考虑它们之间如图 6-2 所示的上下游关系的订货流程，不包括越级订货情况（如零售商从生产厂家直接拿货的情况）。此外，各个参与的企业主体的库存量均包括其所有原材料、半成品和产成品库存。

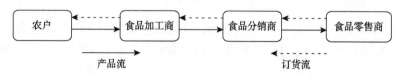

图 6-2　食品供应链订货流程图

2. 因果关系图建立

根据图 6-2 所示的食品供应链订货流程图，以及系统内部订货流程影响因素之间的作用关系，建立食品供应链库存控制与订货系统的因果关系图，如图 6-3 所示。

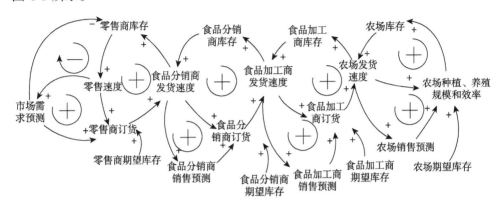

图 6-3　食品供应链库存控制与订货系统的因果关系图

系统动力学的因果关系图中，存在所描述的系统问题的多个影响要素，具有相互作用关系的要素之间用带箭头的线段连接，称为因果链。通过在因果链上标注 "+" 或 "−" 来表示相应要素之间的影响关系，称作极性。正极性表示两要素正相关，负极性则表示两要素负相关，相连成环的因果链则称为反馈回路。如果反馈回路中负因果链的个数为奇数，则为负反馈回路；如果负因果链的个数为偶数，则为正反馈回路。

在图 6-3 所示的食品供应链库存控制与订货系统的因果关系图中存在八个正反馈回路和一个负反馈回路，具体解释如下。

1）市场需求预测→−零售商库存→+零售速度→+市场需求预测

市场需求预测增加会引起零售商库存降低，零售商库存降低则会导致零售商发货速度变慢甚至为零，造成缺货，导致零售商市场需求预测降低，从而形成负反馈回路。

2）零售速度→+零售商订货→+食品分销商发货速度→+零售商库存→+零售速度；零售速度→+市场需求预测→+零售商订货→+食品分销商发货速度→+零售商库存→+零售速度

零售商库存增加，零售商货源充足则有助于及时发货，加快发货速度；发货量增加需要增加订货量来补充库存，也会导致零售商对市场需求的预测增加，进而又增加零售商的订货量。零售商增加订货会促使食品分销商加快发货速度来满足订货需求，增加零售商的库存量。由此形成两个正的反馈回路。

3）食品分销商发货速度→+食品分销商订货→+食品加工商发货速度→+食品分销商库存→+食品分销商发货速度；食品分销商发货速度→+食品分销商销售预测→+食品分销商订货→+食品加工商发货速度→+食品分销商库存→+食品分销商发货速度

食品零售商订货量增加促使食品分销商加快发货速度，进而增加食品分销商向食品加工商的订货量，促使食品加工商加快生产和发货速度，食品分销商库存量增加，又有助于其发货速度加快；发货速度加快使得食品分销商对其自身市场销售预测上升，又会增加其向食品加工商的订货量。由此形成两个正反馈回路。

4）食品加工商发货速度→+食品加工商订货→+农场发货速度→+食品加工商库存→+食品加工商发货速度；食品加工商发货速度→+食品加工商销售预测→+食品加工商订货→+农场发货速度→+食品加工商库存→+食品加工商发货速度

食品分销商向生产企业的订货量增加，促使生产企业的生产速度和发货速度加快，食品加工商向供应农场订购原材料就会增多，导致农场的发货速度加快，食品加工商库存量加大，则其对外发货速度相应增加，断货的可能性降低；食品加工商的发货速度加快，使得其对本企业市场需求预测变大，则会促使其增加向供应农场的订货量。由此形成两个正反馈回路。

5）农场发货速度→+农场种植、养殖规模和效率→+农场库存→+农场发货速度；农场发货速度→+农场销售预测→+农场种植、养殖规模和效率→+农场库存→+农场发货速度

食品加工商向农场的订货量增加，促使农场加快发货速度，使得农场通过扩大规模或者增加产出效率等手段来满足增长的需要，而农场产出量的增加会增加农场本身的库存量，库存充足又有助于加快农场的发货速度；农场发货速度增加后，农场会根据其增加值相应提高本企业的市场需求预测值，为满足预测的需求量，农场又会扩大规模或者提高效率。由此形成了两个正反馈回路。

另外，系统中还存在主要由农作物生长周期、农产品深加工生产周期、运输时间和信息延迟等一系列原因引起的延迟情况，这些延迟增加了食品供应链中牛鞭效应的作用。

3. 系统动力学模型建立

1）确定模型变量及量纲

建立了反映食品供应链订货系统的因果关系图之后，就要根据因果关系建立相应的系统流图，即绘制系统动力学模型。根据系统动力学模型构建的基本步骤，首先要分析识别出模型的速率变量、水平变量、常量及辅助变量。食品供应链订货及库存控制系统中存在食品零售商库存、食品零售商在途库存、食品分销

商库存、食品分销商在途库存、食品商库存、食品加工商在途库存和农场库存七个水平变量；农场规模、农场发货速度、食品加工商在途库存到货速率、食品加工商发货速度、食品分销商在途库存到货速率、食品分销商发货速度、食品零售商在途库存到货速率、零售速度八个速率变量。各个节点企业的发货速率由其下游企业的订货速率决定，其下游企业的订货速率由下游企业的库存调整时间和期望库存量决定。各个节点企业的期望库存又由下游企业的订货速率决定。各企业的库存总量由现有库存和在途库存决定。各主体的在途库存到货速率由主体的订货提前期决定。模型中的辅助变量主要有农场产出速率、食品加工商订货速率、食品分销商订货速率、食品零售商订货速率、市场需求、食品零售商期望库存、食品分销商期望库存、食品加工商期望库存、农场期望库存；常量有农场库存调整时间、食品加工商库存调整时间、食品分销商库存调整时间、食品零售商库存调整时间、食品加工商订货提前期、食品分销商订货提前期、食品零售商订货提前期。同时，根据食品供应链系统订货和库存控制系统的真实运行情况进行确定。

为了研究食品供应链系统的牛鞭效应产生的食品供应链风险，根据上述因果关系图，建立一个四个节点的食品供应链系统动力学模型，包括食品零售商、食品分销商、食品加工商和供应农场，模型如图6-4所示。

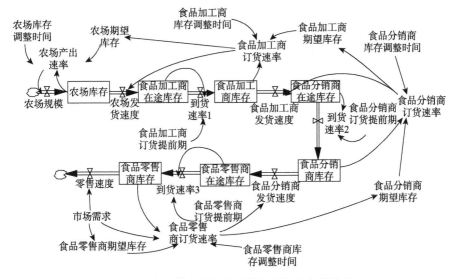

图 6-4　食品供应链订货系统的系统动力学模型

2）设置模型变量间的数量关系

首先，在此模型中存在两个假设：

（1）食品供应链各个参与主体都有一个固定的补货周期，按这个固定周期

进行订货;

（2）当上一级供应者的库存量不满足下级主体的订货需求时，以现有库存量发货，不足的部分不再补发。

其次，建立食品供应链订货的库存控制系统模型的决策模型如下:

（1）各个供应链系统主体从上一个系统主体的订货接收量，不超过上游主体的库存总量（包括已发出的在途库存量），即发货速率 i=min（订货速率 i，在途库存 i+1），而当 i 表示农场时，农场处于供应链的最上游，则农场的到货速率=订货速率。

（2）订货策略的目标是在各个主体的库存调整期间内，食品供应链各个主体的库存量达到其预定的目标库存量。即

各主体向上一节点的订货速率=（Di-各主体当前库存）/各主体库存调节时间+下游主体订货需求。

在此公式中，Di 为"下游主体订货需求"的平滑函数。对食品零售商而言，"下游主体的订货需求"指的是"市场需求"或"预测市场需求"，而对其他主体而言，"下游主体的订货需求"指下游主体向本级主体的订货速率。

6.2.3 降低牛鞭效应的食品供应链系统动力学模型

1. 现代信息技术对牛鞭效应的影响分析

当前学术界普遍达成共识，即食品供应链系统中各个参与主体在所获得的信息数量和信息质量上的不对称、不协调，是导致食品供应链牛鞭效应作用显著的主要原因之一，也是导致食品供应链风险发生率居高不下的主要原因之一。食品供应链系统中，处于供应链上游的加工商、农场或者个体农户等，与处于供应链相对末端位置的分销商、食品零售商（如超市和餐饮企业）所获得的信息就质量和数量来说都大不相同。食品供应链成员之间利用信息不对称进行商业博弈，从而导致市场需求信息在链上各级成员之间逐级扭曲放大。此外，有些食品供应链节点之间由于地理、环境、现代化水平及人为等因素的制约而导致食品运输时间过长且难以具体预测，从而致使食品供应链主体不能准确掌握和有效利用食品供应链信息，造成库存管理出现盲点。但是，现代信息技术的发展和普遍应用，一方面，解决了原来的信息盲点导致的企业关于在途库存信息的准确掌握和有效利用问题，使决策者的库存管理决策变得更加高效;另一方面，现代信息技术的日益发达使得整个食品供应链系统实现信息共享成为可能。

根据上述分析，当代信息技术的发展通过两方面影响着食品供应链系统订货及库存控制管理，从而影响食品供应链风险管理的模式，即在途库存信息的获取

和食品供应链信息共享。下面分别来分析这两方面对食品供应链风险的影响。

2. "在途信息可获"情况下系统动力学建模

食品供应链系统节点企业通过加强信息建设掌握在途库存的相关信息，使得企业能够将在途库存加入现有库存的管理和安排中，也有助于企业改善订货安排，并随着企业自身环境和外部环境的变化通过改变订货量和订货周期对在途库存进行调整。下面以零售商为例说明在途库存信息的获取对食品供应链系统的牛鞭效应引起的风险的影响，建立的简易系统动力学模型如图 6-5 所示。食品分销商、食品加工商和农场的情况具有类似性，在这里不一一说明。

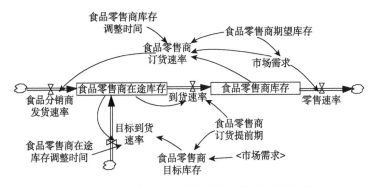

图 6-5　零售商在途库存管理的系统动力学模型

在图 6-5 中，各变量之间的关系如下：

（1）食品零售商目标库存=市场需求×食品零售商订货提前期（即在途期间）；

（2）食品零售商在途库存调整时间=食品零售商库存调整时间；

（3）目标到货速率=（零售商目标在途库存−食品零售商在途库存）/食品零售商在途库存调整时间。

3. "食品供应链信息共享"情况下系统动力学建模

通过上述分析可知，牛鞭效应产生的一个重要原因就是供应链上下游参与主体之间所能获得的信息的质量和数量不均衡、不对称，导致供应链终端市场需求沿着供应链逆向传递而逐级放大，这种现象在食品供应链上尤其突出。实现食品供应链信息共享，能够有效地使食品供应链系统中各个参与主体均衡其信息量，实现整个供应链系统的一体化管理模式，更好地规避由此带来的食品供应链风险。食品供应链系统信息共享风险管理模式的有效实施，最显著的影响是食品供应链系统中的每个参与主体都能够几乎同步地获得实际的终端市场需求信息，直接根据终端市场需求信息来安排各自的生产经营、库存控制及订货管理，降低

"牛鞭效应"的影响，从而有效降低食品供应链系统出现运行不良情况的风险，降低系统整体损失，提高系统整体收益。这种影响体现在 6.2.2 小节建立的图 6-4 中就是略去其中关于"在途库存"的有关内容，则食品供应链系统实现信息共享的系统动力学模型可以简化为图 6-6 所示的内容。

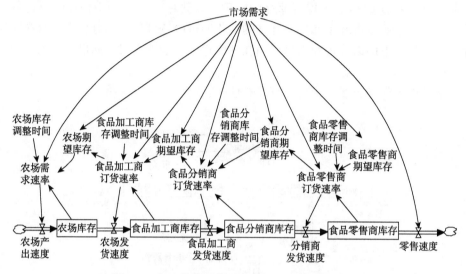

图 6-6　食品供应链信息共享的系统动力学模型

通过上述分析可知，现代信息技术无论是应用于"获取在途信息"方面还是"食品供应链信息共享"方面，都能够对食品供应链的运作模式、系统效率等产生一定的影响，同时也能够降低由信息滞后或阻塞引起的食品供应链风险发生频率、波及范围及不良后果，降低牛鞭效应带来的负面影响。尤其是供应链信息共享，不仅能够使食品供应链上任何企业直接、准确、及时地获取终端市场需求信息、风险信息，还能够获取来自链内其他企业的库存等信息，通过整合来自各方的不同信息，制定相应的生产运作策略和风险应对策略，从而降低食品供应链风险发生频率和影响[270]。

6.3　食品供应链安全风险防控的演化博弈机制

6.3.1　食品供应链信息共享的演化博弈模型

食品供应链系统实现信息共享有利于成员间建立更加巩固的战略联盟关系，

更好地克服食品供应链的脆弱性，提高供应链系统的市场竞争力，降低牛鞭效应的影响，提高供应链抗风险能力。食品供应链成员企业也可能为了自身利益而不配合信息共享。一旦某个企业不共享或者不以真实信息共享（以下统称"不共享"），共享的企业则在竞争中处于不利地位，从而削弱其共享积极性甚至放弃共享策略。其中，以农户为主的供应商和处于供应链核心地位的加工商之间的信息共享博弈过程最具代表性。

1. 变量设置及假设条件

在长期的博弈过程中，供应商和加工商非完全理性。模型中博弈双方的策略组合均为｛共享，不共享｝，双方已经建立了长期的采购契约，即一方或双方不进行信息共享时，双方的上下游关系仍存在。相关变量设置及假设条件如下。

（1）Π_1 和 Π_2 分别表示供应商和加工商均不共享信息时的收益；若双方实现信息共享，π_1、π_2 分别表示供应商和加工商此时的额外收益，同时博弈双方共同分担共享成本 C，α 表示供应商的成本分担比例。这里假设成本分担比例 α 为一个定值且 $0<\alpha<1$；如果博弈双方仅单方选择共享其所获得的信息资源，此时共享方的共享额外收益为 A_i 且 $A_1-\alpha C<0$，$A_2-(1-\alpha)C<0$，而不共享方因为成本节约和获得共享方信息也会获得一定的额外收益，记为 B_i。

（2）假设各个变量都为正数，且 $\pi_1+\pi_2>C$。在长期的博弈过程中，供应商采用"共享"和"不共享"策略的概率分别为 x 和 $(1-x)$，加工商采用"共享"和"不共享"的概率分别为 y 和 $(1-y)$。则供应商与加工商信息共享演化博弈的支付矩阵如表6-1所示。

表 6-1　供应商与加工商信息共享演化博弈支付矩阵

供应商、加工商	共享（x）	不共享（$1-x$）
共享（y）	$\Pi_1+\pi_1-\alpha C$，$\Pi_2+\pi_2-(1-\alpha)C$	Π_1+B_1，$\Pi_2+A_2-(1-\alpha)C$
不共享（$1-y$）	$\Pi_1+A_1-\alpha C$，Π_2+B_2	Π_1，Π_2

2. 演化路径及结果分析

根据表 6-1 可知供应商采取"共享""不共享"的期望收益 E_{11}、E_{12}，平均收益 E_1 及复制动态方程分别为

$$E_{11}=y(\Pi_1+\pi_1-\alpha C)+(1-y)(\Pi_1+A_1-\alpha C)=y(\pi_1-A_1)+\Pi_1+A_1-\alpha C \quad （6-1）$$

$$E_{12}=y(\Pi_1+B_1)+(1-y)\Pi_1=yB_1+\Pi_1 \quad （6-2）$$

$$E_1=xE_{11}+(1-x)E_{12}=x\big[y(\pi_1-A_1-B_1)+A_1-\alpha C\big]+yB_1+\Pi_1 \quad （6-3）$$

$$\frac{\mathrm{d}x}{\mathrm{d}t}=x(E_{11}-E_1)=x(1-x)\big[y(\pi_1-A_1-B_1)+A_1-\alpha C\big] \quad （6-4）$$

同理，加工商采取"共享""不共享"的期望收益 E_{21}、E_{22}，平均收益 E_2 及复制动态方程分别为

$$E_{21} = x(\pi_2 - A_2) + \varPi_2 + A_2 - (1-\alpha)C \tag{6-5}$$

$$E_{22} = xB_2 + \varPi_2 \tag{6-6}$$

$$E_2 = yE_{21} + (1-y)E_{22} = y\left[x(\pi_2 - A_2 - B_2) + A_2 - (1-\alpha)C\right] + xB_2 + \varPi_2 \tag{6-7}$$

$$\frac{\mathrm{d}y}{\mathrm{d}t} = y(E_{21} - E_2) = y(1-y)\left[x(\pi_2 - A_2 - B_2) + A_2 - (1-\alpha)C\right] \tag{6-8}$$

根据式（6-4）、式（6-8）可知，系统的演化平衡点有五个，分别为 O（0，0）、A（1，0）、B（0，1）、C（1，1）、D（x^*，y^*），其中，$x^* = \dfrac{(1-\alpha)C - A_2}{\pi_2 - A_2 - B_2} \bigcap [0,1]$，$y^* = \dfrac{\alpha C - A_1}{\pi_1 - A_1 - B_1} \bigcap [0,1]$。当 $\pi_1 - A_1 - B_1 > 0$ 且 $\pi_2 - A_2 - B_2 > 0$ 时，系统有两个 ESS，即 O（0，0）、C（1，1）。通过分析可得出以下结论。

（1）通过演化博弈的雅克比矩阵分析，食品供应链的供应商和加工商信息共享的演化均衡状态只有两种，即ESS为 O（0，0）、C（1，1），即食品供应链的供应商和加工商进行信息共享长期博弈的结果只有两种，一种是双方通过信息共享协同管理供应链，一种是双方都不进行信息共享。

（2）博弈结果取决于博弈双方的初始状态，初始点落在图6-7中不同的区域，则博弈过程就会向不同的方向演化，直至达到均衡状态。当初始状态落在四边形 $OADB$ 中时，系统将收敛于 O（0，0），即食品供应链供应商和加工商通过信息共享获得的超额收益（或降低的风险损失）不足弥补信息共享成本和不共享的超额收益，因此，博弈双方均不选择信息共享模式；当初始状态落在四边形 $ACBD$ 中时，系统将向 C（1，1）收敛，食品供应链供应商和加工商通过信息共享获得的超额收益（或降低的风险损失）超过弥补信息共享成本和不共享的超额收益，即共享所获收益在弥补成本之后的收益仍然大于不共享收益，此时即双方积极共享供应链信息，信息共享的抗风险模式得以顺利实现。

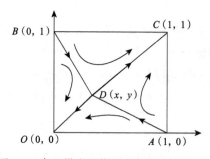

图 6-7 食品供应链信息共享演化博弈相图

（3）博弈结果还有另外一种比较直观的解释就是通过演化博弈相图的面积分布来分析和观察：当$S_{OADB}=S_{ACBD}$时，食品供应链博弈双方信息共享与不共享的概率相等；当$S_{OADB}>S_{ACBD}$时，食品供应链博弈双方不共享的概率大于共享的概率，系统向着O（0，0）演化，信息共享的抗风险模式难以实现；当$S_{OADB}<S_{ACBD}$时，共享概率大于不共享的概率，系统向着C（1，1）收敛，此时系统供应链会倾向于选择信息共享模式来共同抵抗供应链风险。

6.3.2　政府惩罚机制下食品供应链风险防控演化博弈

食品具有独特的生化性，对质量要求严格，这使得食品供应链的风险管理变得异常重要，同时也为食品供应链风险的监管和控制带来了困难。因此，我们需要在上述分析中加入"政府监管"这一"有形的手"，对促进食品供应链选择信息共享模式能够起到不可替代的积极作用。通过上述结论可知，当食品供应链的初始状态落在S_{OADB}时，博弈双方都会消极对待信息共享，此时就需要借助政府监管促使双方积极实施信息共享。

1. 演化博弈收益矩阵建立

如果食品供应链供应商和加工商对信息共享持积极态度，努力促成信息共享模式的实现，这种个体经济行为能够使他人和社会受益，此时这种行为具有外部正效应；假设食品供应链供应商和加工商对信息共享持消极态度，由于其个体经济行为会使他人和社会利益受损，即具有外部负效应。在供应链行为具有外部负效应的情况下，政府则有责任和义务行使其职权，制定一定的惩罚策略，假设惩罚力度为P，此时收益矩阵如表6-2所示。

表 6-2　惩罚机制下信息共享演化博弈收益矩阵

供应商、加工商	共享（x）	不共享（$1-x$）
共享（y）	$\Pi_1+\pi_1-\alpha C$，$\Pi_2+\pi_2-(1-\alpha)C$	Π_1+B_1-P，$\Pi_2+A_2-(1-\alpha)C$
不共享（$1-y$）	$\Pi_1+A_1-\alpha C$，Π_2+B_2-P	Π_1-P，Π_2-P

2. 演化路径及结果分析

根据表 6-2 的收益矩阵可以求出供应商采取"共享""不共享"的期望收益E_{11}'、E_{12}'，平均收益E_1'及复制动态方程分别为

$$E_{11}'=y(\Pi_1+\pi_1-\alpha C)+(1-y)(\Pi_1+A_1-\alpha C)=y(\pi_1-A_1)+\Pi_1+A_1-\alpha C \quad （6-9）$$

$$E_{12}'=y(\Pi_1+B_1-P)+(1-y)(\Pi_1-P)=yB_1+\Pi_1-P \quad （6-10）$$

$$E_1'=xE_{11}'+(1-x)E_{12}'=x\big[y(\pi_1-A_1-B_1)+A_1-\alpha C+P\big]+yB_1+\Pi_1-P \quad （6-11）$$

$$\frac{\mathrm{d}x}{\mathrm{d}t} = x\left(E_{11}' - E_1'\right) = x(1-x)\left[y(\pi_1 - A_1 - B_1) + A_1 - \alpha C + P\right] \qquad (6\text{-}12)$$

食品加工商采取"共享""不共享"的期望收益 E_{21}'、E_{22}'，平均收益 E_2' 及复制动态方程分别为

$$E_{21}' = x(\pi_2 - A_2) + \Pi_2 + A_2 - (1-\alpha)C \qquad (6\text{-}13)$$

$$E_{22}' = xB_2 + \Pi_2 - P \qquad (6\text{-}14)$$

$$E_2' = yE_{21}' + (1-y)E_{22}' = y\left[x(\pi_2 - A_2 - B_2) + A_2 - (1-\alpha)C - P\right] + xB_2 + \Pi_2 - P \qquad (6\text{-}15)$$

$$\frac{\mathrm{d}x}{\mathrm{d}t} = y\left(E_{21}' - E_2'\right) = y(1-y)\left[x(\pi_2 - A_2 - B_2) + A_2 - (1-\alpha)C + P\right] \qquad (6\text{-}16)$$

此时系统的演化博弈的均衡点有四个：$O'(0,0)$、$A'(1,0)$、$B'(0,1)$、$C'(1,1)$。当 $P > \max\{\alpha C - A_1, (1-\alpha)C - A_2\}$ 时，系统只存在一个演化均衡点 $C'(1,1)$。即食品供应链供应商和加工商经过长期的博弈，最终实现信息共享的模式。

如果在博弈初始状态，博弈双方均不进行信息共享，但在市场的驱动下，食品供应链供应商和加工商发现，为了顺应市场要求，规避食品供应链风险，如果成功运用信息共享带来的好处，降低食品供应链风险，提高企业的信用和声誉，增加企业的政府好感度，那么博弈双方会改变原来的策略而采取信息共享模式，因为信息共享获得的总体收益高于不共享时的总体收益。当初始状态为一方共享一方不共享时，不共享方会因为风险发生率高而承担政府罚金和声誉损失等，因而迫使不共享方放弃机会主义想法而选择共享策略；共享方会为了获得共享收益而加强其继续合作的动力，因此，演化博弈的结果将是采用信息共享模式降低食品供应链风险，最终赢得超额收益和企业声誉。

6.3.3　食品供应链安全风险防控的模拟仿真

博弈演化至均衡状态的时间和结果与参数值有关，改变参数的初始值即能够改变博弈时间和均衡点。尽管博弈双方信息共享才是该博弈的帕累托最优结果，但是（共享，共享）和（不共享，不共享）两个演化结果都是系统的演化均衡。演化结果的影响因素主要有双方信息共享总成本 C、信息共享时双方的额外收益 π_i、单方共享时共享方的额外收益 A_i 和不共享方的额外收益 B_i，以及政府惩罚力度 P。

1. 演化博弈的系统动力学仿真模型

这里采用Vensim PLE软件对博弈过程进行仿真，假设INITIAL TIME=0，FINAL TIME=50，TIME STEP=1。模型主要参数设置如下：$\Pi_1 = \Pi_2 = 50$，$\pi_1 = \pi_2 = 20$，$A_1 = 9$，$A_2 = 9.5$，$B_1 = B_2 = 10$，$C = 19$，$\alpha = 0.5$，$P = 0$。所建模型如图6-8所示。本部分通过变换各个变量的值，来观察不同赋值情况下博弈双方信息共享概率的演化曲线的位置，分析各个变量与双方信息共享概率的影响关系。

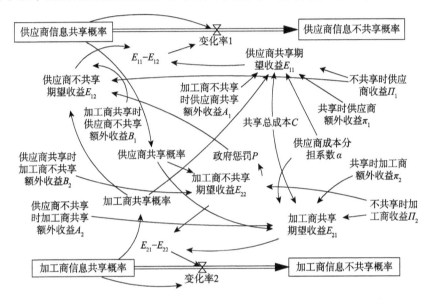

图6-8　食品供应链加工商和供应商信息共享演化博弈系统动力学模型

2. 模拟仿真结果分析

1）共享总成本 C 对共享概率的影响

C 取值不同时系统演化结果如图6-9所示，图中标有1、2、3、4的曲线分别表示 C=16、C=18、C=19、C=21 时系统演化博弈趋势，由图可以看出，随着信息共享成本 C 的增大，系统演化至（共享，共享）状态越来越困难，甚至随着 C 值增大到一定程度之后，系统将无法演化至共享状态而是演化至（不共享，不共享）。因此，信息共享概率随着共享成本的增大而减小，即二者呈负相关关系。其实际意义是，信息共享的成本变大，在其他条件不变的情况下，就会使信息共享超过不共享的剩余利益变小甚至成为负值，那么共享方的共享动力和意愿就会下降，从而不利于信息共享抗风险模式的形成。

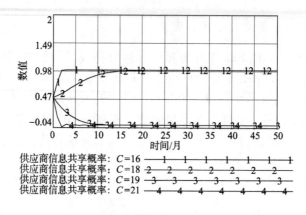

（a）供应商信息共享概率

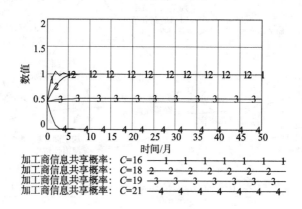

（b）加工商信息共享概率

图6-9　C取值变化时的信息共享概率系统演化结果图

2）双方共享时的额外收益π_i对双方共享概率的影响

π_i取值不同时系统演化结果如图 6-10 所示，图（a）中的曲线分别为π_1=16、π_1=18、π_1=23、π_1=24 时的系统演化结果；图（b）中的曲线分别为π_2=14、π_2=18、π_2=24、π_2=28 时的系统演化结果。从图 6-10 中可以看出，随着π_i值的增大，博弈双方的演化均衡逐渐由（不共享，不共享）转化为（共享，共享），即食品供应链双方共享时的额外收益π_i与博弈双方采用信息共享策略的概率呈正相关关系。其实际意义是当双方都共享时所获得的额外收益逐渐增加，直至对博弈双方具有足够的吸引力的时候，即博弈双方实现共享真的有利可图时，博弈双方就会逐渐看到共享带来的好处，从而积极地选择信息共享模式。

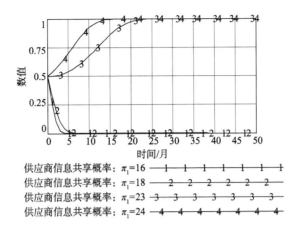

（a）供应商信息共享概率

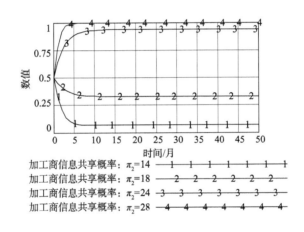

（b）加工商信息共享概率

图 6-10　π_i 取值变化时的信息共享概率系统演化结果图

3）单方共享时共享方的额外收益 A_i 对共享概率的影响

A_i 取值不同时系统演化结果如图 6-11 所示，图中曲线分别为 $A_1=8$、$A_1=9$、$A_1=10$、$A_1=11$ 时供应商和加工商共享概率的演化结果，由图中曲线的位置和形状可以看出，单方共享时共享方所获得的收益越大，信息共享的概率越大，信息共享的意愿就越强，二者呈正相关关系。其实际意义是单方共享时共享方收益越大，共享方就会更加积极地进行信息共享，并极力促成或带动不共享方，因而推动信息共享抗风险模式的实现。

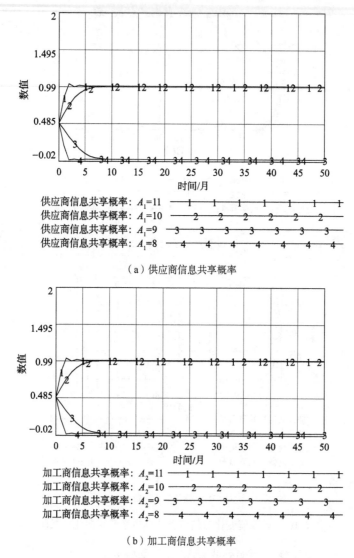

（a）供应商信息共享概率

（b）加工商信息共享概率

图 6-11　A_i 取值变化时的信息共享概率系统演化结果图

4）单方共享时不共享方的额外收益 B_i 对共享概率的影响

B_i 取值不同时系统演化结果如图 6-12 所示，图（a）中曲线分别为 B_1=6、B_1=7、B_1=9、B_1=11 时供应商共享概率的演化结果，图（b）中曲线分别为 B_1=4、B_1=8、B_1=14、B_1=18 时加工商共享概率的演化结果，从图可以看出，单方共享时不共享方所获的额外收益越大，其共享概率越小，二者呈负相关关系。其实际意义是当一方共享一方不共享时，如果不共享方因为不共享所带来的额外收益逐渐增大，则更加坚定了不共享方的不共享意念，同时，这种现象也会动摇共享方的共享意念，使其逐渐转变为不共享模式，则双方朝着（不共享，不共享）这一均衡点演化，更加阻碍了信息共享抗风险模式的形成。

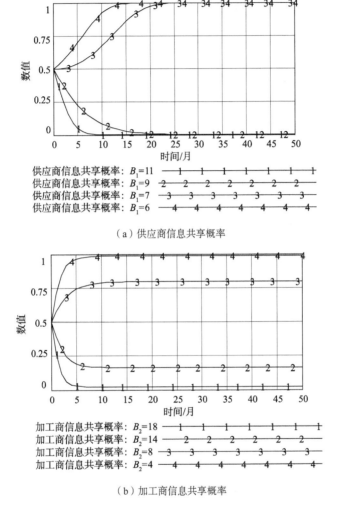

（a）供应商信息共享概率

（b）加工商信息共享概率

图 6-12　B_i 取值变化时的信息共享概率系统演化结果图

5）政府惩罚 P 对共享概率的影响

改变参数"政府惩罚 P"的值，"供应商信息共享概率"和"加工商信息共享概率"会随之变化。模型中主要参数 $\alpha = 0.5$、$C = 19$、$A_1 = 9$、$A_2 = 9.1$，$B_1 = B_2 = 10$，即 $\alpha C - A_1 = 0.5$，$(1-\alpha)C - A_2 = 0.4$，图 6-13 中的曲线分别表示 $P_0 = 0.0 < 0.5$、$P_2 = 0.2 < 0.5$、$P_4 = 0.4 < 0.5$、$P_6 = 0.6 > 0.5$、$P_8 = 0.8 > 0.5$、$P_{10} = 1.0 > 0.5$ 时双方共享概率变化情况。由图 6-13 可知，随着政府惩罚 P 的增大，博弈双

方信息共享概率也逐渐增大，当 $P > \max\{\alpha C - A_1, (1-\alpha)C - A_2\}$ 时，共享概率稳定演化至（1，1）。其实际意义为政府惩罚系数增大，即说明政府惩罚力度加大，当企业风险发生率较高时企业付出的代价越大，这种代价不仅包括政府罚款，还包括企业声誉、政府对企业的信任度、今后企业的各项审批严格程度等因素。因此，加大政府惩罚力度对食品供应链企业采取信息共享抗风险管理模式有着强有力的促进作用。

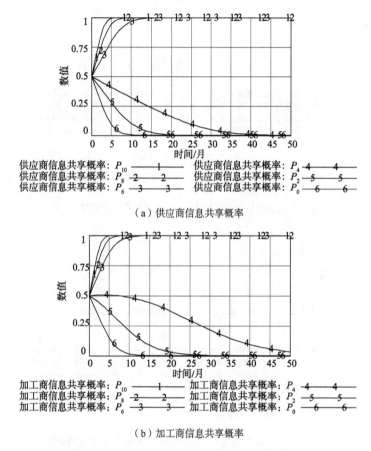

（a）供应商信息共享概率

（b）加工商信息共享概率

图 6-13 政府惩罚参数 P 对演化结果的影响

通过上述分析可知，在食品供应链信息共享博弈中，双方实现共享的概率受到共享成本、共享所能获得的收益及企业的信息吸收与溢出能力的影响。通过改变这些因素可以促进博弈双方朝着（共享，共享）策略演化。加入政府监管因素后，食品供应链供应商和加工商实现信息共享的概率还受到政府惩罚力度的影响。政府惩罚力度越大，博弈双方向着共享策略改进的意愿越大[271]。

6.4　食品供应链安全风险防控模式

6.4.1　食品供应链安全风险管理主体的职责

基于信息共享的食品供应链抗风险模式中并没有绝对的风险管理主体，各个节点企业之间通过共享与风险有关的各种信息来综合统筹管理、协调供应链风险管理决策。在这种模式中供应链各个参与主体地位平等，决策权利对等，是一种基于内部协调合作的、管理主体分散化的模式。除此之外，食品供应链还可以采用集中管理的抗风险模式来应对现有或潜在的风险。集中管理模式要求在供应链内部或外部存在一个风险管理主体，各种有关风险的信息和决策由这一主体统筹决定，抗风险主体的主要职责有以下几点。

1. 风险评估

食品供应链风险评估主要包括风险识别、风险评价和对风险对供应链系统可能造成的影响的估计，主要包括三个方面：一是综合供应链内部运行情况、外部市场环境、自然灾害等突发性事件，跨国经营的情况下还包括外国政府的政策性进入壁垒等各个方面的因素，识别食品供应链现有风险或潜在风险。二是对各种风险按其发生后的影响程度对风险进行排序和归类，确定哪些风险属于重大风险，应该引起足够的重视和采取合理的措施，争取彻底规避这种风险，避免其发生给整个供应链造成重大损失，哪些属于不重要风险，可以提醒各企业适当给予关注。三是评估食品供应链自身的稳定性和抗风险的能力，找出脆弱性环节，并及时采取措施进行改进和巩固。

2. 与风险有关的信息的归集和传递

抗风险主体在风险评估、风险控制、决策制定和传达的过程中都涉及信息的归集和传递。首先，食品供应链抗风险主体要搜集各方面的风险信息，经过专业的加工处理和分析后，将风险管理意见和政策等信息反馈给各个节点企业，使它们事先根据这些信息做好风险防范工作。同时各成员也好将防范措施和效果及时反馈给抗风险主体，便于协调行动一致和做好行动总结。

3. 食品供应链流程分析

食品供应链风险管理主体要防范整个食品供应链系统的风险，就需要了解各个供应链节点企业的运作流程，这就要求抗风险主体对整个供应链进行系统的流程分析，识别其中的薄弱环节，以便于制定更加完善的防范措施。

4. 制定防范措施和管理咨询

不同的风险的产生原因、影响范围和造成的后果都不相同，因此所对应的防范措施也多种多样。食品供应链抗风险主体的主要任务落脚点就是为食品供应链系统制定完善的风险防范体系，并为各个企业提供有关的咨询服务，为它们所面临的问题提供合理的专业性建议[272]。

6.4.2　以核心企业为主体的风险防控模式

食品供应链的风险管理工作与一般的企业风险管理不尽相同，不仅是由于食品的特殊性和食品供应链的特殊性，更是因为食品供应链本身就是多个供应链系统参与主体的集合体。参与主体众多，需要管理的风险客体同样具有多样性和复杂性，导致食品供应链抗风险模式的多样化，尤其是食品供应链抗风险主体的选择多样化。若仅仅是单一企业，那么就具有比较明确的主客体关系，其抗风险主体就是企业本身，管理对象（客体）就是来自企业内部和外部的对企业正常运营、企业利益、企业声誉等造成损害或潜在威胁的事件。由于是单一的风险利益体，无论在目标协调、方法选择还是政策调整方面都具有较强的灵活性和可控性。但是，食品供应链是一个由地理位置不同、行为方式不同、问题处理习惯和原则不同、经营目标不同的多个经济主体组成的集群组织，这些企业实体之间既相互作用、相互联系，同时又相互独立、自负盈亏，再加上食品的独特性，导致食品供应链风险管理比单个企业或普通供应链的风险管理的内容更加复杂、范围更加宽泛、组织协调更加困难、不确定因素更多。因此，食品供应链抗风险管理不再是仅仅顾及每个企业的运作和环境，关键是还要站在整个供应链的高度，根据食品供应链整体的链条强韧性、整体所面临的风险和环境，同时结合每个企业实体的优势和劣势，加大食品供应链风险管理和协调力度。

要进行食品供应链抗风险主体的选择，首先要考虑到食品供应链风险管理的影响范围，食品供应链抗风险模式要抗击的是食品供应链的整体风险，而不仅仅是链中某个独立的食品企业的风险。因此，食品供应链抗风险主体即风险抵御行为的执行者应该具有对供应链全局进行管理监督的能力和权利。大多数情况下，食品供应链核心企业应该首先担当起这项责任。

食品供应链主要是围绕供应链核心企业而建立的，供应链核心企业一般是大型的生产制造业，也不排除一些有实力和影响力的其他类型企业（如零售业巨头沃尔玛就是其供应链条的核心企业），它们大多在人力资源、资金和银行信贷能力、技术设备、先进的经营管理理念和丰富的运作经验等方面具有相对明显的优势，是整个供应链的核心，在供应链运作中起主导作用。这种主导作用在食品供应链选择合适的抗风险模式时也应该被利用起来，使其得到充分的发挥。食品供应链核心企业一般是供应链的信息、资金交换中心和物流集散地，上下游企业都以核心企业为中心围绕其调整相关运作方式，所以其更具备获取、加工处理各方面信息和协调组织的能力。另外，由于其核心地位，一般具有较大的规模优势和影响控制优势，具有一定的决策影响力，甚至对供应链系统中一些不积极配合的成员采取强制或惩罚措施。因此，以核心企业为主体的抗风险模式具有一定的代表性和可行性，并且能够充分利用核心企业的优势来为其他企业提供有关风险管理方面的咨询业务，不仅能够降低供应链整体的抗风险成本，还能使核心企业从中获益。以核心企业为主体的食品供应链风险防控模式示意图如图 6-14 所示。

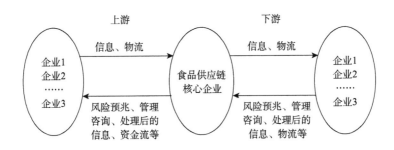

图 6-14　以核心企业为主体的食品供应链风险防控模式示意图

6.4.3　以链内专门风险管理小组为主体的风险防控模式

企业个体为抵御来自企业内部和外部的各种风险，可以在企业内部成立专门的风险管理小组，任命对企业自身情况和外部市场环境都有一定了解的人员负责风险管理小组的工作。在食品供应链中同样可以采用这种抗风险模式，在食品供应链内成立专门的风险管理小组或机构，可以在对食品供应链整体的运作和服务有相对重大影响的节点企业中选择些许对食品供应链链内运作及链外环境均有较深了解的人员加入，这样做既保证了风险管理小组的人员素质质量，也充分保证了风险管理小组对整个供应链中每个重要节点企业的了解。另外，小组成员通常是在重要节点企业中有一定地位的管理层，保证了风险管理小组在食品供应链中的影响力和控制力。

在这种模式中，食品供应链各个参与企业主体都将自己识别出的各种各样的内外部风险及时反馈给风险管理小组。同时，风险管理小组也通过自身能力获取整个供应链所能识别的一切风险，通过归集各个企业传达的风险和自己识别的风险，对其进行加工、处理和评估，将识别出的各种可能的风险按照发生率的高低、对整个食品供应链或者某个节点企业的生产运营及企业声誉的影响程度进行排序，分别制订不同的风险管理和控制方案，复核后将方案下发到各个企业，以保证食品供应链的安全性，降低供应链的脆弱性。以链内专门风险管理小组为主体的风险防控模式示意图，如图 6-15 所示。

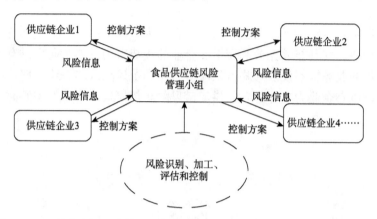

图 6-15 以链内专门风险管理小组为主体的食品供应链风险防控模式示意图

6.4.4 以链外第三方风险管理机构为主体的风险防控模式

前述的基于信息共享、基于核心企业和基于供应链内专门风险管理机构的三种食品供应链抗风险模式，都是以食品供应链内部组织为主体，但是，随着第三方机构的兴起，将食品供应链风险管理工作交给链外第三方管理的模式也逐渐变得可行，这里的第三方机构包括一些专门的供应链管理咨询组织或风险管理咨询公司。第三方机构一般都是专注于某一领域的专业机构，具有比其他企业或组织更强的专业性、服务性和独立性优势。采用以链外第三方管理机构为主体的食品供应链抗风险模式，一方面，第三方能够提供更加专业性的服务，对技术、方法、市场、政策的变化较为敏感；另一方面，基于链外第三方的食品供应链抗风险模式使得企业不必在食品供应链内部建立专门的食品供应链风险管理机构，不必设立和培养专门的风险管理人员，为食品供应链节约了时间、空间、人力、物力和资金资源；另外，不将风险管理的权利交由任何一个食品供应链内部企业，也避免了强权控制的出现。这种模式的关键问题是选择一个专业、可靠、先进的第三方作为供应链的风险管理方和控制方。为避免某个链内主体与第三方关系过密而导致第三方不能完全中立的情况，这个选择过程应由各个供应链主体分别派出一个或多个代表，组织到一起进行讨论，综合评价第三方各方面的综合能力，共同决定第三方风险管理机构的选择与否。

以链外第三方为风险管理主体的食品供应链风险管理模式主要通过链外第三方全权管理食品供应链风险，食品供应链会按照需求提供风险管理第三方所需的有关资料和数据，但是要保证在不泄露商业机密的情况下，或者与第三方签订保密协议，由第三方风险管理企业利用其专业知识和资源，结合供应链所提供的数据，密切专注和预测市场环境和政府政策等变化，为食品供应链提供合适的风险规避方案、风险预警信息和指引。以链外第三方为风险管理主体的食品供应链风险防控模式如图6-16所示。

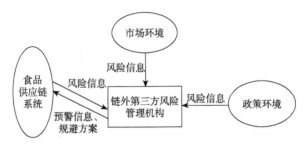

图 6-16　以链外第三方为风险管理主体的食品供应链风险防控模式示意图

6.4.5　三种风险防控模式比较

以上提出的三种管理主体集中的食品供应链风险防控模式各有特色。

1. 权利核心比较

以核心企业为主体的模式的风险管理权、与风险有关的决策权及主导权都掌握在供应链核心企业手中；以链内专门风险管理小组为主体的模式中，与供应链风险有关的权利掌握在所成立的风险管理小组手中；以链外第三方为主体的模式的风险管理决策权和控制权掌握在与其合作的链外第三方风险管理机构手中。

2. 优缺点比较

核心企业主体模式与风险有关的权利集中于食品供应链的核心企业，一方面可能造成核心企业风险管理方面耗费较多，另一方面可能出现其他成员企业不予配合的情况，主要出于不信任。再者，由于核心企业在供应链中的各方面存在优势，有可能会产生自利主义行为，即主要考虑对自己有利的方法和策略并强制其他企业执行，或者在风险政策制定或管理中出现明显的偏袒等。以链外第三方为主体的模式虽然可以使供应链参与者集中精力参与自身的主营业务，不必在风险管理方面分散人力、物力和财力，但是将整个供应链的风险管理这部分重要业务交由链外人员管理，一方面链外机构的资质、专业程度、经验、独立性要求是进行选择的首要影响因素；另一方面由于链外机构要统筹管理供应链内外部风险，就需要清楚掌握链内每个企业的运行情况和存在的薄弱环节，此过程必然涉及链内信息向链外传递，容易造成商业秘密的泄露；再者，链内企业是否会隐藏一些重要信息等也是一个不易把握的难题。在链内成立专门小组的模式恰好弥补了前两种模式的不足，是一种比较可取的抗风险模式。至于究竟如何选择，选择哪一种，还要看不同食品供应链的不同情况，综合各个参与主体的意愿，由供应链系统参与者共同决定。

6.5 本 章 小 结

本章从以下几方面进行论述。首先，对食品供应链安全信息风险的形成进行动因分析，详细介绍了牛鞭效应的内涵即产生原因，介绍了牛鞭效应产生的食品供应链风险，指出有效控制牛鞭效应对食品供应链来说显得更为重要。其次，基于食品供应链安全风险防控的动力学机制，探讨了食品供应链系统风险管理模式多样性的形成过程，并通过考虑牛鞭效应的食品供应链系统动力学模型，模拟食品供应链系统中的牛鞭效应问题，构建了食品供应链订货系统的系统动力学模型等，达到抑制牛鞭效应的影响、降低食品供应链风险、保证食品供应链整体效益最大化的目的。再次，根据食品供应链安全风险防控的演化博弈机制，构建了食品供应链信息共享的演化博弈模型及政府惩罚机制下食品供应链风险防控演化博弈模型，并通过食品供应链安全风险防控的模拟仿真，构建了食品供应链加工商和供应商信息共享演化博弈系统动力学模型。指出在食品供应链信息共享博弈中，双方实现共享的概率受到共享成本、共享所能获得的收益、企业的信息吸收与溢出能力及政府惩罚度的影响，结果表明，政府惩罚力度越大，博弈双方向着共享策略改进的意愿越大。最后，提出了食品供应链安全风险防控的三种模式，并对三种风险防控模式进行了比较。

第7章 基于供应链的食品安全 综合评价

7.1 食品供应链安全综合评价指标体系

7.1.1 评价指标筛选原则

指标体系由一系列具有内在关系的单项指标组合而成，要使指标体系最简洁有效，选择的指标必须有效，数量必须尽量少且合理。因此，在选择指标时必须遵照一定的原则。

1. 指标与食品安全问题的契合度

构建食品安全综合评价指标体系的主要目标是评价食品安全程度，及时发现食品安全问题，因此，所选指标要能反映出食品的安全水平。

2. 指标对食品安全管理的重要作用

不同的指标是食品安全管理不同侧面和内容的反映，对食品安全管理的重要程度和效果也是不一样的，越是能够保证食品安全的指标越应该入选。

3. 指标对食品安全管理具体方式和措施的代表性

食品安全管理主要通过具体的管理措施来保证食品安全，选择具有代表性的指标可以尽量减少指标间的重复性，进而减少工作量，降低误差。

7.1.2 评价指标体系构建

根据 1.4.4 小节，食品供应链包括从食品原材料供应、食品生产加工、食品储藏运输、食品销售到食品消费的各个环节。本节通过对食品供应链上的食品安全影响因素进行分析，选取合理的指标，构建含有总体层、指数层、指标层的食品供应链安全综合评价指标体系，如图 7-1 所示。

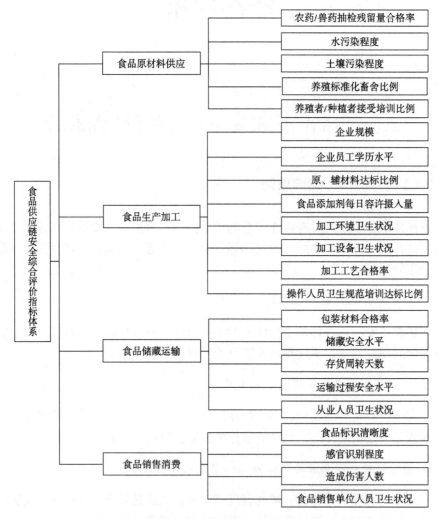

图 7-1 食品供应链安全综合评价指标体系

1. 总体层

总体层即食品供应链的食品安全的总体安全状况，代表食品安全的总体状况和安全发展态势。

2. 指数层

指数层指食品安全综合水平的指数，主要包括食品原材料供应安全指数、食品生产加工安全指数、食品储藏运输安全指数和食品销售消费安全指数。这些指标的数值高低表示不同的安全状况。

3. 指标层

这一层指标是基础评价指标，具体反映出各环节上的食品安全状况。

7.1.3　评价指标释义分析

1. 食品原材料供应环节指标分析

1）农药/兽药抽检残留量合格率

农药或兽药的残留量在很大程度上影响食品安全，但由于它们的种类较多，对于不同食品其最高残留限量不同，并没有普遍适合各类食品的通用标准。因此，对于农药或兽药残留量应根据实际应用划分等级。为了便于数据获得，本书用农药或兽药抽检残留量合格率来代表食品中农药或兽药残留等级。

2）水污染程度

食品供应链中的饮用水或灌溉水都应该符合生活饮用水卫生质量标准的基本要求，由于饮用水卫生质量标准所涉及的指标众多，饮用水是否合乎标准，通常需要测定水中微生物菌落总数。例如，在《生活饮用水卫生标准》（GB5749—2006）中规定细菌总数限值为 100CFU/毫升（每毫升样品中含有的细菌菌落总数）。

3）土壤污染程度

造成土壤污染的污染物可分为两大类，即无机污染物和有机污染物。无机污染物主要是由酸、碱、重金属、盐类和含砷、硒、氟的化合物等造成的。有机污染物主要是由有机农药、石油等带来的有害微生物等造成的。土壤中某些有害物质或其分解产物逐渐积累，就会通过食物链直接或间接被人体吸收，危害人体健康。关于土壤的质量等级，《土壤环境质量标准》（GB15618—1995）中做出了详细规定，本书中以重金属汞含量为主要参照。

4）养殖标准化畜舍比例

养殖标准化畜舍比例即标准化畜舍占所有畜舍的比例，用来代表养殖环境的安全水平。标准化畜舍是标准化安全养殖的基础条件。标准化畜舍指各类畜舍都按照标准化养殖规程中的面积、规格尺寸、配套设施等方面要求而修建的适合标准化、规模化养殖的畜舍。本书将畜舍的打扫、冲洗、消毒等卫生措施的频率、范围也归于标准化畜舍的标准。

5）养殖者/种植者接受培训比例

接受技术培训的养殖者或种植者占所有养殖者或种植者的比例，可以代表养殖者或种植者的安全意识水平。

2. 食品生产加工环节指标分析

1）企业规模

企业本身规模的大小是企业实力的体现。实力强的企业对食品安全的监督力度更强，生产出的产品质量更加安全可靠。根据 2011 年国家企业规模划分标准，食品企业适用批发业标准，从业人员小于 5 人为微型企业，5~20 人为小型企业，20~200 人为中型企业，200 人以上为大型企业，500 人以上为特大型企业。

2）企业员工学历水平

优秀的企业员工可以将所学的先进科学技术运用于生产中，将劳动力转化为生产力。企业员工的受教育程度水平高，一方面，有利于企业提高生产效率；另一方面，具有较高素质和生产技术的企业员工，经过培训后可以完全达到规范操作，这样可以更有效地保障食品质量安全。2010 年我国人口受教育程度在初中及以上的占 66.25%，因此本书将企业受教育程度起点定位为 66%。

3）原、辅材料达标比例

我国主要的原、辅材料多数都具有国家卫生标准、行业标准、地方标准或企业标准，仅有少数无标准。本书以原、辅材料达标比例来代表原、辅材料的安全性，并从消费者角度出发，规定达标比例至少为 70%。原、辅料抽检合格率 =（抽检合格批次/抽检批次总数）×100%。

4）食品添加剂每日容许摄入量

根据食品添加剂的安全性，联合国食品添加剂法规委员会和联合国食品添加剂专家委员会将食品添加剂分为 A、B、C 三类。A 类是已制定出人体每日允许摄入量值和暂定人体每日允许摄入量值的食品添加剂；B 类是已进行了安全评价但并未确定人体每日允许摄入量值，以及未进行安全评价的食品添加剂；C 类是指在食品中使用不安全，应该进行严格限制其使用的食品添加剂。相比 A、B 类食品添加剂，C 类的危险性更高，本书主要考虑 C 类食品添加剂的人体每日允许摄入量值。由于食品添加剂种类繁多，标准各异，故具体食品添加剂种类和安全参考值应以实证研究中所选食品为标准。

本书以乳品中的三聚氰胺为例，国家质量监督检验检疫总局制定了乳品中三聚氰胺的限值，根据规定，婴幼儿配方乳粉中的三聚氰胺限量值为1毫克/千克，液态奶、奶粉、其他配方乳粉中三聚氰胺的限量值为 2.5 毫克/千克，其他食品中（含乳 15%以上）的三聚氰胺的限量值为 2.5 毫克/千克。

5）加工环境卫生状况

对于加工环境的卫生状况，本书主要以室内空气污染程度为标准，可采用空气暴露法来评价生产车间中空气的洁净程度。室内空气污染程度的分级参考数据如表 7-1 所示。

表 7-1　室内空气污染程度的分级参考数据

落下菌数（个/厘米²）	空气污染程度	评价
30 以下	清洁	安全
30~50	中等清洁	较安全
50~70	低等清洁	应加注意
70~100	高度污染	应对空气进行消毒
100 以上	严重污染	禁止加工

6）加工设备卫生状况

对于一般的食品企业，每天的生产加工结束后都应对器具进行清洗消毒，应该保证清洗消毒后的食品接触面细菌总数低于 100 个/厘米²。

7）加工工艺合格率

加工工艺是食品供应链上食品企业的核心竞争力，一般很难定量进行分析，故采用定性描述，其数值由主观赋值。本书中将加工工艺合格率划分为五个等级。

8）操作人员卫生规范培训达标比例

企业应定期对操作人员进行操作规范培训，采用定性描述，并进行主观打分考核评估。

3. 食品储藏运输环节指标分析

1）包装材料合格率

由于食品包装材料本身不合格，或包装材料中添加剂的使用违反要求，或印刷油墨中苯类溶剂及重金属残留等原因，不合格的食品包装材料严重威胁食品安全。近年来，食品包装材料的抽样合格率普遍偏低，只有 50%~60%，由此引起的食品污染事件频频发生，严重威胁消费者的身体健康。因此，为了保证食品的安全性，应该尽量使食品的包装材料合格率达到 90%以上。

2）储藏安全水平

储藏安全水平主要由工作人员对仓库的卫生消毒状况、温度、湿度等环境状况进行主观打分来评价。首先对仓库卫生的各项指标划分分值，总分为 100 分，每日对各项指标达标情况进行打分得出每日总分，规定 80 分为合格分数。统计每周的合格达标率，即得到储藏安全水平。

3）存货周转天数

食品的质量安全会受到温度、湿度等环境的影响，因此，任何食品都有最佳食用的期限，即保质期。企业的运输工具水平、库存水平决定着食品的安全性。以乳品企业的鲜奶产品为例，其保质期通常为 1~2 天，若超过 7 天，其质量安全就会受到严重威胁。本书中为了尽量保证食品新鲜，也参照乳品企业的周转天数标准。

4）运输过程安全水平

运输过程安全水平主要由工作人员对运输车的卫生消毒状况、车厢内的温度和湿度等环境状况进行主观打分来评价。首先对运输过程中的各项指标划分分值，总分为 100 分，每日对各项指标达标情况进行打分得出每日总分，规定 80 分为合格分数。统计每周的合格达标率，即得到运输过程安全水平。

5）从业人员卫生状况

从业人员卫生状况主要通过定期对从业人员进行卫生检测考评，以主观打分来评价。每周考评合格人数占总考评人数的比例即从业人员卫生状况。

4. 食品销售消费环节指标分析

1）食品标识清晰度

食品标识是粘贴或印刷在食品或者包装上的一些相关信息，这些信息对食品的名称、质量、使用方法、属性、产地等相关信息进行详细的说明。标识得越清晰，顾客越清楚明白，越能了解该食品的安全级别。食品的安全程度可以依据标识的清晰程度来确定，标识得越清晰，说明该食品的安全等级越高。该指标通过主观打分进行评价。

2）感官识别程度

感官识别程度是销售过程中的指标，感官识别就是依据食品的外观、气味、浓度、黏度等与质构、风味、声音等通过感官来鉴别食品质量的一种方法。该指标反映食品的色泽、气味、浓度等特征，可以通过划分等级、主观打分进行评价。

3）造成伤害人数

根据 2011 年修订的《国家食品安全事故应急预案》及相关政策，食品安全事故分级可以为：伤害人数 30 人以上、100 人以下、无人员死亡的食品安全事故为一般食品安全事故；伤亡人数 100 人以上或出现死亡病例的食品安全事故为较大安全事故；伤害人数 100 人以上，10 例以上死亡病例的食品安全事件为重大食品安全事故。

4）食品销售单位人员卫生状况

食品销售单位人员卫生状况主要通过定期对从业人员进行卫生检测考评，以主观打分来评价。每周考评合格人数占总考评人数的比例即人员卫生状况。

根据以上分析，得到食品供应链安全综合评价体系指标说明，如表7-2所示。

表 7-2　食品供应链安全综合评价指标体系指标说明

总体层	指数层	指标层	说明
食品供应链安全综合评价水平	食品原材料供应安全指数	农药/兽药抽检残留量合格率	定量描述
		水污染程度	定量描述
		土壤污染程度	定量描述
		养殖标准化畜舍比例	定量描述
		养殖者/种植者接受培训比例	定量描述
	食品生产加工安全指数	企业规模	定量描述
		企业员工学历水平	定量描述
		原、辅材料达标比例	定量描述
		食品添加剂每日容许摄入量	定量描述
		加工环境卫生状况	定量描述
		加工设备卫生状况	定量描述
		加工工艺合格率	定性描述，主观赋值
		操作人员卫生规范培训达标比例	定性描述，主观赋值
	食品储藏运输安全指数	包装材料合格率	定量描述
		储藏安全水平	定性描述，主观赋值
		存货周转天数	定量描述
		运输过程安全水平	定性描述，主观赋值
		从业人员卫生状况	定性描述，主观赋值
	食品销售消费安全指数	食品标识清晰度	定性描述，主观赋值
		感官识别程度	定性描述，主观赋值
		造成伤害人数	定量描述
		食品销售单位人员卫生状况	定性描述，主观赋值

7.2　乳品供应链食品安全综合评价

根据5.4.3小节所述可拓物元模型评价方法，以及相关文献[273, 274]，选取某乳品企业食品供应链为实例，对其食品安全水平进行综合评价。

7.2.1　乳品供应链食品安全综合评价指标体系

本节根据7.1节所构建的评价指标体系，结合该乳品企业相关实际情况，从食品原材料供应、食品生产加工、食品储藏运输、食品销售消费四个环节出发选取指标，构建乳品供应链食品安全综合评价指标体系，如表 7-3 所示。

表 7-3 某乳品企业乳品供应链食品安全综合评价指标体系

总体层	指数层	指标层
乳品供应链食品安全水平	食品原材料供应安全指数	兽药抽检残留量合格率 C_1
		水污染程度 C_2
		土壤污染程度 C_3
		养殖标准化畜舍比例 C_4
		养殖者接受培训比例 C_5
	食品生产加工安全指数	企业规模 C_6
		企业员工学历水平 C_7
		原、辅材料达标比例 C_8
		食品添加剂每日容许摄入量 C_9
		加工环境卫生状况 C_{10}
		加工设备卫生状况 C_{11}
		加工工艺合格率 C_{12}
		操作人员卫生规范培训达标比例 C_{13}
	食品储藏运输安全指数	包装材料合格率 C_{14}
		储藏安全水平 C_{15}
		存货周转天数 C_{16}
		运输过程安全水平 C_{17}
		从业人员卫生状况 C_{18}
	食品销售消费安全指数	食品标识清晰度 C_{19}
		感官识别程度 C_{20}
		造成伤害人数 C_{21}
		食品销售单位人员卫生状况 C_{22}

7.2.2 经典域和节域确定

本节构建的食品安全综合评价指标体系，从原材料供应、生产、运输到消费四个方面选取了较为重要的 22 项指标。评价级别采用五点尺度量表评定法进行划分。根据此方法，本书将上述食品安全程度划分为五个等级，即非常安全（N_1）、比较安全（N_2）、应加注意（N_3）、较不安全（N_4）和非常不安全（N_5）。

根据 7.1.3 小节中对各指标的详细说明，结合乳品供应链食品安全自身特

点和乳品生产标准，得到各项食品安全指标的安全等级及取值范围，如表 7-4
所示。

表 7-4　乳品供应链食品安全指标等级及指标范围

指数	指标	非常安全	比较安全	应加注意	较不安全	非常不安全	取值范围
食品原材料供应安全指数	兽药抽检残留量合格率 C_1	(90%, 100%]	(80%, 90%]	(70%, 80%]	(60%, 70%]	(0, 60%]	[0, 100%]
	水污染程度 C_2/（CFU/毫升）	(0, 10]	(10, 20]	(20, 30]	(30, 40]	(40, 100]	[0, 100]
	土壤污染程度 C_3/（毫克/千克）	(0, 0.15]	(0.15, 0.3]	(0.3, 0.5]	(0.5, 1.0]	(1.0, 1.5]	[0, 1.5]
	养殖标准化畜舍比例 C_4	(80%, 100%]	(60%, 80%]	(40%, 60%]	(20%, 40%]	(0, 20%]	[0, 100%]
	养殖者接受培训比例 C_5	(80%, 100%]	(60%, 80%]	(40%, 60%]	(20%, 40%]	(0, 20%]	[0, 100%]
食品生产加工安全指数	企业规模 C_6/人	(500, 1 000]	(200, 500]	(20, 200]	(5, 20]	(1, 5]	[1, 1 000]
	企业员工学历水平 C_7	(83%, 100%]	(66%, 83%]	(49%, 66%]	(32%, 49%]	(0, 32%]	[0, 100%]
	原、辅材料达标比例 C_8	(85%, 100%]	(70%, 85%]	(55%, 70%]	(40%, 55%]	(0, 40%]	[0, 100%]
	食品添加剂每日容许摄入量 C_9/（毫克/千克）	(0, 1]	(1, 1.5]	(1.5, 2.5]	(2.5, 3]	(3, 4]	[0, 4]
	加工环境卫生状况 C_{10}/（个/厘米²）	(0, 30]	(30, 50]	(50, 70]	(70, 90]	(90, 100]	[0, 100]
	加工设备卫生状况 C_{11}/（个/厘米²）	(0, 50]	(50, 100]	(100, 150]	(150, 200]	(200, 250]	[0, 250]
	加工工艺合格率 C_{12}	(80%, 100%]	(60%, 80%]	(40%, 60%]	(20%, 40%]	(0, 20%]	[0, 100%]
	操作人员卫生规范培训达标比例 C_{13}	(80%, 100%]	(60%, 80%]	(40%, 60%]	(20%, 40%]	(0, 20%]	[0, 100%]
食品储藏运输安全指数	包装材料合格率 C_{14}	(95%, 100%]	(90%, 95%]	(70%, 90%]	(50%, 70%]	(0, 50%]	[0, 100%]
	储藏安全水平 C_{15}	(90%, 100%]	(80%, 90%]	(70%, 80%]	(60%, 70%]	(0, 60%]	[0, 100%]
	存货周转天数 C_{16}/天	(1, 3]	(3, 5]	(5, 7]	(7, 9]	(9, 11]	(1, 11]
	运输过程安全水平 C_{17}	(90%, 100%]	(80%, 90%]	(70%, 80%]	(60%, 70%]	(0, 60%]	[0, 100%]
	从业人员卫生状况 C_{18}	(90%, 100%]	(80%, 90%]	(70%, 80%]	(60%, 70%]	(0, 60%]	[0, 100%]
食品销售消费安全指数	食品标识清晰度 C_{19}	(90%, 100%]	(80%, 90%]	(70%, 80%]	(60%, 70%]	(0, 60%]	[0, 100%]

续表

指数	指标	非常安全	比较安全	应加注意	较不安全	非常不安全	取值范围
食品销售消费安全指数	感官识别程度 C_{20}	(90%,100%]	(80%,90%]	(70%,80%]	(60%,70%]	(0,60%]	[0,100%]
	造成伤害人数 C_{21}/人	(0,5]	(5,10]	(10,15]	(15,20]	(20,30]	[0,30]
	食品销售单位人员卫生状况 C_{22}	(90%,100%]	(80%,90%]	(70%,80%]	(60%,70%]	(0,60%]	[0,100%]

1. 经典域

根据表 7-4，取乳品供应链食品安全指标等级对应的取值范围作为经典域。

$$
R_0 = \begin{array}{c|cccccc}
 & N_0 & N_1 & N_2 & N_3 & N_4 & N_5 \\
C_1 & (90\%,100\%) & (80\%,90\%) & (70\%,80\%) & (60\%,70\%) & (0,60\%) \\
C_2 & (0,10) & (10,20) & (20,30) & (30,40) & (40,100) \\
C_3 & (0,0.15) & (0.15,0.3) & (0.3,0.5) & (0.5,1.0) & (1.0,1.5) \\
C_4 & (80\%,100\%) & (60\%,80\%) & (40\%,60\%) & (20\%,40\%) & (0,20\%) \\
C_5 & (80\%,100\%) & (60\%,80\%) & (40\%,60\%) & (20\%,40\%) & (0,20\%) \\
C_6 & (500,1000) & (200,500) & (20,200) & (5,20) & (1,5) \\
C_7 & (83\%,100\%) & (66\%,83\%) & (49\%,66\%) & (32\%,49\%) & (0,32\%) \\
C_8 & (85\%,100\%) & (70\%,85\%) & (55\%,70\%) & (40\%,55\%) & (0,40\%) \\
C_9 & (0,1) & (1,1.5) & (1.5,2.5) & (2.5,3) & (3,4) \\
C_{10} & (0,30) & (30,50) & (50,70) & (70,90) & (90,100) \\
C_{11} & (0,50) & (50,100) & (100,150) & (150,200) & (200,250) \\
C_{12} & (80\%,100\%) & (60\%,80\%) & (40\%,60\%) & (20\%,40\%) & (0,20\%) \\
C_{13} & (80\%,100\%) & (60\%,80\%) & (40\%,60\%) & (20\%,40\%) & (0,20\%) \\
C_{14} & (95\%,100\%) & (90\%,95\%) & (70\%,90\%) & (50\%,70\%) & (0,50\%) \\
C_{15} & (90\%,100\%) & (80\%,90\%) & (70\%,80\%) & (60\%,70\%) & (0,60\%) \\
C_{16} & (1,3) & (3,5) & (5,7) & (7,9) & (9,11) \\
C_{17} & (90\%,100\%) & (80\%,90\%) & (70\%,80\%) & (60\%,70\%) & (0,60\%) \\
C_{18} & (90\%,100\%) & (80\%,90\%) & (70\%,80\%) & (60\%,70\%) & (0,60\%) \\
C_{19} & (90\%,100\%) & (80\%,90\%) & (70\%,80\%) & (60\%,70\%) & (0,60\%) \\
C_{20} & (90\%,100\%) & (80\%,90\%) & (70\%,80\%) & (60\%,70\%) & (0,60\%) \\
C_{21} & (0,5) & (5,10) & (10,15) & (15,20) & (20,30) \\
C_{22} & (90\%,100\%) & (80\%,90\%) & (70\%,80\%) & (60\%,70\%) & (0,60\%)
\end{array}
$$

2. 节域

根据表 7-4，取乳品供应链食品安全指标取值范围作为节域。

$$
\boldsymbol{R}_P =
\begin{bmatrix}
N_P & C_1 & (0,100\%) \\
& C_2 & (0,100) \\
& C_3 & (0,1.5) \\
& C_4 & (0,100\%) \\
& C_5 & (0,100\%) \\
& C_6 & (1,1\,000) \\
& C_7 & (0,100\%) \\
& C_8 & (0,100\%) \\
& C_9 & (0,4) \\
& C_{10} & (0,100) \\
& C_{11} & (0,250) \\
& C_{12} & (0,100\%) \\
& C_{13} & (0,100\%) \\
& C_{14} & (0,100\%) \\
& C_{15} & (0,100\%) \\
& C_{16} & (1,11) \\
& C_{17} & (0,100\%) \\
& C_{18} & (0,100\%) \\
& C_{19} & (0,100\%) \\
& C_{20} & (0,100\%) \\
& C_{21} & (0,30) \\
& C_{22} & (0,100\%)
\end{bmatrix}
$$

7.2.3　指标权重系数确定

经过实地调查，并对某乳品企业食品供应链食品安全质量检测中心收集的相关数据进行整理，得到该乳品企业鲜牛奶供应链的各项指标数据如表 7-5 所示。

表 7-5 某乳品企业鲜牛奶供应链食品安全指标数值

指标	数值
兽药抽检残留量合格率 C_1	82%
水污染程度 C_2/（CFU/毫升）	25
土壤污染程度 C_3/（毫克/千克）	0.37
养殖标准化畜舍比例 C_4	79%
养殖者接受培训比例 C_5	57%
企业规模 C_6/人	180
企业员工学历水平 C_7	75%
原、辅材料达标比例 C_8	95%
食品添加剂每日容许摄入量 C_9/（毫克/千克）	1.6
加工环境卫生状况 C_{10}/（个/厘米^2）	61
加工设备卫生状况 C_{11}/（个/厘米^2）	120
加工工艺合格率 C_{12}	73%
操作人员卫生规范培训达标比例 C_{13}	53%
包装材料合格率 C_{14}	94%
储藏安全水平 C_{15}	67%
存货周转天数 C_{16}/天	2.5
运输过程安全水平 C_{17}	62%
从业人员卫生状况 C_{18}	67%
食品标识清晰度 C_{19}	69%
感官识别程度 C_{20}	87%
造成伤害人数 C_{21}/人	2
食品销售单位人员卫生状况 C_{22}	63%

根据 5.5.3 小节，将相关数据依次代入式（5-5）~式（5-7），并利用 MATLAB 进行计算，得到各指标权重结果，如表 7-6 所示。

表 7-6 某乳品企业鲜牛奶供应链食品安全指标权重值

指标	权重
兽药抽检残留量合格率 C_1	0.025 9
水污染程度 C_2	0.048 6
土壤污染程度 C_3	0.043 8
养殖标准化畜舍比例 C_4	0.042 1
养殖者接受培训比例 C_5	0.060 0
企业规模 C_6	0.061 2
企业员工学历水平 C_7	0.033 1

续表

指标	权重
原、辅材料达标比例 C_8	0.018 0
食品添加剂每日容许摄入量 C_9	0.035 7
加工环境卫生状况 C_{10}	0.050 2
加工设备卫生状况 C_{11}	0.045 4
加工工艺合格率 C_{12}	0.035 7
操作人员卫生规范培训达标比例 C_{13}	0.053 5
包装材料合格率 C_{14}	0.038 9
储藏安全水平 C_{15}	0.073 5
存货周转天数 C_{16}	0.018 9
运输过程安全水平 C_{17}	0.051 9
从业人员卫生状况 C_{18}	0.073 5
食品标识清晰度 C_{19}	0.082 1
感官识别程度 C_{20}	0.036 7
造成伤害人数 C_{21}	0.015 1
食品销售单位人员卫生状况 C_{22}	0.056 2
权重和	1

7.2.4 关联函数和关联度确定

根据 5.5.3 小节，利用式（5-8）~式（5-10），通过 MATLAB 进行计算，得到各指标关于评价级别的关联函数值，如表 7-7 所示。

表 7-7 某乳品企业鲜牛奶供应链食品安全指标关联函数值

指标	$K_1(V_{pi})$	$K_2(V_{pi})$	$K_3(V_{pi})$	$K_4(V_{pi})$	$K_5(V_{pi})$
兽药抽检残留量合格率 C_1	0.571 4	-0.083 3	0.100 0	1.200 0	-0.366 7
水污染程度 C_2	-0.375 0	-0.166 7	0.250 0	-0.166 7	-0.375 0
土壤污染程度 C_3	-0.372 9	-0.159 1	0.233 3	-0.260 0	-0.630 0
养殖标准化畜舍比例 C_4	0.017 2	-0.016 7	0.475 0	1.950 0	-2.950 0
养殖者接受培训比例 C_5	1.642 9	0.088 2	-0.075 0	0.850 0	-1.850 0
企业规模 C_6	-0.640 0	0.066 7	-0.058 8	1.000 0	1.206 9
企业员工学历水平 C_7	0.228 6	-0.156 9	0.264 7	1.529 4	-1.343 8
原、辅材料达标比例 C_8	-0.083 3	0.222 2	0.833 3	2.666 7	-1.375 0
食品添加剂每日容许摄入量 C_9	-0.272 7	-0.058 8	0.066 7	-0.360 0	-0.466 7
加工环境卫生状况 C_{10}	-0.442 9	-0.220 0	0.300 0	-0.187 5	-0.426 5
加工设备卫生状况 C_{11}	-0.368 4	-0.142 9	0.200 0	-0.200 0	-0.400 0

续表

指标	$K_1 (V_{pi})$	$K_2 (V_{pi})$	$K_3 (V_{pi})$	$K_4 (V_{pi})$	$K_5 (V_{pi})$
加工工艺合格率 C_{12}	0.152 2	−0.116 7	0.325 0	1.650 0	−2.650 0
操作人员卫生规范培训达标比例 C_{13}	4.500 0	0.269 2	−0.175 0	0.650 0	−1.650 0
包装材料合格率 C_{14}	0.023 3	−0.022 2	0.100 0	1.200 0	−0.880 0
储藏安全水平 C_{15}	−2.300 0	1.300 0	0.150 0	−0.115 4	0.437 5
存货周转天数 C_{16}	0.500 0	−0.250 0	−0.625 0	−0.750 0	−0.812 5
运输过程安全水平 C_{17}	−2.800 0	1.800 0	0.400 0	−0.066 7	0.076 9
从业人员卫生状况 C_{18}	−2.300 0	1.300 0	0.150 0	−0.115 4	0.437 5
食品标识清晰度 C_{19}	−2.100 0	1.100 0	0.050 0	−0.045 5	0.750 0
感官识别程度 C_{20}	0.125 0	−0.100 0	0.350 0	1.700 0	−0.450 0
造成伤害人数 C_{21}	0.400 0	−0.600 0	−0.800 0	−0.866 7	−0.900 0
食品销售单位人员卫生状况 C_{22}	−2.700 0	1.700 0	0.350 0	−0.100 0	0.125 0

利用式（5-10），可以计算出各企业绩效关于等级的关联度，结果如表 7-8 所示。

表 7-8　某乳品企业鲜牛奶供应链食品安全等级关联度值

关联度	N_1	N_2	N_3	N_4	N_5	等级
$K_j (N)$	−0.542 6	0.432 8	0.148 8	0.419 0	−0.467 7	N_2

利用式（5-11），由表 7-8 可知，该乳品企业的食品供应链安全水平当前处于比较安全（N_2）的级别。

7.3　乳品供应链食品安全综合评价结果分析

7.3.1　乳品供应链协调改进后食品安全综合评价

在当前情况下，若该企业的食品供应链各环节都进行协调改进，则得到各项指标数据，如表 7-9 所示。

表 7-9　某乳品企业鲜牛奶供应链改进后食品安全指标数值

指标	数值
兽药抽检残留量合格率 C_1	94%
水污染程度 C_2/（CFU/毫升）	27

续表

指标	数值
土壤污染程度 C_3/（毫克/千克）	0.39
养殖标准化畜舍比例 C_4	84%
养殖者接受培训比例 C_5	52%
企业规模 C_6/人	190
企业员工学历水平 C_7	89%
原、辅材料达标比例 C_8	84%
食品添加剂每日容许摄入量 C_9/（毫克/千克）	1.7
加工环境卫生状况 C_{10}/（个/厘米²）	54
加工设备卫生状况 C_{11}/（个/厘米²）	130
加工工艺合格率 C_{12}	92%
操作人员卫生规范培训达标比例 C_{13}	64%
包装材料合格率 C_{14}	73%
储藏安全水平 C_{15}	64%
存货周转天数 C_{16}/天	2.3
运输过程安全水平 C_{17}	69%
从业人员卫生状况 C_{18}	78%
食品标识清晰度 C_{19}	72%
感官识别程度 C_{20}	91%
造成伤害人数 C_{21}/人	2
食品销售单位人员卫生状况 C_{22}	74%

将相关数据代入式（5-5）～式（5-7），得到各指标权重结果，如表 7-10 所示。

表 7-10　某乳品企业鲜牛奶供应链改进后食品安全指标权重值

指标	权重
兽药抽检残留量合格率 C_1	0.018 0
水污染程度 C_2	0.065 5
土壤污染程度 C_3	0.055 8
养殖标准化畜舍比例 C_4	0.015 4
养殖者接受培训比例 C_5	0.061 6
企业规模 C_6	0.074 9
企业员工学历水平 C_7	0.017 4
原、辅材料达标比例 C_8	0.049 6
食品添加剂每日容许摄入量 C_9	0.046 2
加工环境卫生状况 C_{10}	0.046 2

续表

指标	权重
加工设备卫生状况 C_{11}	0.061 6
加工工艺合格率 C_{12}	0.020 5
操作人员卫生规范培训达标比例 C_{13}	0.030 8
包装材料合格率 C_{14}	0.044 3
储藏安全水平 C_{15}	0.071 9
存货周转天数 C_{16}	0.021 2
运输过程安全水平 C_{17}	0.097 6
从业人员卫生状况 C_{18}	0.069 3
食品标识清晰度 C_{19}	0.046 2
感官识别程度 C_{20}	0.014 1
造成伤害人数 C_{21}	0.018 0
食品销售单位人员卫生状况 C_{22}	0.053 9
权重和	1

将上文中相关数据代入式（5-8）~式（5-10），得到各指标关于评价级别的关联函数值，如表 7-11 所示。

表 7-11　某乳品企业鲜牛奶供应链改进后食品安全指标关联函数值

指标	$K_1(V_{pi})$	$K_2(V_{pi})$	$K_3(V_{pi})$	$K_4(V_{pi})$	$K_5(V_{pi})$
兽药抽检残留量合格率 C_1	−0.105 3	0.133 3	0.700 0	2.400 0	−0.566 7
水污染程度 C_2	−0.386 4	−0.205 9	0.125 0	−0.100 0	−0.325 0
土壤污染程度 C_3	−0.381 0	−0.187 5	0.300 0	−0.220 0	−0.610 0
养殖标准化畜舍比例 C_4	−0.058 8	0.066 7	0.600 0	2.200 0	−3.200 0
养殖者接受培训比例 C_5	7.000 0	0.333 3	−0.200 0	0.600 0	−1.600 0
企业规模 C_6	−0.620 0	0.033 3	−0.031 3	1.214 3	1.480 0
企业员工学历水平 C_7	−0.095 2	0.117 6	0.676 5	2.352 9	−1.781 3
原、辅材料达标比例 C_8	0.023 3	−0.022 2	0.466 7	1.933 3	−1.100 0
食品添加剂每日容许摄入量 C_9	−0.291 7	−0.105 3	0.133 3	−0.320 0	−0.433 3
加工环境卫生状况 C_{10}	−0.342 9	−0.080 0	0.095 2	−0.258 1	−0.439 0
加工设备卫生状况 C_{11}	−0.400 0	−0.200 0	0.200 0	−0.142 9	−0.368 4
加工工艺合格率 C_{12}	−0.100 0	0.200 0	0.800 0	2.600 0	−3.600 0
操作人员卫生规范培训达标比例 C_{13}	0.571 4	−0.083 3	0.100 0	1.200 0	−2.200 0
包装材料合格率 C_{14}	22.000 0	2.833 3	−0.115 4	0.150 0	−0.460 0
储藏安全水平 C_{15}	−2.600 0	1.600 0	0.300 0	−0.133 3	0.181 8
存货周转天数 C_{16}	1.166 7	−0.350 0	−0.675 0	−0.783 3	−0.837 5

续表

指标	K_1（V_{pi}）	K_2（V_{pi}）	K_3（V_{pi}）	K_4（V_{pi}）	K_5（V_{pi}）
运输过程安全水平 C_{17}	−2.100 0	1.100 0	0.050 0	−0.045 5	0.750 0
从业人员卫生状况 C_{18}	2.000 0	0.125 0	−0.100 0	0.800 0	−0.300 0
食品标识清晰度 C_{19}	−1.800 0	0.800 0	−0.100 0	0.125 0	2.000 0
感官识别程度 C_{20}	−0.031 3	0.033 3	0.550 0	2.100 0	−0.516 7
造成伤害人数 C_{21}	0.400 0	−0.600 0	−0.800 0	−0.866 7	−0.900 0
食品销售单位人员卫生状况 C_{22}	−1.600 0	0.600 0	−0.200 0	0.333 3	7.000 0

利用式（5-10），可以计算出各企业绩效关于等级的关联度，结果如表 7-12 所示。

表 7-12　某乳品企业鲜牛奶供应链改进后食品安全等级关联度值

关联度	N_1	N_2	N_3	N_4	N_5	等级
K_j（N）	0.879 8	0.392 2	0.087 5	0.447 1	0.080 8	N_1

由表 7-12 可知，该乳品企业的食品供应链安全水平当前处于比较安全（N_1）的级别。

7.3.2　乳品供应链协调改进前后综合评价比较分析

根据前述的乳品供应链协调改进前后的食品安全综合评价分析，可以发现在改进后的计算中，该食品供应链从食品原材料供应到生产加工，再通过储藏运输进入市场被消费者购买，这整个乳品供应链中的各环节参与者都进行了有效的协调合作。在本书所构建的乳品供应链食品安全综合评价指标体系中的 22 个指标中，协调后所涉及的兽药抽检残留量合格率、养殖标准化畜舍比例、企业规模、企业员工学历水平、加工环境卫生状况、加工工艺合格率、操作人员卫生规范培训达标比例、存货周转天数、运输过程安全水平、从业人员卫生状况、食品标识清晰度、感官识别程度、造成伤害人数、食品销售单位人员卫生状况这 14 项指标数值都有改进。水污染程度、土壤污染程度、养殖者接受培训比例、食品添加剂每日容许摄入量、加工设备卫生状况、储藏安全水平这 6 个指标数值虽然有所倒退，但相对于改进前的指标数值都是原范围内的较小变动，并没有产生较大影响。对比水污染程度、土壤污染程度、养殖者接受培训比例、食品添加剂每日容许摄入量、加工设备卫生状况这 5 项指标改进前后的权重值，可发现其权重值都有提高，表明这 5 项指标在下次改进中应给予较多关注。原、辅材料达标比例、包装材料合格率这 2 项指标在改进后安全级别都下降了一级，但相对于食品供应链整体的改进提高，并没有产生较严重影响，但观察对比改进前后的权重值，发现其权重值也有提高，故在下次改进中应给予重点关注。从供应链环节角度分析，对比改进前后各环节权重值，如表7-13和表7-14所示。

表7-13 某乳品企业鲜牛奶供应链改进前各环节食品安全指标权重值

环节	指标	权重	权重和	权重排序
食品原材料供应环节	兽药抽检残留量合格率 C_1	0.025 9	0.220 4	3
	水污染程度 C_2	0.048 6		
	土壤污染程度 C_3	0.043 8		
	养殖标准化畜舍比例 C_4	0.042 1		
	养殖者接受培训比例 C_5	0.060 0		
食品生产加工环节	企业规模 C_6	0.061 2	0.332 8	1
	企业员工学历水平 C_7	0.033 1		
	原、辅材料达标比例 C_8	0.018 0		
	食品添加剂每日容许摄入量 C_9	0.035 7		
	加工环境卫生状况 C_{10}	0.050 2		
	加工设备卫生状况 C_{11}	0.045 4		
	加工工艺合格率 C_{12}	0.035 7		
	操作人员卫生规范培训达标比例 C_{13}	0.053 5		
食品储藏运输环节	包装材料合格率 C_{14}	0.038 9	0.256 7	2
	储藏安全水平 C_{15}	0.073 5		
	存货周转天数 C_{16}	0.018 9		
	运输过程安全水平 C_{17}	0.051 9		
	从业人员卫生状况 C_{18}	0.073 5		
食品销售消费环节	食品标识清晰度 C_{19}	0.082 1	0.190 1	4
	感官识别程度 C_{20}	0.036 7		
	造成伤害人数 C_{21}	0.015 1		
	食品销售单位人员卫生状况 C_{22}	0.056 2		
权重和		1	1	

表7-14 某乳品企业鲜牛奶供应链改进后各环节食品安全指标权重值

环节	指标	权重	权重和	权重排序
食品原材料供应环节	兽药抽检残留量合格率 C_1	0.018 0	0.216 3	3
	水污染程度 C_2	0.065 5		
	土壤污染程度 C_3	0.055 8		
	养殖标准化畜舍比例 C_4	0.015 4		
	养殖者接受培训比例 C_5	0.061 6		
食品生产加工环节	企业规模 C_6	0.074 9	0.347 2	1
	企业员工学历水平 C_7	0.017 4		
	原、辅材料达标比例 C_8	0.049 6		

续表

环节	指标	权重	权重和	权重排序
食品生产加工环节	食品添加剂每日容许摄入量 C_9	0.046 2	0.347 2	1
	加工环境卫生状况 C_{10}	0.046 2		
	加工设备卫生状况 C_{11}	0.061 6		
	加工工艺合格率 C_{12}	0.020 5		
	操作人员卫生规范培训达标比例 C_{13}	0.030 8		
食品储藏运输环节	包装材料合格率 C_{14}	0.044 3	0.304 3	2
	储藏安全水平 C_{15}	0.071 9		
	存货周转天数 C_{16}	0.021 2		
	运输过程安全水平 C_{17}	0.097 6		
	从业人员卫生状况 C_{18}	0.069 3		
食品销售消费环节	食品标识清晰度 C_{19}	0.046 2	0.132 2	4
	感官识别程度 C_{20}	0.014 1		
	造成伤害人数 C_{21}	0.018 0		
	食品销售单位人员卫生状况 C_{22}	0.053 9		
权重和		1	1	

从表 7-14 中可发现食品生产加工环节在整体食品供应链中所占的比重最大，其后依次为食品储藏运输环节、食品原材料供应环节和食品销售消费环节，可知对于解决食品安全问题应主要从生产加工环节入手，在销售消费环节采取措施与在其他环节采取措施相比，其效果相对较弱。

因此，在改进整体食品供应链，提高食品安全等级的过程中，应以食品生产加工环节为核心，着重注意提高食品生产加工环节各项指标等级。在此基础上，食品储藏运输环节、食品原材料供应环节和食品销售消费环节等共同协调配合，进而提高整条食品供应链的食品安全等级[275, 276]。

通过上文分析，证明本书提出的食品安全综合评价指标体系可以有效计算出当前食品供应链所处的安全等级。对比改进前后的食品供应链安全等级，充分说明从供应链角度研究食品安全问题具有一定的合理性，通过食品供应链上各环节的相互协调改进，可以有效提高食品供应链安全等级。另外，通过该研究方法可以确定当前食品供应链各环节的权重值，为以后食品供应链整体协调改进提供指导。

7.4　本 章 小 结

本章首先通过对食品供应链上的食品安全影响因素进行分析，选取了合理的指标，构建了含有总体层、指数层、指标层的食品安全综合评价指标体系，并对各个环节中的指标进行了释义分析。其次，基于可拓物元模型评价方法，选取某乳品企业食品供应链为实例，结合该乳品企业相关实际情况，从食品原材料供应、食品生产加工、食品储藏运输、食品销售消费四个环节出发选取指标，构建乳品供应链食品安全综合评价指标体系，对其食品安全水平进行综合评价。最后，通过乳品供应链协调改进前后综合评价比较分析，发现在改进后的计算中，该食品供应链从食品原材料供应到生产加工，再通过储藏运输进入市场被消费者购买，在整个乳品供应链中的各环节中，参与者都进行了有效的协调合作。这证明了本书提出的食品安全综合评价指标体系可以有效计算出当前食品供应链所处的安全等级，充分说明从供应链角度研究食品安全问题具有一定的合理性，通过食品供应链上各环节的相互协调改进，可以有效提高食品供应链安全等级。

第8章 基于供应链的食品安全信息追溯

食品供应链安全信息追溯是一个面向食品供应链和食品安全领域开展"监测"、"检测"、"信息采集"和"信息共享"的全过程,涉及食品供应链运营过程中的所有环节,任何一个环节上的数据都是必不可少的组成部分。通过食品供应链安全信息追溯系统,一方面,可以为食品安全的有效监管、预警提供有力的保障;另一方面,通过对食品供应链的各个环节进行有效标识,可以对食品安全全程质量进行控制和跟踪溯源,一旦发生食品安全问题,可以有效地追溯到食品的源头,及时召回不合格产品,将食品安全问题的影响范围缩到最小、损失降到最低。本章以乳品供应链为例,分析食品安全信息追溯的必要性,建立乳品供应链食品安全信息追溯系统,并对其可靠性进行分析。

8.1 乳品供应链安全信息追溯的必要性分析

在乳品供应链中,原料奶供应商的群体十分庞大,分布分散且在供应链中地位较低,乳品加工企业在整条供应链中属于主导企业,同时是直接面对质量检测的主体,分销商和销售商也依靠乳品加工企业而存活,所以乳品加工企业也是整个乳品供应链中建立可追溯系统的最有能力者。本章将乳品供应链企业建立可追溯系统的主要动因分为3类,分别是外在压力、内部动因及市场需求,其中外在压力包括政府管制压力和国际贸易壁垒;内部动因包括延长乳品的货架期、降低乳品损失进而降低成本、提高乳品供应链的总体效率;市场需求包括消费者需求、拓展市场空间、提高声誉。

8.1.1   外在压力

1. 政府管制压力

对于乳品供应链企业来说，在政府对乳品质量安全要求的压力下，保证乳品安全和乳品质量，防止乳品安全事件带来的危害是建立可追溯系统的最主要动因。也正是在这种压力之下，乳品供应链各企业希望引进并建设可追溯系统的概率升高，可以说乳品供应链中各个节点的企业出现对可追溯系统的需求是对政府监管压力的反应。

2. 国际贸易壁垒

随着全球贸易自由化的发展，乳品可追溯系统技术标准逐渐成为贸易保护的一种重要手段。发达国家出于对乳品质量安全的考虑，开始对乳品进口逐步实行更为严格的可追溯系统技术标准。正如蒙牛集团想要进入欧美国家市场，必须要使得整个供应链上全程可追溯，这样才能使得欧美国家民众信服，破除贸易壁垒。因此，对于我国的乳品供应链企业来说，不尽快进行整个乳品供应链上的可追溯系统的建设和应用，将导致出口受阻，进而影响整条供应链企业的盈利。

8.1.2   内部动因

显然在外在压力下，乳品供应链企业建设可追溯系统逐渐成为一种强制性行为，但仅依靠法律法规的约束，企业在可追溯系统方面的投资起不到积极的作用，而只是利用最低标准的可追溯系统，对乳品的位置和识别信息进行大量收集，实现对乳品的召回管理。这种传统的可追溯系统当然不会为乳品供应链企业降低成本，但如果乳品供应链企业确定以质量为导向的可追溯系统，将可追溯系统与质量数据结合起来使用，控制和管理乳品供应链中产品的流通，就会获得很多利益，从而形成乳品供应链企业建立可追溯系统的内部动因。

1. 延长乳品的货架期

乳品的货架期越长，出售的时间也越长。乳品供应链企业通过建立以质量为导向的全程可追溯系统，可以将获得的数据转化成需要的管理信息，从而预测出整条供应链的剩余货架期，并通过对可追溯系统的各个节点的控制来延长货架期，如图8-1所示。

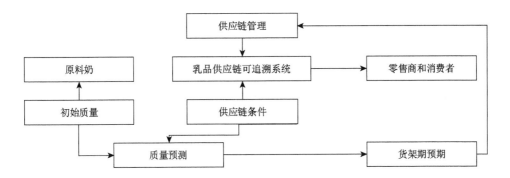

图 8-1　乳品供应链可追溯系统在延长货架期中的作用

从图 8-1 中可以看出，乳品供应链可追溯系统为货架期的预测提供了两个主要的信息：第一，原料奶的初始质量；第二，供应链的状况（如一段时间的温度、湿度等）。通过这些信息，可以预测出整条供应链的剩余货架期，并且可以对影响货架期的节点进行改进。例如，对加工过程中的工艺、配送过程中的供应链环境（温度、湿度）、运输的距离及运输方式、乳品包装等进行改进，最终达到延长货架期的目的。

2. 降低乳品损失进而降低成本

当乳品过期时，处理过剩乳品的费用很高。为了避免乳品损失，关键在于处理好双重目标：一方面，避免乳品脱销；另一方面，根据有限的货架期来减少乳品损失。恰好以质量为导向的全程可追溯系统可以对产品损失进行监控，并且通过先到期先出的控制来合理利用乳品的货架期。

1）乳品损失的监控

通过可追溯系统确定乳品损失和脱销的程度，对乳品损失和脱销做出更好的分析，确定每个零售商的状态并且得出在一段时间内的趋势，将零售商的销售数据（通常为营业额）转化为所需的可供参考的信息。

2）先到期先出控制

将货架期和产品损失监控得到的参考信息结合起来，对于低营业额的零售商，较长的货架期可以减少产品损失，所以货架期短的产品配送给高营业额的零售商。低营业额零售商和高营业额零售商的总体零售方案的平均结果可以使产品损失下降。

3. 提高乳品供应链的总体效率

乳品供应链企业建立以质量为导向的全程可追溯体系，使得生产加工企业与养殖户以及生产加工企业与消费者之间的关系变成了重复博弈。一旦出现质量问题，是可以追溯回来的。同时，可追溯系统作为一种产权界定的交易工具或技术，能够把相关的乳品安全产权界定给供应链中的相关责任人，而他们最有知识和能力控制乳品安全属性的供应链环节，进而提高效率。

通过以上内部动因的分析可以看出，以质量为导向的乳品供应链可追溯系统的建立可以提供货架期和质量相关信息，创建信息的反馈循环，提高乳品生产过程中的透明度和供应链效率，为乳品供应链中企业之间的相互了解提供了有效的渠道，便利了供应链内企业间的信息沟通，加强了乳品供应链上企业之间的协作。

8.1.3 市场需求

1. 消费者需求

随着我国消费者的生活水平不断提高，其对所要购买的乳品的关注度也越来越高。消费者的购买决策因素不再是简单地只关注色、香、味，而是对乳品的产地、来源、成分等各方面都开始关心，这种消费意识的增强给具有可追溯系统的乳品带来了潜在的市场，也成为乳品供应链企业建设可追溯系统的主要外在动因。

2. 拓展市场空间

乳品供应链企业建立以质量为导向的可追溯体系，可以改进服务水平，更好地满足消费者不同的质量要求。针对消费者越来越倾向于具有可追溯信息的乳品的趋势，乳品供应链企业建立可追溯系统可以争夺市场占有率，并且可以利用可追溯系统反馈的信息进行正确的营销决策，如将同一乳品以不同形式打入市场（不同风味、局部促销价等），通过可追溯信息判断出正确的地域并进行批量生产来增加市场份额，这是增加收益的最有效手段。

3. 提高声誉

声誉具有标识的作用，具有信号传递的功能。乳品供应链企业通过建立可追溯系统给予消费者质量保证，传递出高质量的品牌信号价值，可以赢得很好的声誉，从而提高企业的市场份额，获得收益。乳品供应链企业建立可追溯系统除受以上动因影响外，还受到许多其他动因的影响，如通过降低脱销水平改进服务、降低库存水平、更高效的逆向物流等。但是这些动因的最终结果是给整条供应链带来效率和效益。

通过上述对我国乳品供应链企业建立可追溯系统的主要动因分析可以看出，激励供应链企业积极建设可追溯系统可以从多方面入手，其中最有效的是激发乳品供应链企业的内在动因。因为内在动因能够给乳品供应链企业带来利润，这与其经营活动最终目的是获得最大的市场利益是相一致的。因此，利润驱动才是乳品供应链企业建立可追溯系统的最重要的动力源泉，乳品供应链企业建立以质量为导向的可追溯系统的目的和动因是获得低成本和高收益。

8.2　食品供应链安全信息追溯系统模型

8.2.1　物联网技术下的食品供应链可追溯系统模型

可追溯系统作为一种信息系统，其运作的基础是庞大精准的数据库，通过对研究对象的数据进行分类和解析，才能真正实现可追溯系统的正常运转，才能保障可追溯系统所提供的信息具有价值。因此，可追溯系统的发展与当前提及率较高的物联网密不可分，两者相辅相成，物联网的发展是可追溯系统发展的基础，可追溯系统的发展是物联网发展的结果。

首先，我们需要弄清楚物联网的基本概念。物联网的提出根据是这些年来人们网络技术的广泛使用，通过网络技术的联系，实现了实体物品的价值转换和地理位置的转移。因此，物联网是一个连接网络世界和现实世界的中介，是两个不同世界相互交织所形成的，物联网所涉及的范围既包括虚拟的信息网络技术，还包括现实生活的种种。

物联网所涉及的技术称为物联网技术，这些技术是可追溯系统的重要组成部分，如射频识别技术和产品电子编码系统可以实现产品标识和编码。可追溯系统的构建不是某一个企业所能实现的，可追溯系统的辐射范围并非一个企业，而是一条产业链甚至整个行业。因此，可追溯系统的推行不仅需要企业的认同，更需要国家各级政府的宏观调控和大力支持。

理想中的食品供应链可追溯系统的模型结构应该是以物联网所提供的网络技术为依靠，以食品供应链为应用主体，以政府相关机构作为监督机构，以供应链主体或者政府部门可追溯信息平台为连接纽带的复杂网络结构。每个组成主体根据可追溯信息运转的规律，进行有序分工。供应链主体主要进行可追溯系统运作过程的信息传输和交换，政府部门主要进行宏观层面的可追溯系统的监控。物联网技术下的食品供应链可追溯系统模型如图 8-2 所示。

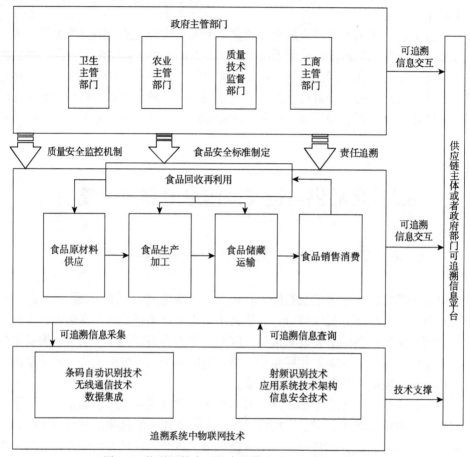

图 8-2　物联网技术下的食品供应链可追溯系统模型

　　无论是欧美发达国家还是我国，可追溯系统的应用领域首先都在消费量巨大的行业发展成熟。例如，欧美国家以肉类为主食，最先应用的为牛肉追溯系统，我国以米面蔬菜为主食，最先应用的多为蔬菜和猪肉追溯系统。近年来，伴随着人们生活水平的提高，对乳品的需求量与日俱增，无论是城市还是农村，乳品的市场和潜在市场都十分广阔，乳品已经成为人们日常生活中不可或缺的食品。然而，伴随着乳品市场的扩大，乳品质量安全问题也逐渐进入人们的视线，无论是政府还是消费者，都对乳品的质量安全格外关注，也在寻求多种方法保障乳品质量安全。

　　政府作为市场的宏观监督者，具有保障国内消费者食用安全的责任，在目前乳品质量安全事件时有发生的态势下，政府应该发挥其强大的宏观调控能力，从政策上维护正规乳品厂商，打击非法和质量不达标的乳品厂商；提高乳品国家标准，引进国外先进生产经验和技术，密切关注乳品行业动态，适时正确引导乳品行业走向。由于国内乳品质量的不确定和不透明，乳品消费者选择乳品的决策比较单一，相当数量的消费者宁愿选择高价格的国外品牌乳品也不愿意相信国内品牌的乳品质量，这就造成了国外乳品品牌在中国市场的份额一次次扩大，利润十分可观；而国内乳品品牌则缺乏市场反击力。因此，消除消费者对于国内乳品质量的担忧心理是重中之重。国外欧美国家在乳品可追溯系统的应用方面经验丰富，技术成熟，值得我国乳品品牌参考和引进。乳品供应链可追溯系统的投入使用，将对我国乳品的生产质量起到很好的质量监控作用。然而，欧美国家与我国乳品行业环境不同，不可照搬全抄欧美国家的可追溯系统技术，需要实事求是，具体情况具体分析。

8.2.2　乳品供应链功能结构及技术架构

1. 功能结构

乳品供应链由奶牛养殖、乳品生产加工、运输流通、销售消费组成，每一部分都有自己的功能作用。基于系统角度，乳品供应链是一个系统，该系统包括奶牛养殖子系统、乳品生产加工子系统、运输流通子系统和销售消费子系统。乳品供应链系统的功能结构如图 8-3 所示。

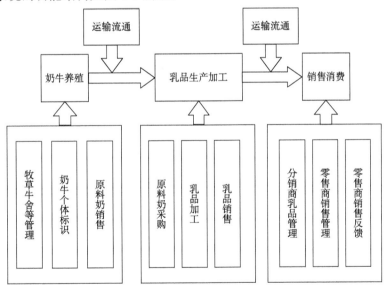

图 8-3　乳品供应链系统的功能结构

1）奶牛养殖子系统

奶牛养殖子系统主要针对的是大型自营奶牛养殖场，它有资金，有技术完成各项指标的标准。该子系统的内容是每一头奶牛的饲料、耳标、防疫、疾病控制、产奶都要按照固定的标准施行，并形成信息记录。

2）乳品生产加工子系统

加工企业对原料奶的购买、加工采取固定标准，对所有环节包括出售进行监控并记录，保障每个单品都有自己的"身份证"。

3）运输流通子系统

运输流通子系统主要是指整条供应链所有元素的流通情况，该子系统是供应链最脆弱的环节，在流通的过程中容易掺杂假冒伪劣乳品，因此要做好信息记录，方便各企业核对信息。

4）销售消费子系统

各级分销商向下级销售商出售乳品时要进行数量、品类的核对，超市等销售终端要做好查询终端系统，方便消费者查询该乳品的信息。

2. 技术架构

在技术层面上，供应链系统的架构共分为三个层次：数据收集层、编辑层和查询层。乳品供应链系统的技术架构如图 8-4 所示。

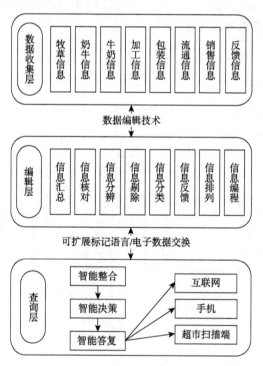

图 8-4　乳品供应链系统的技术架构

1）数据收集层

该层指的是将乳品供应链所有企业记录的信息通过 GS1 系统转变为电脑可识别的信息，并集中形成一个庞大无序的数据库。这个数据库所包含的数据信息包括牧草信息、奶牛信息、牛奶信息、加工信息、包装信息、流通信息、销售信息和反馈信息，此处的反馈信息不仅包括供应链各环节厂商在生产、运输和销售过程中产生的反馈信息，还包括消费者在购买和消费过程中的反馈信息。

2）编辑层

该层指的是将所有基本信息进行汇总、核对，分辨各企业提供的信息是否一致，及时反馈；同时对信息进行分类，有些信息中包含商业机密，是消费者无须知道也不关心的，将这些信息提供给供应链其他企业，将除此之外的信息进行编排传送给消费者。

3）查询层

该层用户分为三类：政府监管部门、供应链企业和消费者，这三类用户可以通过网络、电话、人工咨询或者超市扫描端等有效工具查询到采购、运输、库存、销售、财务和产品质量等信息。

通过以上各层面的分析，我们可以获悉，乳品供应链十分复杂，具有相当多的不可控因素，这主要与我国农业大环境有关系。我国耕地以家庭为单位，无论是养殖还是蔬菜，多以家庭为单位，规模有限，操作不规范是所有行业都曾遇到的问题。欧美国家比较常见的是农场主，其种植和养殖面积十分广阔，能够实现机械化和规范化。我国原料奶的采集缺乏大型的奶牛饲养基地，散户饲养的奶牛决定了我国原料奶质量十分不稳定。因此，本书主要讨论在原料奶采集和乳品生产加工环节的乳品质量保障。

8.3　乳品供应链食品安全信息追溯系统

8.3.1　基于 HACCP 的乳品质量保障监控机制

HACCP 能够确保乳品生产、加工、制造、准备和食用等过程中的安全，在危害识别、评价和控制方面是一种科学、合理和系统的方法。HACCP 技术识别乳品生产过程中可能发生的危害并采取适当的控制措施防止其发生，通过对加工过程的每一步进行监视和控制，降低危害发生的概率。HACCP 技术主要针对生产加工环节进行监控，通过危害分析，找出危害分析点并设置临界极限值。下面应用 HACCP，对奶牛养殖子系统和乳品生产加工子系统的质量安全保障进行监控机制分析[277, 278]。

1. 危害分析的判定

奶牛养殖所提供的产品是原料奶，能够影响原料奶质量的因素都是危害可能因素，因此，牧草的质量、奶牛的健康状况、养殖场的环境、产奶人员的标准化程度、原料奶容器及保存规范都是奶牛养殖子系统下的危害可能因素。

同理，针对乳品生产企业而言，能够影响产品质量的因素都是危害可能因素，因此，原料奶的质量检测系统、原料奶的储存、加工工序的标准化程度、加工人员的行为方式、乳品质量标准、乳品成品存放都是乳品生产加工子系统下的危害可能因素。

2. 关键控制点的确定

通过关键控制点识别树的判定，得出奶牛养殖子系统的关键控制点分别是牧草的质量、产奶人员的标准化程度、原料奶容器及保存规范。乳品生产加工子系统的关键控制点分别是原料奶的质量监测系统、原料奶的储存、加工工序的标准化程度。

3. 临界极限值的设定

临界极限值的设定一般参照两个标准：行业标准和国际标准。各乳品加工企业针对自己在全国乳品企业中的地位、经济技术水平和产品覆盖范围采取相应的标准。本书以蒙牛、伊利等全国性品牌为例讲述临界极限值，这类企业资金充足，技术娴熟，产品覆盖全国，因此应采取国际标准严格要求自己。

牧草的质量标准应参照 20-30-40 法则，即牧草的粗蛋白要高于 20%，酸性洗涤纤维要低于 30%，中性洗涤纤维要低于 40%。这样的牧草才是真正高质量的牧草。

原料奶容器及保存规范、原料奶的质量检测系统和原料奶的储存属于人工参与次要的环节，因此机器设备的先进程度是最关键的影响因素，参照国际标准，引进先进技术，确保原料奶质量安全。

产奶人员的标准化程度和加工工序的标准化程度属于人工参与主要的环节。员工的思想觉悟、知识水平、操作能力是至关重要的影响因素，严加制止某些工作人员往原料奶里倒水，再加入蛋白粉等添加剂行为。基于 HACCP 的乳品供应链系统的质量保障监控机制如图 8-5 所示。

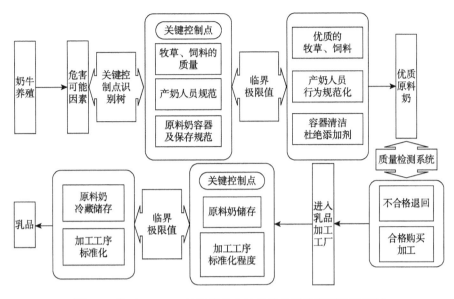

图 8-5　基于 HACCP 的乳品供应链系统的质量保障监控机制

8.3.2　基于 GS1 的乳品供应链信息共享机制

GS1 对乳品供应链全部流程进行监控，它以信息流的形式在供应链各企业之间传播、共享。其主要工作是统计初级数据信息，剔除无用的信息，核对、编辑并反馈有价值的信息和信息分类并提供给需求不同的群体。

1. 编码体系建立

编码体系是整个 GS1 系统的核心，是对流通领域中所有的产品与服务（包括贸易项目、物流单元、资产、位置和服务关系等）的标识代码及附加属性代码进行编码的体系。因此，GS1 能够运行的前提是有一套适合于乳品的统一的编码体系，这个体系最关键的一点是国际标准化，供应链所有企业编码必须统一，这样才能够在数据交换中互相识别、交换和共享。

2. 数据载体确立

在乳品供应链中需要应用的载体是一维条码和射频识别。两者的区别主要在于一维条码适用于单品，小体积，必须在人的参与下才可以操作识别。而射频识别存储信息量大，不需要人工识读，可以一次读取多个，受潮湿、污染的影响小。针对两者的特点，奶牛的个体识别、原料奶的信息储存需要射频识别的应用，乳品成品体积小，需要一维代码的应用。奶牛射频识别耳标可以显示出该奶牛从出生到死亡的身体健康情况、所食牧草饲料情况、产奶质量数量情况等；原料奶射频识别信息储存可以显示该批原料奶由哪些奶牛所产、何时所产、营养程度如何、有效期限等；乳品成品一维代码可以显示原料奶的所有信息、健康程度、该乳品的营养成分、有效期限等。

3. 电子数据交换标准协议的设立

电子数据交换的运作原理是供应链各环节按照固定的协议，把所需传递的信息转化为标准通用的电子代码，上传至电子数据库，在各环节的计算机网络之间进行数据传递和自动处理。

在乳品供应链的电子数据交换应用中，应该采用基于扩展性标识语言的电子数据交换即可扩展标记语言/电子数据交换。可扩展标记语言能够运用自身的系统特性编辑结构性数据，并不受供应商和其他因素的影响。通过电子数据交换，将乳品供应链组成一个信息链，通过信息的收集、整理、核实、分类，将最终的信息传递给政府监管部门、供应链各企业和消费者。基于 GS1 的乳品供应链系统的信息共享追溯机制，如图 8-6 所示。

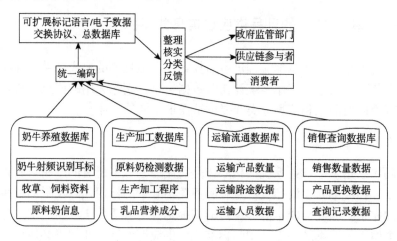

图 8-6　基于 GS1 的乳品供应链系统的信息共享追溯机制

8.3.3　基于 HACCP 与 GS1 的乳品供应链追溯系统

1. 追溯系统功能

1）保障乳品质量安全

将原料奶采集过程和乳品生产加工过程的关键控制点严格监控，主要保障原料奶从奶农手中收集的原料奶质量达标，未受到污染，以及在乳品生产加工过程中操作规范，生产质量达标，确保从生产线出来的乳品质量安全，能够满足国内消费者的使用要求，总之就是确保乳品在运输销售之前，本身的质量符合国家标准，产品安全。

2）跟踪

乳品供应链从上至下物流信息的传递，伴随着乳品形态和位置的变化，必然要产生相对应的乳品信息，包括厂商信息和产品质量信息，这些信息都需要一一记录并上传至数据库。乳品供应链各厂商都可以参照上一级厂商提供的网络信息对比实物，判断乳品的品质是否符合生产要求。

3）溯源

如果在供应链生产过程中或者消费者消费过程中某一环节出现了问题，都可以自下而上查询问题出在哪些环节和厂商身上，能够在最短时间内追回问题产品并查明问题厂商，彻底解决问题，及时给消费者和供应链其余参与者一个满意的交代，挽回可能更大的产品损失。

2. 追溯系统工作流程

HACCP 技术控制乳品生产加工的安全，GS1 系统把物流转化为信息流，促进信息共享，在乳品流通销售环节，通过乳品数量、品类信息的共享，有效防止假冒伪劣乳品进入市场，维护消费者权益，加强乳品品牌效应。两者的整合既可以保障乳品质量安全，还可以保障乳品供应链各企业信息透明、共享。HACCP与 GS1 系统相结合应用于乳品供应链追溯系统的工作流程如图 8-7 所示。

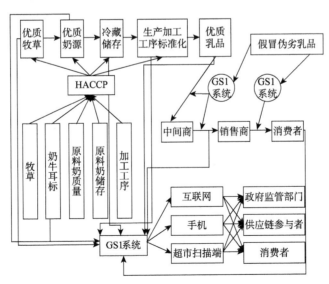

图 8-7　HACCP 与 GS1 系统相结合应用于乳品供应链追溯系统的工作流程

8.4 乳品供应链食品安全追溯系统可靠性分析

目前，我国知名乳品企业如蒙牛、伊利等尚没有全面实现乳品供应链可追溯系统的引进，主要原因在于成本大，此处的成本包含两层意思：一方面，可追溯系统与使用中的乳品生产设备基本不具备兼容性，这就意味着乳品生产企业必须要更换所有生产设备，重新引进适应可追溯系统的配套设备，资金占用太高，更新换代成本太大，除此之外，人员还需要重新学习培训以提高综合素质和技能，可追溯系统一时很难立马投入使用；另一方面，乳品也分为高档乳品和普通乳品，普通乳品市场广大，然而单品的利润率很低，属于价格敏感性产品，引进可追溯系统，必然造成普通乳品成本上升，销售价值也要随之上涨，消费者并不愿意承担额外的成本支出，对企业的销售业绩必然会是一种打击。因此，蒙牛、伊利等大型乳品生产商也仅仅将可追溯系统应用于高档乳品上，其定价高，消费用户主要为中高消费群体，对乳品的质量要求也高。所以目前国内乳品供应链可追溯系统基本还属于理论探索阶段，实践经验远远不足，可追溯系统的应用效果、使用寿命、故障率等数据缺乏，因此，我们需要对乳品供应链可追溯系统进行可靠性分析，探究可追溯系统在中国市场的可行性。

从狭义上讲，"可靠性"是产品在使用期间没有发生故障的性质。从广义上讲，"可靠性"是指使用者对产品的满意程度或对企业的信赖程度。而这种满意程度或信赖程度是从主观上来判定的。对于一件产品而言，产品的可靠性越高，意味着该产品无故障工作的时间越长，应用于一个系统上，系统的可靠性越高，该系统无故障工作的时间越长，这是任何企业都希望达到的期望。可追溯系统的提出可追溯至 20 世纪 90 年代，尚属于一个新生事物。无论是技术的成熟程度还是目前消费者对于可追溯系统的认知程度，都没有达到让消费者信赖可追溯系统的地步。其原因可以归纳为以下几点：一是可追溯系统的应用市场狭小。目前在市面上，更多看到的是某知名乳品采用可追溯技术的广告信息，可追溯系统并未真正展现在广大消费者面前，缺乏消费者的体验。二是可追溯系统的人为因素参与。无论是什么系统，都需要人为因素的参与，目前消费者对乳品的不信任很大一部分体现在乳品信息的真实性上，既然可追溯系统有人为因素参与，意味着乳品可追溯系统也有可能数据造假，信息错误。三是乳品可追溯系统的采用意味着乳品生产商几乎要更换所有的设备，重新装配可追溯系统，新系统的引进成本大，导致乳品生产商可追溯系统引进动力弱，况且目前可追溯系统引进商在市场上也并未体现出乳品销售量的大突破，乳品生产商在引进可追溯系统的态度上并不积极。本章对乳品供应链可追溯系统的可靠性研究更多的是一种理论层面的研究，主要从可追溯系统本身运行可靠性的角度分析。

乳品可追溯系统是将该系统应用于由供应商、加工商和销售商组成的乳品供应链上，将所有节点产生的信息进行收集、编辑、处理和反馈，以达到监控和保障乳品质量安全的作用。可追溯系统应用于乳品供应链之后，其可靠性研究显得至关重要。其可靠性主要体现在如何更好地保障可追溯系统数据的正常运转上。乳品供应链可追溯系统的运作模式如图 8-8 所示。

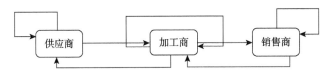

图 8-8　乳品供应链可追溯系统的运作模式

图 8-8 中的箭头指向代表乳品数据的流向。数据的流向分为三种：不外传数据，即不适合共享并对可追溯系统的正常运转无影响的保密数据；顺向数据，即乳品数据的顺向流通；逆向数据，即乳品数据的反馈。

本章关于乳品可追溯系统可靠性的研究主要分析两个方面：可追溯系统正常运作时的可靠性分析和可追溯系统出现故障时的可靠性分析。本章尝试用马尔可夫过程的相关知识，运用相对具体的模型和公式表示出可追溯系统正常运作情况下的各项指标极限和避免出现故障的检修方式，这样就能更好地保障可追溯系统的可靠性[279, 280]。

8.4.1　基于马尔可夫模型的乳品供应链追溯系统运作流程

马尔可夫过程描述的是一种离散事件过程，具有两个性质：

（1）$p_{ij}(k) \geqslant 0$，$i, j \in \mathbf{R}$；

（2）$\sum_{j \in R} p_{ij}(k) = 1$，$i \in \mathbf{R}$。

可追溯系统的运作流程是"数据到达、数据停留、数据处理、数据输出"，对于乳品可追溯系统而言，数据是指单件乳品所包含的营养成分：碳水化合物、脂肪、钠、蛋白质等。则 t 时刻可追溯系统的乳品营养成分的数据量 $S(t)$ 是一个参数连续状态离散的马尔可夫过程。

假定可追溯系统达到运转正常状态时，系统中存留乳品营养成分数据量的平均值为 A；数据在可追溯系统中直到输出的平均时间为 T。

当数据量增加时，代表乳品供应链各节点有新的数据输入，假定系统数据量增加的强度为 α；当数据量减少时，代表乳品供应链各节点已经将已有数据处理

完毕并输出，假定系统数据量减少的强度为 β ，则

Δt 时间内，可追溯系统内新增加一个数据量的概率：

$$p_{i,i+1}(\Delta t) = \alpha \cdot \Delta t + o(\Delta t), i = 0,1,2,\cdots, \quad 即\ q_{i,i+1} = \lim_{\Delta t \to 0} \frac{p_{i,i+1}(\Delta t)}{\Delta t} = \alpha, i = 0,1,2,\cdots 。$$

Δt 时间内，可追溯系统内由于数据处理完毕而减少一个数据量的概率：

$$p_{i,i-1}(\Delta t) = \beta \cdot \Delta t + o(\Delta t), i = 0,1,2,\cdots, \quad 即\ q_{i,i-1} = \lim_{\Delta t \to 0} \frac{p_{i,i-1}(\Delta t)}{\Delta t} = \beta, i = 1,2,3,\cdots 。$$

可追溯系统运转正常情况下，可追溯系统内同时增加和减少一个数据量的概率应该是趋向于 0 的，即 $p_{i,j}(\Delta t) = o(\Delta t), i = 0,1,2,\cdots, j = 1,2,3,\cdots$ 或 $i = 1,2,3,\cdots$，$j = 0,1,2,\cdots$。

因此，乳品可追溯系统的概率转移矩阵 $\boldsymbol{D}$ 为

$$\boldsymbol{D} = \begin{bmatrix} -\alpha & \alpha & 0 & 0 \\ \beta & -(\alpha+\beta) & \alpha & 0 \\ 0 & \beta & -(\alpha+\beta) & \alpha \\ 0 & 0 & \beta & -\beta \end{bmatrix}$$

8.4.2 乳品供应链追溯系统正常运作可靠性分析

乳品可追溯系统正常运作情况是指乳品各营养成分从数量上保障可追溯系统运作的连贯性；从质量上，通过可追溯系统的质量监控，使其符合该乳品的质量标准。其主要体现在系统内已存在的数据量、数据在系统内停留的时间究竟是否合理方面，即我们能否表示出以上关键因素的计算关系式，通过各个关系式的极限值，保障可追溯系统数量程度上的连贯性；运用 HACCP 技术对乳品营养成分进行质量监控，保障可追溯系统质量上的可靠性。

1. 从数量的角度分析乳品可追溯系统正常运作的可靠性

1）当 $t \to \infty$ 时，乳品可追溯系统内数据量的运作正常方程

当 $t \to \infty$ 时，乳品可追溯系统运转正常，则表示可追溯系统内的数据同时增加和减少一个数据的概率是等于 0 的，所以 $-\alpha A_0 + \beta A_1 = 0$ ； $\alpha A_{n-1} - (\alpha+\beta) A_n + \beta A_{n+1} = 0, n \geq 2$ 。即 $\beta A_1 = \alpha A_0$ ； $\beta A_{n+1} = \alpha A_n, n \geq 1$ 。由 $A_1 = \frac{\alpha}{\beta} A_0$ ，

$A_2 = \left(\frac{\alpha}{\beta}\right)^2 A_0$ ， $\cdots$ ， $A_n = \left(\frac{\alpha}{\beta}\right)^n A_0$ ，记可追溯系统内处理数据 $A_n (n = 0,1,2,\cdots)$ 的概率是 $p_n (n = 0,1,2,\cdots)$ 。通过马尔可夫过程的性质 $\sum_{j \in R} p_{ij}(k) = 1$ ， $i \in \mathbf{R}$ ，可得

$1 = \sum_{n=0}^{\infty} P_n = \sum_{n=0}^{\infty} \left(\frac{\alpha}{\beta} \right)^n P_0 = \frac{1}{1 - \frac{\alpha}{\beta}} P_0$。由上式可知，当 $\alpha < \beta$ 时，乳品可追溯系统是可

以运作平衡的。此时，$P_0 = 1 - \frac{\alpha}{\beta}$，$P_n = \left(\frac{\alpha}{\beta} \right)^n \times \left(1 - \frac{\alpha}{\beta} \right), n > 1$。

2）当可追溯系统运作正常时，系统内的数据量的平均值 A

可追溯系统内流通的乳品营养成分数据量多少，主要是由处理数据的效率和系统内现有的数据量 n 所决定的。一般而言，处理数据的效率越高，系统内的数据量越高，其所反映的可追溯系统价值含金量越高；反之，可追溯系统处理数据的效率越低，系统内所拥有的数据量越低，其所反映的可追溯系统价值含金量越低。则系统内的数据量的平均值 A 为

$$A = \sum_{n=0}^{\infty} n \times P_n = \sum_{n=0}^{\infty} n \times \left(\frac{\alpha}{\beta} \right)^n \times \left(1 - \frac{\alpha}{\beta} \right) = \left(1 - \frac{\alpha}{\beta} \right) \sum_{n=0}^{\infty} n \times \left(\frac{\alpha}{\beta} \right)^n$$

$$= \left(1 - \frac{\alpha}{\beta} \right) \times \frac{\alpha}{\beta} \times \frac{d}{d\frac{\alpha}{\beta}} \sum_{n=0}^{\infty} \left(\frac{\alpha}{\beta} \right)^n = \left(1 - \frac{\alpha}{\beta} \right) \times \frac{\alpha}{\beta} \times \frac{d}{d\frac{\alpha}{\beta}} \times \frac{1}{1 - \frac{\alpha}{\beta}}$$

$$= \left(1 - \frac{\alpha}{\beta} \right) \times \frac{\alpha}{\beta} \times \frac{1}{\left(1 - \frac{\alpha}{\beta} \right)^2} = \frac{\frac{\alpha}{\beta}}{1 - \frac{\alpha}{\beta}} = \frac{\alpha}{\beta - \alpha}$$

假定乳品中所含蛋白质的比率为 D_1，则可追溯系统内蛋白质的数量平均值为 $D_1 \times \frac{\alpha}{\beta - \alpha}$。假定乳品所含脂肪的比率为 D_2，则可追溯系统内脂肪的数量平均值为 $D_2 \times \frac{\alpha}{\beta - \alpha}$。假定乳品所含碳水化合物比率为 D_3，则可追溯系统内碳水化合物的数量平均值为 $D_3 \times \frac{\alpha}{\beta - \alpha}$。假定乳品所含钠的比率为 D_4，则可追溯系统内钠的数量平均值为 $D_4 \times \frac{\alpha}{\beta - \alpha}$。

3）当可追溯系统运作正常时，数据在系统内停留的平均时间 T

假定可追溯系统中每个数据的处理时间相同，则每个数据的处理时间大约为 $1/\beta$，若新数据到达可追溯系统时，系统内已有 n 个数据，那么新数据将在可追溯系统内共停留 $n+1$ 个数据的处理时间。则数据在系统内停留的平均时间 T 为

$$T = \sum_{n=0}^{\infty} (n+1)\frac{1}{\beta} \times P_n = \frac{1}{\beta}\sum_{n=0}^{\infty} n \times P_n + \frac{1}{\beta}\sum_{n=0}^{\infty} P_n = \frac{1}{\beta} \times \frac{\alpha}{\beta - \alpha} + \frac{1}{\beta} = \frac{1}{\beta - \alpha}$$

假定处理乳品所含蛋白质、脂肪、碳水化合物和钠总体数据所用的时间即乳品信息从进入可追溯系统到输出可追溯系统所使用的时间，其他营养成分暂不考虑，则四种营养成分所使用的平均时间之和为 $\frac{1}{\beta - \alpha}$。

2. 从质量的角度分析乳品可追溯系统正常运作的可靠性

从质量的角度分析，是指保障乳品的营养成分在可追溯系统的质量监控下，检测乳品所含营养成分是否符合其应达到的标准，安全监控，确保质量不达标的乳品不能通过可追溯系统的质量检测。

本书引用 HACCP 技术对乳品进行质量监控，对乳品营养成分的含量进行判定，达标则输出，不达标则返厂处理，通过此技术保障乳品可追溯的正常运作。HACCP 技术对乳品的质量监控如图 8-9 所示。

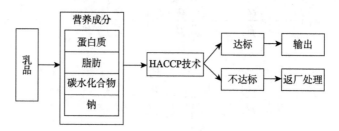

图 8-9　HACCP 技术对乳品的质量监控

8.4.3　乳品供应链追溯系统发生故障可靠性分析

乳品可追溯系统作为一个信息系统，必然会存在系统运转正常和系统故障的状况；当系统中某一环节或设备不能再正常运转的时候，势必会对可追溯系统中其他环节数据的正常处理和传输造成影响。因此，需要对乳品可追溯系统出现故障的可靠性进行分析[281, 282]。

可追溯系统中每个环节的故障只与此次上一级故障有关，与可追溯系统之前出现的故障无关，所以乳品可追溯系统的故障过程属于马尔可夫过程。本书将乳品可追溯系统的运作状态划分成良好运作、轻微老化、中等老化、严重老化和故障五个状态。当可追溯系统处于良好运作和三个不同老化状态时，系统仍然可以运作；但处于不同的老化状态，应该适当采用不修、小修或大修等不同的维修手段，避免系统进入故障状态。一旦系统进入故障状态，必须采取大修，才能使可追溯系统恢复正常运转。

应用马尔可夫过程解决问题，关键是确定转移概率。该问题的转移概率可以通过可追溯系统不同运作状态的状态转移得出。假定我们选取可追溯系统中 m 个设备，在第 n 个时间点观察可追溯系统不同设备的运作状态，则可以得到 $m \times n$ 个状态值，在这些状态值中，处于良好运作状态的有 F_1 个，其所占总体样本中的概率为 P_1，以此类推，可以得出最初不同状态的概率分布 $P^0 = [P_1, P_2, P_3, P_4, P_5]^{\mathrm{T}}$，由运作良好转移到轻微老化状态的有 $F_{1,2}$ 个，以此类推，那么从良好运作状态转移到轻微老化状态的转移概率为 $P_{12} = F_{1,2} \div F_1$，以此类推，并构建概率转移方程 P，则 $P^1 = P^0 \times P$，得出可追溯系统下一时间的不同设备状态分布情况。根据不同状态概率转移的情况，采取不同的检修方案，确保可追溯系统整体的运转可靠性。由于乳品各供应链企业的综合实力不同，针对不同概率所采取的检修方案也各有不同，因人而异，因此，我们在此讨论两种情况：一种是可靠性最高的检修策略；另一种是可靠性和经济性优化后的检修策略。

1）可靠性最高的检修策略

可靠性最高的检修策略，即指可追溯系统任何环节正常运作而最低可能性出现故障的策略。任何系统都会有使用寿命，在使用寿命期限内，系统的可靠性会慢慢由高转向低，检修的作用就在于最大限度地延长系统的使用寿命，减缓可靠性降低的趋势。因此，可靠性最高的检修策略就是除了良好运作状态以外的其他所有状态都采取大修手段，可以最高质量地保障乳品可追溯系统的可靠性。

2）可靠性和经济性优化后的检修策略

在乳品可追溯系统的系统检修过程中，不能只考虑设备的可靠性，还要考虑为此所付出的检修费用问题，因此，应该对系统检修的可靠性和经济性进行科学分析，并将双方进行合理整合。可追溯系统采取何种检修手段不仅仅取决于某一时刻系统不同状态的分布概率，还取决于每次系统故障所造成的经济损失。若每次系统故障所造成的经济损失巨大，那么系统中大修的概率将大大提高，以保障可追溯系统的正常运转，若每次系统故障所造成的经济损失一般，那么系统采取不修和小修的概率将大大提高。一般而言，检修所花费的费用要远远低于系统故障所造成的经济损失。其中，某一时刻系统故障可能造成的经济损失约等于 P_5 乘以上一次系统故障所造成的损失。在实际中，可以据此判断自身所引进的可追溯系统应采取何种检修方式最经济、最可靠。

同时，可追溯系统作为信息系统，其使用寿命是有限的，一个系统最常见的故障曲线为浴盆曲线。即当一个新系统刚投入使用时，由于系统未经磨合，故障发生的可能性会相应提高，随着系统的长时间使用，故障率渐渐趋于稳定，在使用寿命期终了的时候，故障率又逐渐增加，而故障率的增减与其所造成的经济损失呈正相关关系。一个新系统的故障率随时间变化的关系图如图 8-10 所示。

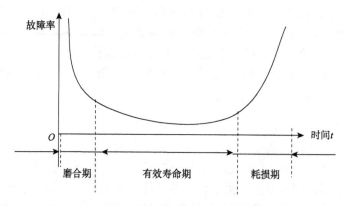

图 8-10　一个新系统的故障率随时间变化的关系图

　　可追溯系统应用于乳品供应链后，必然会经历三个不同的时期：磨合期、有效寿命期和耗损期。每一个时期的故障率不同，所采取的检修方式也不同。

　　（1）磨合期检修方式。可追溯系统处于磨合期，意味着系统操作人员并未完全了解并熟练操作可追溯系统，所以人工操作失误是这一时期故障出现的主要原因，同时这一时期系统刚刚引进，可追溯系统所带来的收益尚未体现，会导致每次故障所导致的损失很大，因此这一时期应该以大修方式为主，确保可追溯系统安稳度过磨合期。

　　（2）有效寿命期检修方式。可追溯系统进入有效寿命期，意味着系统操作人员已经完全熟悉可追溯系统的功能，并可以熟练操作，这一时期是可追溯系统体现优势，带来可观收益的时期。同时，由于系统稳定，操作人员专业熟练，故障率会稳定并降低。因此，可追溯系统在有效寿命期应该以小修为主，不修为辅。

　　（3）耗损期检修方式。可追溯系统进入损耗期，意味着系统老化程度严重，已经赶不上乳品行业所要求的功能程度。这一时期主要是可追溯系统本身系统的陈旧老化所导致的故障，而且故障出现所造成的经济损失较大。因此，在这一时期，应采取两种方式：第一种是大修，继续"榨取"可追溯系统的利用价值；第二种是不修，重新引进最新型的可追溯系统，代替已有的旧系统，此方式引进成本高但更能适应市场行情的发展，新系统将继续延续上述三个不同的时期，循环往复。

8.5 本 章 小 结

本章首先以乳品供应链为例，分析了食品安全信息追溯的必要性。其次，以物联网所提供的网络技术为依靠，以食品供应链为应用主体，以政府相关机构作为监督机构，以供应链主体或者政府部门可追溯信息平台为连接纽带，构建了物联网技术下的食品供应链可追溯系统模型。再次，应用 HACCP，对奶牛养殖子系统和乳品生产加工子系统的质量安全保障进行监控机制分析；基于 HACCP 与 GS1 的乳品供应链追溯系统，分析了乳品供应链追溯系统的工作流程。最后，对乳品供应链可追溯系统进行可靠性分析，探究了可追溯系统在中国市场的可行性。

第9章 基于供应链的食品冷链多目标鲁棒优化

9.1 食品冷链的不确定性分析

食品有自身的特征，新鲜度要求高、保质期比较短、品种繁多，不同种类的品质特点差别大；食品原材料和农业生产密切相关，农业生产又有别于工业和服务业，对自然作物的生命特征依赖性较强，从而导致一个非常显著的特征就是只有在特定的地理环境位置和在特定的时间里才有相应的初级农产品生长供应。而且，原始的初级农产品，无论是农作物还是牲畜等的供应者大多数是小型的个体农户。食品还是人们赖以生存的必需品，具有消费普遍性、保质期短、易腐、消耗大的特点，且属于快速消费品。

9.1.1 我国食品冷链现状

随着经济快速进步，小康社会逐步实现，人们对食品的需求有了比较明显的变化，更加重视食品的营养价值，也有了比较明确的养生健康理念，对各种冷鲜肉、新鲜蔬菜等低温冷冻食品的需求量日益增大，并且出现需求个性化。食品冷链迅速崛起发展，是食品供应链的一个分支，它的发展基础是控温加工、储存、运输配送等技术。但是，当前我国的食品冷链存在很多问题，食品冷链的技术和发展质量比较落后，食品冷链的管理、运行层面不合理，具体表现在以下几方面。

1. 管理运行低效

由于我国食品冷链的管理控制机制尚未完全建立，冷链食品安全管理现状不容乐观，具体表现为管理方法落伍，经验匮乏，不专业，从而使得运行效率低，即食物耗损巨大，质量低，食品安全事故时有发生。全国物流标准化技术委员会冷链物流分技术委员会副主任王国利认为冷链缺失或断裂首先导致产品质量下降、营养成分流失，严重者会变质，导致食品安全事件。在实际运作过程中，由于食品冷链运作成本较高，一些冷链食品很少使用冷链，因此损耗严重[283]。

2. 物流技术落后

冷链物流技术落后，不能保证冷链食品从原料采购、生产、储藏、运输到销售全过程的温度控制及实时监测，使得食品损耗与变质现象时有发生。在我国，水果蔬菜等农副产品在采摘、运输、储存等流通环节中的损失率高达 25%~30%。其中，在运输途中腐烂的果蔬每年就有 3.7 万吨，可供养 2 亿人的生活。而发达国家果蔬损失率则控制在 5%以内，美国仅为 1%~2%[284]。

3. 冷链食品安全问题突出

冷链食品主要来源于畜牧业、渔业和种植业等，其食品安全问题比较突出。在源头阶段，会存在水源污染、添加剂超标、有害化学品危害等问题。例如，如果用污水浇灌农田，则会致使相应的污染物质进入食品中，从而对人体造成危害；饲料中添加各种微量元素过量，会制约动物的生长；使用大量含有有机磷类或者重金属的农药化学品，会使相应的农作物积累比较多的有毒物质。在加工阶段，存在大量手工式小作坊，加工制作检测设备落后，卫生条件差，缺乏卫生监督管理，以至于很容易产生食品安全问题。在运输阶段，许多冷链食品的运输主要交由非专业食品物流来负责运送，由于他们没有考虑到湿度、温度等运输环境因素，从而造成食品腐烂变质和严重环境污染等问题。在储存阶段，要合理运用低温储存、高温储藏、脱水储存及辐射储存等手段来全面提升冷链食品储存的质量，但是好多企业都不能保证，食品安全问题比较突出[285]。

4. 冷链成本较高

不同于普通的供应链，食品冷链独特之处有：影响大，技术要求高，前期投资大，后期运作费用高，对自然环境条件依赖性比较大，周转时间少等。

综上，食品冷链的现实状况决定了食品冷链的不确定性特征，为降低冷链食品损耗、保证冷链食品质量安全，迫切需要研究制定一套完善高效的食品冷链安全管理策略体系，以下从食品冷链不确定性分析着手，探究食品冷链多目标鲁棒优化策略。从食品冷链的不同阶段来分析其不确定性，具体有食品冷链上游，包括初级农产品供应和运输的不确定性；食品冷链中游，包括食品加工和包装环节中的不确定性；食品冷链下游，包括食品运输储存和销售环节的不确定性。

9.1.2 食品冷链上游的不确定性

食品生产的原材料绝大部分来自农产品，因此可以说食品冷链开始于农产品供应，包括农作物种植和牲畜饲养等，所以食品冷链上游包括初级农产品的供应和运输。

1. 初级农产品供应的不确定性

该环节的不确定性有些来自自然因素，如土壤成分、雨水、空气的湿度、温度、阳光、水质、气候、自然灾害（如暴雨、干旱、洪涝等），这些自然条件难以预测，给食品冷链带来了极大的不确定性。另外，不确定性来源于初级农产品的提供成员，比方说，农民不知道水体受到污染，用这种含有毒化学物质的水来灌溉农作物、养鱼或者给牲畜饮用。这样一来，农作物会吸收受污染水中的化学物质，饮用了这种水的鱼和牲畜，其体内也会渐渐地聚集这些有毒化学物质。同时，在农业中经常使用杀虫剂、肥料等化学品，以保证农作物产量的稳定和高水平以及消灭害虫，但过度使用这些化学物质会使农产品中的有害物质含量超标，最终对购买食用的人的身体造成不可逆的损害。例如，为了提高瘦肉比例，农户给猪喂食了"瘦肉精"，最终导致了重大安全事故。无论是种植农作物还是养殖牲畜等都没办法离开自然环境，其对自然环境的依赖性大，所以如果自然环境受到污染，致使有毒的化学物质含量超标，就极有可能产生食品安全问题，影响食品冷链的正常运作。

2. 初级农产品运输的不确定性

初级农产品的提供地和食品制作加工与分销公司等是分离并且相距较远的。初级农产品的供应地往往是农村地区，而食品生产加工业及销售企业则在经济较为发达的地区，并且两者之间距离遥远，中间地区的地理状况迥异，两地的物流系统状况也不一致，对运输设备要求极高，如此一来，初级农产品运输过程的不确定性就增大了。通过数据发现，我国现在的初级农产品真实情况是，由于农村地区的物流基础设施和设备落后，80%的经过初加工的生鲜农产品往往在常温环境下运输和储存。但是农副产品本身保质期短、易腐，其对运输与仓储的要求是相当高的，如此一来，食品在运输途中变质、腐坏的可能性会大幅增大。

9.1.3 食品冷链中游的不确定性

食品冷链中游阶段包括食品加工和包装两个环节，该阶段是整条食品冷链不确定性的主要来源。

1. 食品加工环节的不确定性

一些食品生产加工企业的加工设备简陋，加工环境不符合要求，管理水平低下，加工技术落后。根据国家质量监督检验检疫总局调查数据，到 2015 年，我国约有 67 万家食品加工机构，其中 56 万家是小作坊，所占比例高达 77.8%。这些小作坊基本上都是加工设备简陋，加工环境不符合要求，管理水平低下，加工技术落后。还有的企业出于自身的利益考虑，或者是在不知情的情况下在加工生产过程中采用了不利于人身体健康的原材料或者违规使用了添加剂。最终导致未达标的问题食品在市场上流通，给购买食用的客户带来了严重的身体伤害，轻则带来经济损失，重则危害其健康或生命。

2. 食品包装环节的不确定性

1) 食品包装的材料或容器制作不符合规定
食品的包装材料五花八门，如金属、玻璃、塑料、纸等，这些材料都会直接接触食物。有的包装材料供应商的生产供应设备技术落后，也没有进行严格的质量和安全把控，致使在生产、选择和包装密封环节中使包装材料受到污染或者出现规格瑕疵。

2) 食品的外包装不合理
食品在各个环节周转运输时容易受到外部环境的腐蚀，致使食品受到破坏从而变质。大多时候，发生这种情况不是由于物流环节设施设备落后，而是因为生产企业重视包装外观，而轻视其实用性。

3) 食品包装过程不规范
一般情况下，食品包装过程要在无菌环境下进行，但是部分食品生产加工企业没有依据标准严格进行包装，使得食品受到污染；还有部分企业没有在包装上注明生产时间。

9.1.4　食品冷链下游的不确定性

食品冷链的下游阶段包括食品的运输储存和销售环节。

1. 食品运输储存环节的不确定性

除了像前文所叙述的由于运输储存设施设备落后、不够专业，不能满足食品对湿度、温度的特殊要求，从而使食品损耗腐坏可能性增大外，还有另一个不确定性，那就是为了降低运输储存成本，生产加工商或者经销商会将不同气味、种类的食物放置在一起共同运输，这样做容易导致食品串味和交互污染。

2. 食品销售环节的不确定性

食品的销售主体具有多样化的特征，农贸批发市场、大型购物超市、小型便利店、零售店等都可以作为食品销售的主体，销售渠道多种多样。因此销售环节的不确定性很多。例如，很多食品销售商眼中只有自身的利益，把已经过保质期或即将过保质期的食品混杂在合格食品里蒙骗消费者。

9.1.5 食品冷链不确定性的影响分析及应对措施

1. 不确定性因素对食品冷链的干扰与影响

多种不确定性因素的存在，给食品冷链的成员带来了遭受损失的可能性，即食品供应链的风险。首先，从外部来讲，国家经济、政策环境对食品冷链影响较大，可能带来多种不确定因素；其次，从自身来说，加入行业的企业数目和质量都在提升，因此竞争越来越激烈，食品冷链结构越来越烦琐复杂，使得食品冷链不确定性因素越来越多，整个供应链的构造也变得越发烦琐；最后，也是最重要的，客户的要求越来越多样化和个性化，体现着自身独特的需求。这些变动带来的不确定性就是风险越来越大的根本缘由。为了保证食物的安全性稳定和品质优良，必须深入不确定性的影响分析，进而加强风险的控制和管理。

食品在冷链的每一个环节层级上都有可能被污染、被加入对人体有害的化学物质或者受到污染，这样逐层累加下来的各种化学物质等有毒物质就会给最终消费者的人身安全带来严重的威胁。食品冷链企业可以分为三个类型：在生产加工过程中为了牟取私利，添加了有害物质，制造出不安全食品并且主动传递食品质量安全风险；企业本身遵纪守法，但由于忽视了对原材料的检查，被动传递了食品质量安全风险；公司按照规定认真检验了上游供应商提供给自己的产品，并且严格控制卫生条件，制作生产食物，卖出食品前仔细地注意是否过期或符合国家标准，使得不安全的食品止步于此，阻断了食品安全危险的传递。

2. 食品冷链风险发生前的预防措施

1）政府发挥主观能动性

政府拥有的权威的公信力，能阻止不完善的市场行为，使人们明白自己在市场活动中的活动范围和权利界限。因此，在预防食品不安全行为发生的问题上，政府一定要发挥自己的决策作用。虽然现在政府已经拥有了完整的食品安全管理控制体制，但在实际生活中还有大量的食品安全问题出现，在食品冷链环节中到处都有安全隐患。因此，预防食品安全问题的产生，首先要明确各种规章制度，从问题产生的根源和发生的过程进行遏制，进而改变这种产生问题后再治理的思想观念。目前，迫切需要政府解决的问题有：注重环境问题，防止环境污染；加强农产品的管理，从根源预防一切污染源的产生；严格控制进入市场的制度，阻止不达标产品的进入；规范农产品包装的标准，严格控制风险的传播者和制造者。

2）培养民间协会和群众的监督

一直以来，我国都是政府监督强于社会监督，而企业本身的监管较为薄弱。这种以政府为主的管理模式不能完全规避食品整个供应环节的风险。因此，发挥民间协会和群众的监督作用，发挥其公正性、无私性变得至关重要。同时也要培养社会大众和企业本身的食品安全观念，为减少食品供应环节的风险创造良好的外部环境。

3）完善信息追溯系统建设

伴随着信息技术的快速发展，食品冷链环节的信息公开平台也应运而生。利用信息公开平台能减少冷链中食品的最终交易成本，加快信息传播的速度和质量，避免由于传递错误信息而增加食品冷链的风险。而且，利用高科技信息技术，可以维护食品冷链的信用体系。通过信息这类技术，企业有关冷链环节的生产情况、奖惩制度、迟到和早退等记录都可以得到妥善的保存。

应建立完善的追溯系统，这种追溯系统对食品从生产到最后被消费的整个过程中所涉及的相关信息进行相关的统计和记载。一旦这种产品出现任何问题，就可以迅速追回已经生产还没有被消费的食品，避免其上市伤害购买者和食用者，减少双方的损失。为了更好地利用追溯系统，需要对食品的包装和条形码等进行统一的规划和安排，因为它们承载传递信息。此外，建立信息交流的平台，可以降低成本，加快信息传递的速度和提升信息传递的质量，这也是一种良好的发展措施。可追溯系统在实施的过程中结合多方面的措施往往能得到更好的发挥。可追溯系统可以降低问题产品的影响范围，降低由于产品召回产生的影响；可以通过信息循环传递带来的反馈，提升产品的质量和配送的速度以及在物流相关环节中的透明性，提高效率；也可以通过建立相关人员对相关问题负责的制度，最终维护公司的正常运营，建立品牌效应。

4）建立风险基金

企业在运营的过程中，为了规避风险，每年在年末都要留取一部分资金作为企业的周转资金。为了解决突发的风险问题，对这部分基金的管理要建立相关的规章制度，明确记录基金的来源、使用条件、相关的进出记录及管理办法。另外，需要委托专业的相关人才进行科学的管理，对每年的整体资金进行明确的规划。在资金遭受意外损失时，要有紧急的解决措施。此外，在基金的使用上也要有完善的监督机制，但资金的管理者不可兼任监督者，这就是为了使工作人员公开公正地进行资金的监管工作，避免资金的不合理利用。

5）建立食品冷链风险评价体系

建立食品冷链风险评价体系对食品安全的研究和日常管理具有重要意义。食品冷链风险因素可以划分为七个方面：运作风险、设备风险、信息风险、技术风险、人员风险、政策风险和突发风险。运作风险主要包括运输全程温度控制合格率、冷链装卸搬运的自动化水平和节点企业的衔接效率三方面；设备风险主要包括仓库自动化水平、冷链流通加工机械化水平、物流设施设备完善程度三方面；信息风险主要包括冷链企业信息设备配备程度、冷链节点企业信息共享效率和冷链网络复杂程度三方面；技术风险主要包括节点企业的温度检测设备普及率、冷链企业和合作伙伴的运营能力三方面；人员风险主要指操作人员的素养、能力和冷链意识；政策风险主要指法规政策完善程度、市场监管力度和企业资金的供应状况；突发风险主要指恶劣自然状况的应对能力等[286]。

6）建立冷链利益主体的伙伴联盟体

与食品冷链有利益往来的主体包括初级食材提供者、初步制作者、深加工者、销售商及进行商品运输的物流公司等。由于食品冷链各环节的利益主体与冷链的发展方向和目标不一致，冷链系统的整体效率低下，整体利益降低。因此，可以通过成立伙伴联盟体，以规章制度的方式明确规定各相关主体的效益与责任，从而使得冷链的各个成员都向同一个方向发展。伙伴联盟一般以加工企业为主体，在冷链的源头建立产品原材料的供应基地。在食品冷链的末尾环节建立相关的销售渠道，以规章制度的形式稳固各个伙伴之间的关系、规定质量标准、界定各方的责任。这种拥有严格的质量要求和明确各方权利的密切的伙伴联盟会受到彼此利益的约束，进而建立彼此影响和约束的食品安全监管体系，确保食品的安全。与此同时，还要建立有关食品的物流冷链体系，利用第三方物流公司先进的运输与仓储工具，确保冷链物流在食品冷链的整个过程得到实现。当食品冷链上的伙伴联盟体建成后，为了保证食品的安全，尽最大努力将食品安全风险降到最小。通过对食物原材料购买、初步和深度加工、运配和消费各个环节会出现的污染和危害进行相关的分析和研究，根据分析和研究的结果建立食品冷链整个过程的主要控制点，并建立可以有效进行检测的主要控制点的程序，从而消除冷链全过程中出现的食品安全危害。

7）完善食品冷链网络配套设施设备

发展先进的现代化冷链系统的核心是使用箱式的冷藏车和组装式的冷柜，以及在加工车间安装温控设施设备，保证进行加工的食品不受外界温度的影响而变质。

3. 食品冷链风险发生后的应急措施

1）建立快速反应机制

快速反应一般被认为是掌控风险最有效的方式，早期的快速处理可以有效削弱风险的危害。食品冷链在面临危机时的处理机制是成立专业的小组进行危机的处理，界定危害的范围和严重性，确定受到影响的区域，构建食品召回体制，召回不达标食物。

2）加强相关主体间的沟通交流

进行沟通和信息共享也有助于减少不利影响。信息的外部交流不仅可以防止谣言的传播，还能反映出企业强烈的社会责任感，可以达到"因祸得福"的效果。有效的沟通可以借助广播、电视等媒体形式进行传播，也可以借助记者会等形式来对一些事情的真相进行表态。当突发事故发生时，网络通常是最有效的解决方式，如贴吧、微博等带来的影响力可以降低相关事件带来的损失。

3）多方合作

一个环节出错，便会使得冷链上各个环节的企业都处在危险之中，只有一起团结协作才能渡过难关。在政府的监督管理下，可以采用一切严格的方案来遏制事情的进一步发展。同时也可以通过国际权威组织做相关的鉴定，消除人们的疑惑，防止影响扩大。

9.2　食品冷链的鲁棒性策略分析

9.2.1　供应链鲁棒性策略内涵

为了更加严格地界定供应链鲁棒性策略，首先要严格地界定和比较一对容易被混为一谈的概念，即供应链弹性和供应链鲁棒性。这两个概念有着比较密切的联系，也有显著的差别，只有理清它们的联系与区别，才能提出真正意义上的供应链鲁棒性策略。

1. 供应链弹性与供应链鲁棒性之间的联系与区别

1）联系

（1）研究的重点相同：它们都以怎样设计供应链系统为研究重点，目的都是提高系统抵抗不确定性风险的本领，在出乎意料的风险来临之际，仍能够运行，不至于崩溃、断裂。

（2）研究的基础相同：二者的研究基础都是供应链系统的不确定性，并且都是通过方案策略设计使得供应链系统自身具备抗风险的性能。

（3）核心思想相同：供应链鲁棒性的核心思想是"以不变应万变"，即周围环境发生改变，而系统自身却可以不需要做改变就能应对这些变化，是从战略层次上来设计考虑的。供应链弹性的核心思想同样也是"以不变应万变"，也是从战略层次上来设计考虑的。即使发生了能够使供应链断裂的重大事件，经过构造或者运作设计的供应链网络系统也能够以最快的速度恢复正常的运行。

（4）理念为 JIC：根据 JIT 理论，Joesph Martha 提出了 JIC，即"Just-in-Case"（以防万一）。JIC 供应链是指拥有风险管理机制的供应链，它的理念和 JIT 是不一样的，JIT 是不允许冗余，JIC 是认为必须存在一定程度的冗余，这样才能以防万一，应对突发状况。它的目标是架构可以自在应对突发状况的供应链，要实现这一目标，就要有效地评价整条供应链的各个环节，从最开始的供应，到中间的运输配送，再到最终消费，分析各个环节的潜在危险和最大应对潜力，以及整体的短板、瓶颈。企业构建针对性极强的风险评估、预测和消息传达系统以及紧急应对的备案，并且还要为实现上述这些方案建设专门的部门或组织，这样才能够提高供应链的弹性和鲁棒性，使得供应链系统能够应对突发事件的风险，并且快速地恢复正常。

（5）综合运用可产生倍增效应，更加高效地减弱供应链风险

在分析和估测完公司潜在风险后，根据公司和其所在系统网络的真实状态和弹性策略、鲁棒性策略自身的特征，对其进行合理配置、高效综合应用，使得二者相得益彰，产生倍增效应，更加高效地应对供应链的各种风险。比方说，如果供应链的主要潜在危险是原材料不能及时供给，那么设立或提高产品存储量、选择多家供应商、预备好紧急情况下的供应商等是比较符合实际情况的有效策略；如果供应链的主要潜在危险是消费市场需求的波动和不确定性，那么灵敏的价格计划、营销方案、延迟生产计划是更加合适的应对策略；如果供应链的主要潜在危险是制造商品过程，那么可以使商品设计、车间结构布局、运作流程顺序实现统一规范化，淘汰原始的按照顺序的操作程序，采用并发式的操作程序，延迟生产计划等。

所以，综合应用供应链弹性策略和鲁棒性策略，可以产生倍增效应，更加有效地减弱供应链风险。

2）区别

（1）是否具备适应能力：供应链弹性具备适应能力，供应链鲁棒性不具备适应能力。适应能力是弹性供应链系统的最主要的特点，是系统在受到冲击后发生了改变或者暂时断裂但可以快速恢复原状态或更好状态的能力。根据前人的研究成果，优秀的弹性供应链应该符合以下条件：首先，可以快速应对消费需求及

供应的没有预料到的变动，并灵敏地做出合理适当的变动；其次，具备较强的适应性，当市场结构大环境发生变化时，自身可以进行调整从而以更好的状态继续运作；最后，供应链各环节的组织成员进行联合，这样一来，供应链整体效益最优化就和成员自己效益最大化同步实现了。

（2）所处阶段不同：鲁棒性是弹性的基础，供应链系统在有了鲁棒性后才可能有弹性。先要强化系统的鲁棒性，才能使其具备弹性，也就是说，供应链鲁棒性更高级的层次就是供应链弹性。

（3）所涉及的供应链的不确定性不同。供应链鲁棒性和弹性都是根据供应链系统不确定性提出相应的策略。通常供应链的不确定性有三种：偏离性波动、破坏性冲击和灾难性冲击。发生偏离性波动时，供应链系统的结构不会产生变化，是指供应链系统的几个因素和预测的值发生了偏差，如供应、成本、消费需求等。发生破坏性冲击时，供应链系统的结构通常会产生变化，即自然或者人为的不可预料的状况的出现导致供应链的某些环节（如制造、运输、配送、存储等）一定范围的失效。发生灾难性冲击时，供应链系统因为遭遇了整体性大范围的无法预料的破坏，整个系统难以恢复，走向毁灭。

供应链鲁棒性会针对上述的三种不确定性，供应链弹性通常情况下只针对后两种不确定性，换一种说法就是，弹性通常只应对破坏程度比较大、产生可能性相对低的突发状况导致的不确定性。所以说，二者涉及的供应链的不确定性不一样。

（4）内涵不同：鲁棒翻译成中文，其字面意思就是强度，它是指一种抗冲击的能力，即系统本身不因外部影响发生改变；弹性则是指系统在遭遇冲击后发生了改变但可以快速恢复原状态或更好状态的能力。举一个能够简单理解的实例，把供应链系统比作大树，突发状况或不确定性就好比一场大风，在刮风时因风变形但风过后快速恢复直立生长的树，就是弹性的树；抵挡得了大风的侵袭，自身一直保持着直立生长的树，就是鲁棒的树。所以说，供应链的鲁棒性和弹性的本质内涵不一样。

2. 供应链鲁棒性策略

根据上面的比较分析，可以更加准确地界定鲁棒性策略。鲁棒性策略是指即使周围环境发生改变，而系统自身却可以不需要做改变就能应对这些变化的战略。鲁棒性策略应对不确定性风险的机制的核心是提高资源的数量，如加大产品的储存量，以防止无法满足供货，选择多家上游供应商为自己提供产品以防止对个别供应商依赖性太大，在其中断供货时无法快速应对。

9.2.2 鲁棒供应策略

对于食品冷链不确定性因素的产生根源进行相关分析，从而得知不确定性因素的产生主要是由于受到自然灾害和食品供应商的影响。但是企业并不能阻止天灾的发生，因此企业在进行防范时只能从供应商方面着手。

1. 食品供应源定制化

食品生产加工企业合理运用两种供应源，这两种供应源分别是低成本供应源（能够减少原料成本，却不能有效降低不确定性）和高柔性供应源（可以降低不确定性，增加供应链的柔性，却花费高成本），选择符合自身实际情况的供应源就是供应源定制化。很明显，在供应源定制化管理中，低成本供应源将提高供应链的效率，并且用来满足易于预测、不确定性比较低的需求。高柔性供应源提高供应链的反应速度，并且用来满足难预测、不确定性比较高的需求。举个例子，高柔性供应源供应高度不确定性需求的新型创新食品；低成本供应源供应需求稳定的传统大众食品。

2. 多食品供应商策略

很多的企业逐渐把物流朝外包方向发展，把大部分的时间和精力投放在自己的核心竞争力上。因此，企业也就越来越依靠自己的食品供应商，在这样的情形下准备"备用供应商"可以大大降低供应短缺造成的风险。公司要是只顾虑到成本的减少，则会选择单一的物流服务提供商和运输路线等。公司若还顾及不确定性风险有可能带来的危害，以及物流与供应的可靠性的重要性，则可能选择多元化模式。依靠多供应商提供货物，可以分散供货断裂和供货延迟的风险。Sheffi和 Rice 认为，选择多供应商供货，是供应链应对不确定性和风险的一种相当有效的管理策略[287]。

通常条件下，由于管理烦琐复杂，而且数量局限等各种原因，企业并不会积极主动地选择很多的食品供货商或者准备一些候选的食品供货商。那么制定一些食品冷链内部的协议就可以使得这些企业更愿意去选择和管理自己拥有的更多的供货商，从而使得整条食品冷链具有更快的反应速度和应对风险的更强的鲁棒性。比方说，收益共享协议、危险共担协议能够非常有效地使得食品冷链组织企业相互协调配合，这样一来，整个食品冷链系统就具有更强的鲁棒性。举个例子，2004 年美国的流感疫苗曾经就遇到过这样的情况。当时流感药物极其匮乏，市场需求有很大的缺口，这一状况的发生是因为政府部门给疫苗施加了比较大的政策挤压，也没有对它的具体标准配置进行明确严苛的规定。吸取经验教训，美国政府为流感药物市场承诺了风险共同承担的协议，用这种方法来使得该供应链系统具备更加强大的鲁棒性，如此才能有食品供货商愿意投入这样一个满目疮痍的供应链系统。协议落到实处，具体的共同承担危险的做法包括：在市场旺季快结束，即将进入淡季时，如果商家还有没有卖出或者被预订疫苗，政府就依照成本价购买这些剩余的疫苗以降低商家的损失；在还没有制造出疫苗时，就预先约定好会购买合适数量的产品。这些协议是可以灵活变动的，以应对实际情况，如干扰冲击比较大的时候，政府会灵活地变动自己的订货量和来源，以此来平衡整个系统，增强整体的鲁棒性。

3. 维护与食品供应商的关系

当企业选定合适的食品供应商后，就要保持彼此之间合作共赢的关系，这样才能使食品供应商为企业的发展提供相关需要，食品供应商也会提供更符合企业要求的产品质量及供货日期等的食品。此外，企业也可以与食品供应商签订相关的协议。一旦交货，如果因为食品原料或食品的质量不符合要求造成公司损失时，可以约定相关的赔偿标准。对于企业来讲，这样能降低食品原材料或食品供给产生的不确定性。

4. 设立或增加应急库存

针对一些核心食品或重要食品原料，企业可以设立或增加应急库存，来应对一些意外的突发状况。这类库存与企业平常的安全库存不一样。安全库存是指应对平常的物流活动中运输、配送、仓储等环节造成的不稳定性，它对应的是某种特定种类的意外事件；而应急库存是为多个食品冷链或是在一个区域多个运营环节共同设立的应急策略。

9.2.3　鲁棒需求策略

通过来源的不确定性因素分析可以知道，需求的不确定性因素主要来自牛鞭效应导致的需求变化快速放大和具有生命周期的产品本身特点引起的客户需求变化。

1. 灵敏定价策略

引导消费者的需求类型和数量的变动，是应对市场需求波动的运作策略想要达到的效果。"反应灵敏的定价策略"可以引导消费者的需求种类发生改变，从而提高公司的利润收入，提升整个食品冷链系统的反应效率和应对扰动的鲁棒性，这一策略的最本质关键的特点就是应对速度快，能快速得到真实准确的信息。如果组织成员采用了上述的运作策略方案，整个食品冷链系统的反应效率会得到提升，应对扰动的鲁棒性会得到加强。

2. 需求延迟策略

这一策略同样可以使得整个食品冷链系统的反应效率得到提升，应对扰动的鲁棒性得到加强。这一策略的具体做法是，如果下游企业愿意将装运的时间推迟一些，避开高峰繁忙的时间段，上游企业就会给予它们相应合理程度的优惠和折扣。举一个比较贴近生活的例子，如果某时间段的航班预定太多，甚至超出了机场的承载能力，那么这时机场会用比较有吸引力的价格或者其他额外服务来引导客户，让他们避开高峰时间段飞行，从而分散客流量，提高效率和客户满意度，降低风险。

3. 供应商管理库存

供应商管理库存是指加工商或供应商负责对零售商的产品库存进行决策的一种管理方式。该管理方式使得决定是否补货的控制权发生了变化转移，原先由下游食品企业掌握的补货控制权，后来由上游食品企业掌控。为了方便食品供应商或加工商高效合理地决定是否补货以及补货量为多少，食品销售商要将自己的需求信息分享给食品供应商或加工商。利润增加并不是指单独一方的利润增加，而是双方必须都增加，只有这样，食品供应商管理库存体系才有持续存在的必要和可能。食品供应商管理库存的益处有：食品销售商采购环节不确定性显著降低；食品供应商或加工商对原本不可预知的需求的控制能力得到了提高，使得生产比原来稳定；食品销售商检验所进货物的费用降低，使得上下游企业不再仅仅关注自身利益，而是感到一种使命与责任感，放眼于整体最优。食品供应商或加工商根据食品销售商提供的信息，能够合理地安排自己的计划，使得自身的生产同下游企业需求相对接。

供应商管理库存的使用是有一定前提条件的，即下游企业将自己顾客的需求信息和自身的库存抉择权利交给上游企业。但是当下游企业也购买其他公司的竞争性产品时，供应商管理库存往往会有不良的效果，这就是食品供应商管理库存的最大的缺点和不足。

4. 快速响应

食品冷链运用快速响应的目的是缩短补货的提前期。补货提前期得到缩短，整条食品冷链的预测准确度就会提升，这样一来，上下游环节的协调性就得到了很好的保证，即供需平衡，整体的利润也会增加。运用快速响应的管理方式，会使得上游环节公司承担两类损失：一类是上游环节的公司会由于缩短补货提前期而自身的经营运作成本增加；另一类是上游公司的销量会因为下游环节订货周期缩短，订货批次增加，批量减少。这就产生了一个重要的食品冷链管理问题：如何让快速响应所产生的增加的食品冷链利润在食品冷链各阶段内进行分配，而使得各阶段都受到激励而进行快速响应。因此，公平合理地将因为运用快速响应而增加的利益分配到食品冷链的每个环节，并将单个环节因此产生的成本分摊到各阶段，这就是运用快速响应实践过程中重点要解决的问题。

9.2.4　鲁棒产品策略

1. 延迟生产计划

食品从初级农产品原材料状态，经过后期的差别化口味生产、地域特点深加工、个性化搭配包装等各种定制化的步骤，从而满足客户千差万别的需求。通过采用延迟生产计划，将差别化生产、个性化搭配包装等的时间尽量延迟到最后时刻。通过这种方式，即使风险发生，无论是市场的需求突然变化还是食品供应商交货不足，企业都能够快速用低成本的方法来解决这种风险的不确定性。

延迟技术是大范围定制和实施的关键技术，在食品冷链管理当中发挥的关键作用是磨合食品冷链的供应和需求，使得它们达到吻合的状态。但是，通常延迟技术在进行应用时可以使生产厂商的生产成本和加工生产的产品成本在一定范围内得到提升。所以，在决定是否采用延迟技术或是使用延迟技术的层次上，实际上是在食品冷链中将延迟技术产生的成本和由它产生的利润进行相关的比较来决定延迟技术是否采用。延迟生产计划是鲁棒产品管理中非常有效的战略方法。这种方法可以极其有效地增加食品冷链系统整体的鲁棒性。它主要是考虑到客户对商品的要求各种各样，并且变动非常频繁快速，为了应对这些挑剔易变的要求，企业采用延迟制造的方法来解决，这样一来，整个食品冷链系统的鲁棒性和弹性都得到了比较大的提升。举个例子，诺基亚的生产就是一种延迟制造的典范，它不是整体按照统一模板无缝设计的，而是把各个模块分为多种制作方式和类型，这些部分能形成很多高效的组合。这样一来，如果某种类型的构件因为一些意外无法实现准时提供，企业就会非常灵活地用同种功能的其他零件来替代，也就是说，根据客户需求，一直到最终的成机前，产品制造都可以进行快速调整。这样一来，诺基亚不仅及时满足了客户的要求，还因此得到了更多的市场份额，巩固了自身的基础。

延迟技术能够有效地减少需求的不确定性，降低风险，但是同时也产生了延迟加工生产时所需的额外费用。所以含有延迟技术的生产方式适用于高不确定性需求，与之相反，运用普通的生产方式来满足低不确定性需求。这样的话，企业就可以从延迟技术中获得更高的利益，同时减少由于使用该项技术所增加的生产成本。

2. 控制前置时间

企业在时间方面具有不确定性，是因为在订单处理的时候，食品从生产制作加工到销售的各个环节的时间，如食品原料供应的前置时间、生产加工的前置时间、配送的前置时间、仓储的前置时间、运输的前置时间等，都具有不稳定性。为了防范时间方面的不确定性，一定要合理控制前置时间，使其在合理的范围内运行并简单规划作业的操作程序，简化公司运营系统的复杂性，大大降低工作的出错率。

3. 减弱生产加工不确定性

新型技术不断被研发出来，这大大增大了食品生产加工的不确定性。解决这种不确定性有两种办法。一种是通过购买、租用等各种渠道引进这种新型技术；另一种是公司内部组建研发团队，开发新型技术。最好能够两种方法同时使用，这样减弱这种不确定性的有效性会大大增强。

4. 解决质量的不稳定性因素

平时不仅要实现生产加工过程规范化、科学化及信息化，更要加强质量的防范监督管理手段。进行质量监督管理的目的就是降低未达标或不安全食品的流通率，使出厂的食品都符合相关的安全标准和营养标准。

另外，采用标准化的食品制作流程设计、生产加工车间布局，并以并发业务流程方案代替顺序业务流程方案等，从而降低供应链的不确定性。

9.2.5 鲁棒信息策略

1. 建立信息共享系统

解决信息闭塞的问题，保证信息流顺利地在食品冷链中流通，使得下层组织成员的各种存储、运输和需求信息能够快速准确地到达上游企业，可以实现信息的共同利用，提升信息的利用率，可以减少因信息的不完善带来的风险，可以在系统中进行节点公司间的合作，对巩固公司合作以及加快食品冷链的运行速度，提升运行效率都有关键作用。关于食品冷链的相关探究表明，信息的共享能够降低牛鞭效应，提高物流竞争力和减少成本，可以使食品供应商在库存方面更加占据主导地位，降低高库存造成的库存成本和腐坏损耗成本过高的问题。

2. 建立协同预测市场需求和补货机制

进一步提高预测的准确度，以及食品冷链系统的透明度。食品冷链系统的透明度得到提升，才可以为实现所有系统组织成员的精准预测奠定基础，达到成员之间无缝对接，从而使得每位成员都能掌握市场需求的变化，及时做出调整应对。经常进行市场调研，了解客户的需求和个人喜好，是处理这些问题重要的方法之一。只有提前进行相关预测，才可以采取相应的措施来解决不确定性需求的问题。国外学者提出了供应链组织企业相互配合是实现协同的需求预测体制这一观点，同时制定了"比例补货"的协同补货原则，并且在提出理论的基础上，通过数值计算证明了自己所提原则的可靠性和正确性。他的这一理论是在协同式规划预测与补货系统的基础上提出来的，即所有系统成员的信息实现共享是理论实现的前提。而且，他还解释到就算需求信息有一定的偏差，没有到达非常高准确度的预测，运用这样的一种协同补货原则，在不同阶段的储存量也能比较快速地恢复到预期的目标水平。所以，这样的一个协同式规划预测与补货系统、协同预测市场需求和补货机制可以非常有效地增强食品冷链系统的鲁棒性[288]。

9.3　食品冷链的鲁棒优化模型

建立多阶段冷链模型，该模型由一个生产商、一个批发商、一个零售商、一个客户构成，用已知概率的离散情境描述消费市场需求的不确定性，并通过聚合多个目标的满意度，使冷链的整体满意度最大化，从而满足相互冲突的多目标，即最大化所有成员考虑碳排放的利润，最大化所有成员的库存安全水平，最大化决策的鲁棒性[289, 290]。

9.3.1　参数及变量说明

参数及变量说明如表 9-1 和表 9-2 所示。

表 9-1　参数说明

下脚标	说明	参数	说明
p	生产商	PPD_s	情境 s 的概率

续表

下脚标	说明	参数	说明
r	销售商	FCD_{ts}	t 阶段 s 情境下的市场需求量
c	客户	P_{pr}	生产商 p 与销售商 r 之间的交易价格
t	阶段（$t=1,2,\cdots,T$）$t\in T$	P_{rc}	销售商 r 与客户 c 之间的交易价格
s	情境（$s=1,2,\cdots,S$）$s\in S$	UMC_p	生产商 p 单位变动成本
T	阶段数目 $T=3$	FTC_{pr}	生产商 p 到销售商 r 的固定运输成本
参数	说明	参数	说明
UTC_{pr}	生产商 p 到销售商 r 的单位运输成本	f_I	冷藏存储的碳排放价格
TLT_{pr}	生产商 p 到销售商 r 的运输时间	f_W	腐坏的碳排放价格
MIC_p	生产商 p、销售商 r 的最大库存能力	J_1	目标 1 基准值
SIQ_p	生产商 p、销售商 r 的安全库存量	J_2	目标 2 基准值
UIC_p	生产商 p、销售商 r 的单位库存成本	J_3	目标 3 基准值
f_T	运输的碳排放价格	J_4	目标 4 基准值

表 9-2　变量说明

决策变量	含义	决策变量	含义
D_{pts}　D_{rts}	生产商 p、销售商 r 的安全库存短缺量	SIL_{ps}　SIL_{rs}	生产商 p、销售商 r 的库存安全水平
I_{pts}　I_{rts}	生产商 p、销售商 r 的库存量	F_{Tpts}	生产商 p 的运输碳排放成本
MQ_{pts}	生产商 p 的生产量	F_{Ipts}	生产商 p 的存储碳排放成本
SQ_{prts}　SQ_{rcts}	生产商 p 到销售商 r、销售商 r 到客户 c 的交易数量	F_{Irts}	销售商 r 的存储碳排放成本
PSP_{pts}　PSP_{rts}	生产商 p、销售商 r 的总销售收入	F_{Wpts}	生产商 p 的腐坏碳排放成本
TIC_{pts}　TIC_{rts}	生产商 p、销售商 r 的总库存成本	F_{Wrts}	销售商 r 的腐坏碳排放成本
TMC_{pts}	生产商 p 的总生产成本	F_{pts}	生产商 p 的总碳排放成本
TPC_{rts}	销售商 r 的总购买成本	F_{rts}	销售商 r 的总碳排放成本
TQ_{prts}	生产商 p 到销售商 r 的运输量	RI_1	生产商 p 利润鲁棒性指标
TTC_{pts}	生产商 p 的运输成本	RI_2	销售商 r 利润鲁棒性指标
Z_p　Z_r	生产商 p、销售商 r 的利润期望值	RI_3	生产商 p 库存安全水平鲁棒性指标
Z_{ps}　Z_{rs}	生产商 p、销售商 s 情境下的利润	RI_4	销售商 r 库存安全水平鲁棒性指标
SIL_p　SIL_r	生产商 p、销售商 r 的库存安全水平		

表 9-2 中下脚标带 t、s 的变量表示该变量是在 t 阶段 s 情境下的，下脚标带 s 的变量表示该变量是在 s 情境下的。

9.3.2 多目标设计分析

1. 成本与收益分析

碳排放成本：

$$F_{pts} = F_{Tpts} + F_{Ipts} + F_{Wpts} = f_T \times \text{TLT}_{pr} \times \text{TQ}_{prts} + f_I \times I_{pts} + f_W \times I_{pts} \quad （9-1）$$

$$F_{rts} = F_{Irts} + F_{Wrts} = f_I \times I_{rts} + f_W \times I_{rts} \quad （9-2）$$

生产或购买成本：

$$\text{TMC}_{pts} = \text{UMC}_p \times \text{MQ}_{pts} \quad （9-3）$$

$$\text{TPC}_{rts} = P_{pr} \times \text{SQ}_{prts} \quad （9-4）$$

库存成本：

$$\text{TIC}_{pts} = \text{UIC}_p \times I_{pts} \quad （9-5）$$

$$\text{TIC}_{rts} = \text{UIC}_r \times I_{rts} \quad （9-6）$$

运输成本：

$$\text{TTC}_{pts} = \text{FTC}_{pr} + \text{UTC}_{pr} \times \text{TQ}_{prts} \quad （9-7）$$

销售收入：

$$\text{PSP}_{pts} = P_{pr} \times \text{SQ}_{prts} \quad （9-8）$$

$$\text{PSP}_{rts} = P_{rc} \times \text{SQ}_{rcts} \quad （9-9）$$

利润：

$$Z_{ps} = \sum_{\forall t \in T} \left(\text{PSP}_{pts} - \text{TMC}_{pts} - \text{TIC}_{pts} - \text{TTC}_{pts} - F_{pts} \right) \quad （9-10）$$

$$Z_{rs} = \sum_{\forall t \in T} \left(\text{PSP}_{rts} - \text{TPC}_{rts} - \text{TIC}_{rts} - F_{rts} \right) \quad （9-11）$$

式（9-10）表示生产商 p 的利润等于 p 的销售收入减去 p 的生产成本、库存成本、运输成本和碳排放成本。式（9-11）表示销售商 r 的利润等于 r 的销售收入减去 r 的购买成本、库存成本和碳排放成本。

2. 库存水平分析

库存安全短缺量：

$$D_{pts} \geqslant \text{SIQ}_p - I_{pts} \quad （9-12）$$

$$D_{rts} \geqslant \text{SIQ}_r - I_{rts} \quad （9-13）$$

$$I_{pts}, I_{rts}, D_{pts}, D_{rts} \geqslant 0$$

库存安全水平：

$$\mathrm{SIL}_{ps} = \frac{1}{T} \sum_{\forall t \in T} \left(1 - \frac{D_{pts}}{\mathrm{SIQ}_p} \right) \qquad (9\text{-}14)$$

$$\mathrm{SIL}_{rs} = \frac{1}{T} \sum_{\forall t \in T} \left(1 - \frac{D_{rts}}{\mathrm{SIQ}_r} \right) \qquad (9\text{-}15)$$

式（9-14）表示生产商 p 的库存安全水平，式（9-15）表示销售商 r 的库存安全水平。

3. 多目标分析

1）多目标定义

目标 1：最大化生产商 p 考虑碳排放的利润。

$$J_1(x) = Z_p = \sum_{\forall s \in S} \mathrm{PPD}_s \times Z_{ps} \qquad (9\text{-}16)$$

目标 2：最大化销售商 r 考虑碳排放的利润。

$$J_2(x) = Z_r = \sum_{\forall s \in S} \mathrm{PPD}_s \times Z_{rs} \qquad (9\text{-}17)$$

目标 3：最大化生产商 p 的库存安全水平。

$$J_3(x) = \mathrm{SIL}_p = \sum_{\forall s \in S} \mathrm{PPD}_s \times \mathrm{SIL}_{ps} \qquad (9\text{-}18)$$

目标 4：最大化销售商 r 的库存安全水平。

$$J_4(x) = \mathrm{SIL}_r = \sum_{\forall s \in S} \mathrm{PPD}_s \times \mathrm{SIL}_{rs} \qquad (9\text{-}19)$$

目标 5：最大化决策的鲁棒性。

用离散情境法描述产品需求的不确定性，所有变量都会随着情境的变化而变动。因此，有可能个别情境下的目标实现值过低，所以需要降低目标值的变动。在此，提出局部均值来测量鲁棒性，一旦目标的值低于局部均值，就会被处罚，增加相应处罚成本[291, 292]。

$$J_5(x) = \mathrm{RI}_1 = \sum_{\forall s \in S} \mathrm{PPD}_s \min\{0, Z_{ps} - J_1\} \qquad (9\text{-}20)$$

$$J_6(x) = \mathrm{RI}_2 = \sum_{\forall s \in S} \mathrm{PPD}_s \min\{0, Z_{rs} - J_2\} \qquad (9\text{-}21)$$

$$J_7(x) = \mathrm{RI}_3 = \sum_{\forall s \in S} \mathrm{PPD}_s \min\{0, \mathrm{SIL}_{ps} - J_3\} \qquad (9\text{-}22)$$

$$J_8(x) = \mathrm{RI}_4 = \sum_{\forall s \in S} \mathrm{PPD}_s \min\{0, \mathrm{SIL}_{rs} - J_4\} \qquad (9\text{-}23)$$

2）多目标取值范围

（1）多目标上限 $\overline{J}_m^1$。

目标 1：生产商 p 考虑碳排放的利润。

目标 2：销售商 r 考虑碳排放的利润。

目标 3：生产商 p 的库存安全水平。

目标 4：销售商 r 的库存安全水平的上限 $\bar{J}_m^1 = (m = 1, 2, 3, 4)$ 是单目标最大值，即

$$\bar{J}_m^1 = \max\left[J_m(x)\right], \quad m = 1, 2, \cdots, 4 \tag{9-24}$$

x_m^* 为单目标最大化的最优解，即 $\max\left[J_m(x)\right]$ 时的 x 的取值。

目标 5：决策鲁棒性的上限是 0（绝对鲁棒性），即

$$\bar{J}_m^1 = 0, \quad m = 5, 6, \cdots, 8 \tag{9-25}$$

（2）多目标下限 $\underline{J}_m^0$。

将目标 1、2、3、4 的单目标最优解依次代入相应目标函数，最小值即相应目标的下限 $\underline{J}_m^0 (m = 1, 2, \cdots, 8)$，即

$$\underline{J}_m^0 = \min\left[J_m\left(x_1^*\right), J_m\left(x_2^*\right), J_m\left(x_3^*\right), J_m\left(x_4^*\right)\right] \tag{9-26}$$

（3）隶属函数有效范围。

遵循下面的程序定义隶属函数的有效范围 $\left[J_m^0, J_m^1\right]$。由于利润随情境变动很大，使用最低的正盈利作为 J_m^0，第二大值作为 J_m^1。直接用 $\left[J_m^0, \bar{J}_m^1\right]$ 作为库存安全水平隶属函数的有效范围。为强调鲁棒指标的重要性，使用第二低的值作为鲁棒指标的 J_m^0，0 作为鲁棒指标的 J_m^1。

（4）聚合多目标的满意度。

在相应隶属函数的有效范围 $\left[J_m^0, J_m^1\right]$ 里描述需要最大化的目标 J_m，当目标的值大于 J_m^1 时满意度为 1，当值小于 J_m^0 时满意度为 0。采用分段线性隶属函数来描述从数值化的目标值到满意度的过渡，因为它已经在许多应用中被证明提供了合格的解决方案。隶属度函数为 $\mu\left[J_m(x)\right] \in [0, 1]$，如式（9-27）所示。

$$\mu\left[J_m(x)\right] = \begin{cases} 1; & \text{for } J_m(x) \geqslant J_m^1 \\ \dfrac{J_m(x) - J_m^0}{J_m^1 - J_m^0}; & \text{for } J_m^0 < J_m(x) < J_m^1 \quad m = 1, 2, \cdots, 8 \\ 0; & \text{for } J_m^0 \geqslant J_m(x) \end{cases} \tag{9-27}$$

用所有单个目标的满意度乘积来代表所有目标的整体满意度，整体满意度用 $\mu(x)$ 表示，如式（9-28）所示。

$$\mu(x) = u(J_1) \times \cdots \times u(J_8) \tag{9-28}$$

最佳解决方案是使得 $\mu(x)$ 取得最大值 $\mu(x^*)$ 的 x^*，如式（9-29）所示。

$$\max\left[\mu(x)\right] = \mu(x^*) \tag{9-29}$$

9.3.3 约束条件设计分析

1）运输量约束

$$\mathrm{TQ}_{prts} = \mathrm{SQ}_{prts}, \quad \forall t \in T, s \in S \tag{9-30}$$

2）库存量约束

$$I_{pts} = I_{p,t-1,s} + \mathrm{MQ}_{p,t-1,s} - \mathrm{SQ}_{prts} \tag{9-31}$$

$$I_{rts} = I_{r,t-1,s} + \mathrm{SQ}_{pr,t-\mathrm{TLT}_{pr},s} - \mathrm{SQ}_{rcts} \tag{9-32}$$

$$\mathrm{SQ}_{rcts} \leqslant \mathrm{FCD}_{ts} \tag{9-33}$$

$$I_{pts} \leqslant \mathrm{MIC}_p \tag{9-34}$$

$$I_{rts} \leqslant \mathrm{MIC}_r \tag{9-35}$$

$$I_{pts}, I_{rts}, \mathrm{SQ}_{prts}, \mathrm{SQ}_{rcts} \geqslant 0, \quad \forall t \in T, s \in S \tag{9-36}$$

9.4 数值算例及结果分析

9.4.1 碳排放数据分析

目前中国食品行业中，资源消耗量与世界先进水平差距较大，部分呈现高消耗、高投入、低产出的特点，发展模式是"外延型增长模式"，企业出口食品遭到反倾销诉讼，理由之中就有企业排污控制不严导致生产成本降低。近些年公众由于食品安全问题对食品企业产生信任危机，需要低碳食品这样更健康更安心的食品来恢复食品行业的健康形象。冷链作为一种高耗能、高碳排放的特殊供应链，考虑其碳排放成本、减少其碳排放量具有必要性和急迫性。

计算产品碳足迹最常用的方法是产品的生命周期评估法[293]。产品生命周期横跨实物商品或者非物质服务的寿命，从原材料采购、产品制造、运输、储存、消费到报废丢弃。其最终目的是督促企业降低自己制作加工产品中造成的温室气体排放量，同时促使企业从商品最初的构想、制造加工一直到储存、运输、配送全程中寻找减少温室气体排放量的方法途径。最终，企业就能在这种良性压力环境下，发挥创造力，减少自己商品和服务的温室气体排放量，研发出碳足迹更小的节能环保型商品。

冷链在生命周期内应考虑运输环节、存储环节和废弃环节。冷链中的易腐品有两种情况：产品有固定生命周期，只有在保质期内才有效；产品没有固定生命周期，是随时间连续腐坏的，剩下的货物仍然有效。本书研究后者，我们在此假设其变质率为固定常数，匀速腐坏。现假设用 10 吨冷藏货车完成从生产商到销售商的运输，客户自行到销售商那里采办商品，车辆的行驶及控温都耗用柴油，碳排放相关数据如表 9-3 和表 9-4 所示。

表 9-3　碳排放来源活动及数据

子系统	活动及条件	数据	数据类型	数据来源
运输	冷藏货车（10 吨）	0.286 升/千米	行驶油耗（柴油）	[294]
		0.025 升/千米	制冷油耗（柴油）	[293]
存储	冷藏存储	0.3 千瓦时/（吨·天）	耗电量	[295]
废弃	腐坏	41.21 克/（千克·天）	CO_2 排放	[296]

表 9-4　碳排放参数

项目	CO_2 排放数据	数据来源
1 升柴油	2 630 克	[297]
1 千瓦时电	785 克	[297]

根据网上数据分析，10 吨冷藏货车车速均值约为 100 千米/时，即 2 400 千米/天，因此得到表 9-5。

表 9-5　碳排放系数

环节	CO_2 排放量
运输	[0.286 升/（10 吨·千米）+0.025 升/（10 吨·千米）]×2 630 克/升×（10 吨/10^4 千克）×2 400 千米/天=196.303 克/（千克·天）
存储	0.3 千瓦时/（吨·天）×785 克/千瓦时×（1 吨/10^3 千克）=0.236 克/（千克·天）
废弃	41.21 克/（千克·天）

天津市碳排放价格约为 40 元/吨，即 $4×10^{-5}$ 元/克，因此得到表 9-6。

表 9-6　碳排放价格

环节	CO_2 排放价格
运输 f_T	196.303 克/（千克·天）×$4×10^{-5}$ 元/克=$7.852×10^{-3}$ 元/（千克·天）
存储 f_I	0.236 克/（千克·天）×$4×10^{-5}$ 元/克=$9.44×10^{-6}$ 元/（千克·天）
废弃 f_W	41.21 克/（千克·天）×$4×10^{-5}$ 元/克 =$1.648×10^{-3}$ 元/（千克·天）

9.4.2　参数设置与分析

设 $T=3$，$S=3$，3 个阶段、3 种情境下的消费市场需求量如表 9-7 所示。

表 9-7　消费市场需求情境及发生概率

情境 s	情境发生概率 PPD_s	消费市场需求量 FCD_{ts}		
		阶段 1	阶段 2	阶段 3
1	0.2	10 000	12 000	14 000
2	0.3	21 000	19 000	25 000
3	0.5	32 000	29 000	34 000

根据表 9-6 可知运输碳排放价格 f_T、存储碳排放价格 f_I、废弃碳排放价格 f_W，成本参数如表 9-8 所示。

表 9-8　成本参数

碳排放价格		单位库存成本		单位运输成本		单位生产成本	
f_T	7.852×10^{-3}	UIC_p	2	UTC_{pr}	4	UMC_p	10
f_I	9.44×10^{-6}	UIC_r	3	固定运输成本		运输时间	
f_W	1.648×10^{-3}			FTC_{pr}	100	TLT_{pr}	1

生产商 p 的最大库存能力 MIC_p，销售商 r 的最大库存能力 MIC_r，生产商 p 的安全库存量 SIQ_p，销售商 r 的安全库存量 SIQ_r，生产商 p 与销售商 r 之间的交易价格 P_{pr}，销售商 r 与客户 c 之间的交易价格 P_{rc} 如表 9-9 所示。

表 9-9　其他参数

库存能力		安全库存量		单价	
MIC_p	70 000	SIQ_p	28 000	P_{pr}	100
MIC_r	50 000	SIQ_r	19 000	P_{rc}	150

9.4.3　鲁棒性目标分析

以式（9-1）~式（9-15）为约束条件，式（9-16）~式（9-19）为目标函数，根据 9.3.2 小节求得多目标的上/下限 $\underset{-}{J_m^0}$、$\overline{J}_m^1$，以及隶属函数的有效范围 $\left[J_m^0, J_m^1 \right]$，如表 9-10 所示。

表 9-10　目标隶属函数参数

m	J_m	$\underset{-}{J_m^0}$	$\left[J_m^0, J_m^1 \right]$	$\overline{J}_m^1$
1	Z_p	3 846 937	[3 846 937, 9 755 713]	15 427 946
2	Z_r	−452 571	[67 562, 2 673 879]	4 456 478
3	SIL_p	0.09	[0.09, 0.97]	0.97
4	SIL_r	0.06	[0.06, 0.93]	0.93
5	RI_{Z_p}	−842 649	[−495 625, 0]	0
6	RI_{Zr}	−274 948	[−194 842, 0]	0
7	RI_{SIL_p}	−0.067	[−0.052, 0]	0
8	RI_{SIL_r}	−0.075	[−0.037, 0]	0

9.4.4　结果解析

根据以上数据，利用 MATLAB 软件构建两个非线性规划，计算出多目标中是否包括鲁棒性目标的两种情况下的情境依赖性目标值，如表 9-11 所示。

表 9-11　情境依赖性目标值

情境		利润		库存安全水平	
		p	r	p	r
不包括鲁棒性目标	$S=1$	3 973 862	−212 382	0.02	0.72
	$S=2$	7 935 752	71 831	0.38	0.61
	$S=3$	8 985 847	274 592	0.29	0.83
	均值	7 668 422	116 369	0.263	0.74
	标准差	2 643 207	244 620	0.187	0.110
	满意度	0.647	0.019	0.197	0.784
包括鲁棒性目标	$S=1$	6 428 374	1 345 739	0.65	0.71
	$S=2$	6 642 836	1 435 284	0.65	0.71

情境		利润		库存安全水平	
		p	r	p	r
包括鲁棒性目标	$S=3$	7 942 636	1 532 743	0.65	0.71
	均值	7 249 844	1 466 105	0.65	0.71
	标准差	819 396	93 530	0	0
	满意度	0.576	0.537	0.636	0.747

第一个非线性规划的约束为式（9-1）~式（9-15）、式（9-37），目标函数为式（9-38），该非线性规划求出多目标中不包括鲁棒性目标的情境依赖性目标值。

$$\mu\left[J_m(x)\right]=\begin{cases}1; & \text{for } J_m(x)\geqslant J_m^1 \\ \dfrac{J_m(x)-J_m^0}{J_m^1-J_m^0}; & \text{for } J_m^0<J_m(x)<J_m^1 \quad m=1,2,3,4 \quad (9\text{-}37)\\ 0; & \text{for } J_m^0\geqslant J_m(x)\end{cases}$$

$$\mu(x)=u(J_1)\times\cdots\times u(J_4) \qquad (9\text{-}38)$$

第二个非线性规划的约束包括式（9-1）~式（9-15）、式（9-27），目标函数为式（9-28）。该非线性规划求出多目标中包括鲁棒性目标的情境依赖性目标值。

表9-11列出了所有情境下的目标值及其均值、标准差、满意度。可以发现如果不把鲁棒性目标包括在多目标中，情境相关的目标值的变异性相当高，其标准差远大于包括鲁棒性目标的标准差，并且一些目标值在某些情境下低得无法接受，如销售商 r 在情境 1 下的利润为负数，生产商 p 在情境 1 下的库存安全水平仅为 0.02。

当多目标中包括鲁棒性目标时，有些目标值小幅度降低，其余目标值显著提高。生产商 p 的利润降低 7.08%、销售商 r 的库存安全水平降低 3.68%，降低幅度很小；销售商 r 的利润提高 51.79%、生产商 p 的库存安全水平提高 51.79%，有显著提高。并且此时所有情境下的目标值均为正值，不再存在目标值低得无法接受的情况，而且每个目标的标准差都明显降低，即目标值的变异性明显降低。通过数值对比分析验证了所构建模型具有良好的鲁棒性[298, 299]。

从图 9-1 可以看出，多目标中不包括鲁棒性目标时，多目标的满意度很不平衡，销售商 r 的利润、生产商 p 的库存安全水平的满意度过低，显然，该解决方案是不可取的。多目标中包括鲁棒性目标时，多目标得到了一个较为均衡的满意度，在 0.53 到 0.75 之间，为多个相互冲突的目标提供一个补偿解决方案。

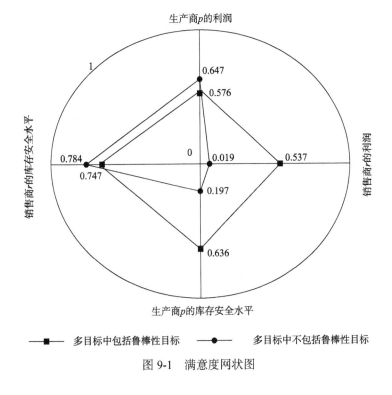

图 9-1 满意度网状图

9.5 本 章 小 结

本章首先介绍了我国食品冷链现状以及食品冷链上、中、下游的不确定性，并对食品冷链不确定性进行影响分析，提出了食品冷链风险发生前、发生后的应对措施。其次，通过食品冷链的鲁棒性策略分析，详细说明了供应链鲁棒供应策略、需求策略、产品策略及信息策略。再次，通过对食品冷链的鲁棒优化，建立多阶段冷链模型，用已知概率的离散情境描述消费市场需求的不确定性，并通过聚合多个目标的满意度，使冷链的整体满意度最大化，最大化所有成员考虑碳排放的利润，最大化所有成员的库存安全水平，最大化决策的鲁棒性。最后，进行数值算例分析，得出多目标中不包括鲁棒性目标时，多目标的满意度很不平衡；多目标中包括鲁棒性目标时，多目标得到了一个较为均衡的满意度，并可为多个相互冲突的目标提供一个补偿解决方案。

第 10 章　总结与展望

10.1　本书主要成果与结论

本书提出如下主要成果与结论。

（1）应用复杂系统思维模式，将食品供应链安全管理决策体系建设看成一项系统工程，指出食品供应链安全决策系统具有复杂适应性，其首要目标是"保障食品安全"，其次才是总成本最小化、总周期时间最短化、物流质量最优化。

（2）将系统动力学方法与演化博弈理论相结合，探究食品供应链安全决策系统的动力学行为特征和演化博弈规律，指出食品供应链上每一个环节的组织载体需要进行协调有序的合作，共同承担"食品安全、环境污染、资源浪费"的社会责任，追求"经济利益共赢"；同时提出基于信息共享的食品供应链安全风险防控模式，强调政府制定科学合理惩罚机制的紧迫性。

（3）将风险管理理论与信息技术相结合，设计食品供应链安全预警指标体系，构建食品安全风险监测与预警系统，为食品供应链安全风险监测和预警提供决策支持。

（4）将信息技术与 HACCP 技术相结合，建立食品供应链可追溯系统，并导入 GS1 系统，让整条供应链变成活的信息链，使得食品供应链真正做到安全生产、监控、预防相结合，增强消费者的认可度，提高食品供应链的安全品质。

（5）应用可拓物元评价方法，构建食品供应链安全综合评价体系。针对冷链食品供应链的环境依赖性强、周转时间短、安全性要求更高等特点，考虑了碳排放成本，提出供应、需求、产品、信息四个方面的鲁棒性策略。

10.2　进一步研究展望

（1）关于食品供应链安全协调决策框架，需要在实践应用中不断完善和改进。

（2）关于食品供应链安全预警评价体系，需要更进一步侧重预警级别和舆情测定设计预警体系。

（3）关于食品供应链安全风险防控研究，建立了食品供应链订货和库存控制系统的动力学模型，模型中没有加入食品保质期、产能的限制、主体规模限制等因素，也没有真正考虑到系统中存在的生产延迟、运输延迟、农作物生长延迟等各种延迟情况，希望在以后的研究中能够给予充分的考虑。

（4）关于食品供应链可追溯系统研究，希望通过研究乳品供应链可追溯系统来提炼出一些共性的特征，并将其应用到其他食品供应链中，同时要探究可追溯系统构建之后的可靠性分析，以及在运行过程中的顺畅性和发生故障情况下的举措。

（5）关于食品冷链多目标鲁棒优化研究，需要把供应链的结构向更复杂的结构发展，考虑多个生产商、多个批发商、多个零售商、多个客户的情形。多个零售商之间存在竞争关系，将竞争因素引入模型后，批发商就会利用零售商之间的相互竞争来协调整个供应链成员之间的关系。

参 考 文 献

[1] Uyttendaele M，De Boeck E，Jacxsens L. Challenges in food safety as part of food security：lessons learnt on food safety in a globalized world[J]. Procedia Food Science，2016，（6）：16-22.

[2] Caduff L，Bernauer T. Managing risk and regulation in European food safety governance[J]. Review of Policy Research，2006，（23）：153-168.

[3] Han Y J，Zhou Z G，Wang X Y. Importance of food safety management in the perspective of public management[J]. Advance Journal of Food Science and Technology，2015，（8）：593-597.

[4] 程同顺，贾凡. 从国家安全高度治理食品安全[J]. 思想战线，2017，（1）：60-66.

[5] 李苟. 优化食品安全管理中政府角色的对策建议[J]. 中国市场，2014，（38）：37-38.

[6] 王岳，潘信林. 战略管理：地方政府食品安全危机管理合目的理性与工具理性的双重需要[J]. 湘潭大学学报（哲学社会科学版），2013，（1）：22-25.

[7] 黄永飞. 我国食品安全监管问题研究[D]. 华中师范大学硕士学位论文，2012.

[8] 于姚瑶. 我国食品安全的政府监管问题研究[D]. 辽宁大学硕士学位论文，2016.

[9] 王常伟，顾海英. 食品安全：挑战、诉求与规制[J]. 贵州社会科学，2013，（4）：148-154.

[10] Rolf M. Comparison of scenarios on futures of European food chains[J]. Trends in Food Science & Technology，2007，（18）：540-545.

[11] Nelles W. The Right to Organic/Ecological Agriculture and Small-Holder Family Farming for Food Security as an Ethical Concern[M]. Singapore：Springer，2015：141-150.

[12] 许建军，周若兰. 美国食品安全预警体系及其对我国的启示[J]. 标准科学，2008，（3）：47-49.

[13] 杨慧. 论我国食品安全保障制度的构建[J]. 湖南警察学院学报，2013，25（1）：91-94.

[14] 杨丽. 基于社会管理视角的食品安全监管改革研究[J]. 管理观察，2016，（32）：110-112.

[15] 宁跃. 浅谈食品质量安全管理体系的构建[J]. 科技创新与应用，2016，（6）：279-279.

[16] 余学军. 食品供应链管理机制下的食品安全问题处理对策[J]. 食品安全质量检测学报，

2017，（1）：308-311.

[17] 丁国杰. 解决食品安全问题的市场化路径探析[J]. 科学发展，2011，（12）：98-103.

[18] Ouden M D, Dijkhuizen A A, Huirne B M, et al. Vertical cooperation in agricultural production-marketing chains, with special reference to product differentiation in pork[J]. Agribusiness, 1996, 12（3）：277-290.

[19] William C B, Norina L, Cassavan T K. The Use of Supply Chain Management to Increase Exports of Agricultural Products[M]. Washington：Shertogenbosch, 2002：53-57.

[20] Armelle M, Stephanie P, Emmanuel R. Quality signals and governance structures within European agri-food chains：a new institutional economics approach[R]. Economics of Contract in Agriculture and the Food Supply Chain, 78th EAAE Seminar, Copenhagen, 2001.

[21] Kirezieva K, Bijman J, Jacxsens L, et al. The role of cooperatives in food safety management of fresh produce chains：case studies in four strawberry cooperatives[J]. Food Control, 2016, （62）：299-308.

[22] Beulens A J M, Broens D F, Folstar P, et al. Food safety and transparency in food chains and networks relationships and challenges[J]. Food Control, 2004, （16）：481-486.

[23] Trienekens J H, Wognum P M, Beulens A J M, et al. Transparency in complex dynamic food supply chains[J]. Advanced Engineering Informatics, 2012, 26（1）：55-65.

[24] Karlsen K M, Olsen P. Validity of method for analyzing critical traceability points[J]. Food Control, 2011, 22（8）：1209-1215.

[25] Souza-Monteiro D M, Caswell J A. The economics of voluntary traceability in multi-ingredient food chains[J]. Journal of Food Composition and Analysis, 2010, （20）：139-146.

[26] Asioli D, Boecker A, Canavari M. On the linkages between traceability levels and expected and actual traceability costs and benefits in the Italian fishery supply chain[J]. Food Control, 2014, （18）：480-484.

[27] Jin S S, Zhou L. Consumer interest in information tractability provided systems in Japan[J]. Risk Analysis, 2014, 30（1）：346-352.

[28] Takaki K, Wade A J, Collins C D. Modelling the bioaccumulation of persistent organic pollutants in agricultural food chains for regulatory exposure assessment[J]. Environmental Science and Pollution Research, 2015, 24（5）：4252-4260.

[29] Hammoudi A, Hoffmann R, Surry Y. Food safety standards and agri-food supply chains：an introductory overview[J]. European Review of Agricultural Economics, 2009, 36（4）：469-478.

[30] Wognum P M N, Bremmers H, Trienekens J H. Systems for sustainability and transparency of food supply chains-current status and challenges[J]. Advanced Engineering Informatics, 2011, 25（1）：65-76.

[31] Yakovleva N, Sarkis J, Sloan T. Sustainable benchmarking of supply chains: the case of the food industry[J]. International Journal of Production Research, 2012, 50（5）: 1297-1317.

[32] 刘红燕. 深圳食品流通领域市场准入现状及问题分析[J]. 企业家天地（下半月刊: 理论版）, 2007,（11）: 247-248.

[33] 司腾飞. 我国流通领域食品安全监管体系研究[D]. 上海交通大学硕士学位论文, 2008.

[34] 冯秀菊, 孙宗耀. 从供应链角度看食品安全[J]. 现代经济信息, 2012,（23）: 13.

[35] 陈瑞义, 石恋, 刘建. 食品供应链安全质量管理与激励机制研究——基于结构、信息与关系质量[J]. 东南大学学报（哲学社会科学版）, 2013,（4）: 34-40.

[36] 封俊丽. 基于供应链协同管理视角的中国食品安全管理路径选择[J]. 湖北农业科学, 2015, 54（13）: 3289-3293.

[37] 刘宏妍, 张玉鸿, 李欣桐, 等. 我国食品供应链的发展现状及安全管理对策[J]. 中国农村卫生事业管理, 2015, 35（11）: 1403-1405.

[38] Christopher M. Logistics and Supply Chain Management[M]. London: Pitman Publishing, 1992: 89-96.

[39] Handfield R B, Nichols E L. Introduction to Supply Chain Management[M]. Upper Saddle River: Prentice Hall, 1999: 56-67.

[40] 马士华. 论核心企业对供应链战略伙伴关系形成的影响[J]. 工业工程与管理, 2000, 5（1）: 24-27.

[41] Cachon G P. Supply chain coordination with contracts[C]//Ruszczynski A, Shapiro A. Handbooks in Operations Research and Management Science. Amsterdam: North Holland Press, 2003: 227-339.

[42] Fugate B, Sahin F, Mentzer J T. Supply chain management coordination mechanisms[J]. Journal of Business Logistics, 2006, 41（2）: 129-161.

[43] 贾涛, 徐渝, 陈金亮. 回购策略: 存货促销与供应链协调[J]. 预测, 2006, 25（1）: 76-80.

[44] 邓正华. 供应链协调契约研究现状综述[J]. 管理观察, 2009, 18（9）: 78-79.

[45] 陈志祥, 马士华, 陈荣秋. 供应链企业间的合作对策与委托实现机制问题[J]. 科研管理, 1999, 20（6）: 98-102.

[46] 杨志宇, 马士华. 供应链企业间的委托代理问题研究[J]. 计算机集成制造系统, 2001, 7（1）: 19-22.

[47] 李善良, 朱道立. 逆向信息和道德风险下的供应链线性激励契约研究[J]. 运筹学学报, 2005, 9（2）: 21-29.

[48] 周永强. 供应链协调方法的选择研究[J]. 中国市场, 2009, 36（19）: 36-37.

[49] Suresh P S, Yan H, Zhang H. Quantity flexibility contracts optimal decisions with information update[J]. Decision Sciences, 2004, 35（4）: 691-712.

[50] 王超. 供应链协调的若干问题探讨[J]. 物流科技, 2012, 31（8）: 77-79.

[51] Boehlje M, Schrader L F. The industrialization of agriculture: questions of coordination[J]. The Industrialization of Agriculture, 1988, 29（7）: 26-32.

[52] Gorris L G M. Food safety objective: an integral part of food chain management[J]. Food Control, 2005, 46（16）: 801-809.

[53] Burer S, Jones P C, Lowel T J. Coordinating the supply chain in the agricultural seed industry[J]. European Journal of Operational Research, 2008, 18（9）: 354-377.

[54] Raspor P. Total food chain safety: how good practices can contribute[J]. Food Science and Technology, 2008, 32（19）: 405-412.

[55] Hans R, Marijke C, Luc P, et al. Evaluation of the cold chain of fresh-cut endive from farmer to plate[J]. Postharvest Biology and Technology, 2009, 37（2）: 257-262.

[56] 张钦红, 赵泉午, 熊中楷. 不对称信息下的易逝品退货物流协调运作研究[J]. 中国管理科学, 2006, 26（2）: 107-111.

[57] 汪庆普, 李春艳. 食品供应链的组织演化———一个演化博弈视角的分析[J]. 湖北经济学院学报, 2008, 6（5）: 90-94.

[58] 赵艳波. 黑龙江省乳制品供应链协调机制研究[D]. 黑龙江八一农垦大学硕士学位论文, 2008.

[59] 孔洁宏, 骆建文. 易变质品供应链的协调策略[J]. 工业工程, 2008, 11（2）: 96-101.

[60] 杨金海. 农产品供应链协调机制问题初探[J]. 农村经济与科技, 2009, 20（5）: 33-34.

[61] 张振彦, 杨桂红. 食品安全生产与政府监管行为的博弈分析[J]. 科技信息, 2009, 48（29）: 589-590.

[62] 武力. 基于供应链的食品安全风险控制模式研究[J]. 食品与发酵工业, 2010, 36（8）: 132-135.

[63] 陈原. 构建食品安全供应链协调管理系统研究[J]. 中国安全科学学报, 2010, 20（8）: 148 -153.

[64] 杨青, 施亚能. 基于演化博弈的食品安全监管分析[J]. 武汉理工大学学报（信息与管理工程版）, 2011, 33（4）: 670-672.

[65] Adrie J M, Beulen S, Yuan L, et al. Possibilities for applying data mining for early warning in food supply network[EB/OL]. http://www.iiasa.ac.at/~marek/ftppub/Pubs/csm06/beulens_pap.pdf, 2010-03-26.

[66] Peter K, Ben E. Information sharing between national and international authorities[R]. Senior Regional Food Safety Authority Response Coordination Roundtable, 2007.

[67] Becker G S, Porter D V. The federal food safety system: a primer[R]. Washington: Congress, 2008.

[68] Tom S. Food emergency response network（FERN）[EB/OL]. http://www.fda.gov/ohrms/

dockets/ac/03/slides/4001s1_07_Sciacchitano.ppt，2009-09-16.

[69] 顾林生，杨化，刘静坤. 国外食品安全危机管理法律体系的比较与借鉴[J]. 中国公共安全，2005，（1）：75-81.

[70] 唐晓纯，苟变丽. 食品安全预警体系框架构建研究[J]. 食品科学，2005，26（12）：246-249.

[71] 何坪华，聂凤英. 食品安全预警系统功能、结构及运行机制研究[J]. 商业时代，2007，（33）：62-64.

[72] 季任天，赵素华，王明卓. 食品安全预警系统框架的构建[J]. 中国渔业经济，2008，5（26）：61-65.

[73] 叶存杰. 基于 NET 的食品安全预警系统研究[J]. 科学技术与工程，2007，7（2）：258-260.

[74] 晏绍庆，康俊生，秦玉青，等. 国内外食品安全信息预报预警系统的建设现状[J]. 现代食品科技，2007，23（12）：63-66.

[75] 胡慧希，季任天. 我国食品安全预警系统的完善[J]. 食品工业科技，2008，（3）：252-256.

[76] 许世卫，李志强，李哲敏，等. 农产品质量安全与预警类别分析[J]. 中国科技论坛，2009，（1）：102-106.

[77] Rowe W D. An Anatomy of Risk[M]. New York：Wiley，1977：67-68.

[78] Paulsson U. Supply chain risk management[C]//Brindley C. Supply Chain Risk. Farnham：Ashgate Publishing Limited，2004：79-96.

[79] Zsidisin G A. A grounded definition of supply risk[J]. Journal of Purchasing & Supply Management，2003，（9）：217-24.

[80] 肖艳，宋辉，余望梅. 供应链风险来源及风险管理探讨[J]. 物流工程与管理，2009，（4）：58-61.

[81] 夏德，王林. 面向多维主体诉求的一种蛛网创新模式研究[J]. 企业经济，2012，（2）：14-17.

[82] Cavinato J L. Supply chain logistics risks：from the back room to the board room[J]. International Journal of Physical Distribution and Logistics Management，2004，（34）：5.

[83] Tang C S. Review：perspectives in supply chain risk management[J]. International Journal of Production Economics，2006，（103）：451-488.

[84] 刘菲. 供应链脆弱性驱动因素分析[J]. 现代商业，2010，（5）：14.

[85] 曹俊杰. 供应链风险管理视角下的供应商评价与选择研究[D]. 重庆师范大学硕士学位论文，2012.

[86] 杨磊，郑仲玉，陈文钊. 基于系统分析方法的供应链风险管理[J]. 物流技术，2010，（1）：96-98.

[87] 张存禄，朱小年. 基于知识管理的供应链风险管理集成模式研究[J]. 经济管理，2009，
　　（6）：117-122.

[88] Snyder L V, Scaparra M P, Daskin M S, et al. Planning for disruptions in supply chain
　　networks[J]. Operations Research，2006，（9）：234-257.

[89] 耿慧萍. 柔情策略对供应链风险的影响分析[D]. 青岛大学硕士学位论文，2012.

[90] 徐媛. 信息共享对供应链风险管理的影响研究[D]. 中南民族大学硕士学位论文，2012.

[91] 索秀花. 供应链风险识别与评估[D]. 暨南大学硕士学位论文，2011.

[92] Harland C，Breenchley R，Walker H. Risk in supply networks[J]. Journal of Purchasing and
　　Supply Management，2003，9（2）：51-62.

[93] 金铌. 基于本质安全的供应链风险识别方法研究[J]. 中国安全科学学报，2011，（3）：
　　145-149.

[94] Hallikas J，Karvonen I，Pulkkinen U，et al. Risk management processes in supplier
　　networks[J]. International Journal of Production Economics，2004，23（6）：45-52.

[95] Sheffi Y. Supply chain management under the threat of international terrorism[J]. The
　　International Journal of Logistics Management，2003，（12）：1-11.

[96] Prater E，Biehl M，Smith M A. International supply chain agility，tradeoffs between
　　flexibility and uncertainty[J]. International Journal of Operations and Production
　　Management，2001，21（5~6）：823-839.

[97] 张卫斌，顾振宇. 基于食品供应链管理的食品安全问题发生机理分析[C]//浙江省科学技术
　　协会，中国食品科学技术学会，浙江工商大学. 食品安全监督与法制建设国际研讨会暨第
　　二届中国食品研究生论坛论文集（上）. 浙江省科学技术协会，中国食品科学技术学会，
　　浙江工商大学，2005：4.

[98] 赵勇，赵国华. 食品供应链可追溯体系研究[J]. 食品与发酵工业，2007，（9）：146-149.

[99] 邓俊森，戴蓬军. 供应链管理下鲜活农产品流通模式的探讨[J]. 商业研究，2006，
　　（23）：185-188.

[100] 高青松，何花，陈石平. 农业产业链 "公司+农户" 组织模式再造[J]. 科学决策，2010，
　　（1）：35-43.

[101] van Kleef E. Consumer evaluations of food risk management quality in Europe[J]. Risk
　　Analysis，2007，27（6）：1565-1580.

[102] van Kleef E. Food risk management quality：consumer evaluations of past and emerging food
　　safety incidents[J]. Health，Risk & Society，2009，11（2）：137-163.

[103] 庄洪兴. 基于质量追溯系统的乳品产业链质量风险控制研究[D]. 山东大学硕士学位论
　　文，2012.

[104] 李红. 中国食品供应链风险及关键控制点分析[J]. 江苏农业科学，2012，（5）：
　　262-264.

[105] Steven A K. Food safety and risk management[EB/OL]. http://foodlawblog.com/tag/cold-chain/, 2011-10-18.

[106] David L, Desheng W. Risk management models for supply chain: a scenario analysis of outsourcing to China[J]. Supply Chain Management: An International Journal, 2011, (6): 401-408.

[107] Tummala R, Schoenherr T. Assessing and managing risks using the supply chain risk management[J]. Supply Chain Management: An International Journal, 2011, 16 (6): 474-483.

[108] 董千里, 李春花. 食品供应链风险评判模型的构建及应用研究[J]. 江苏商论, 2012, (2): 143-146.

[109] 傅泽强, 蔡运龙, 杨友孝. 中国食物安全基础的定量评估[J]. 地理研究, 2001, (5): 555-563.

[110] 李聪, 张艺兵, 李朝伟, 等. 暴露评估在食品安全状态评价中的应用[J]. 检验检疫科学, 2002, (1): 7, 11-12.

[111] 李哲敏. 食品安全内涵及评价指标体系研究[J]. 北京农业职业学院学报, 2004, (1): 18-22.

[112] 杜树新, 韩绍甫. 基于模糊综合评价方法的食品安全状态综合评价[J]. 中国食品学报, 2006, (6): 64-69.

[113] 刘华楠, 徐锋. 肉类食品安全信用评价指标体系与方法[J]. 统计与决策, 2006, (10): 65-68.

[114] 李旸, 吴国栋, 高宁. 智能计算在食品安全质量综合评价中的应用研究[J]. 农业网络信息, 2006, (4): 13-14, 33.

[115] 李为相, 程明, 李帮义. 粗集理论在食品安全综合评价中的应用[J]. 食品研究与开发, 2008, (2): 152-156.

[116] 钱建平, 李海燕, 杨信廷, 等. 基于可追溯系统的农产品生产企业质量安全信用评价指标体系构建[J]. 中国安全科学学报, 2009, (6): 3, 135-141.

[117] 郑培, 吴功才, 王海明, 等. 食品安全综合评价指数与监测预警系统研究[J]. 中国卫生检验杂志, 2010, (7): 1795-1796, 1800.

[118] 毛薇. 基于供应链的食品安全指数体系构建的研究[J]. 商场现代化, 2011, (35): 9-10.

[119] 谢锋, 陆洋, 谭红, 等. 密切值法在食品安全分析评价中的应用[J]. 贵州大学学报（自然科学版）, 2011, (5): 131-132.

[120] 鄂旭, 王彬, 侯建, 等. 食品安全评价指标设定方法研究[J]. 食品研究与开发, 2013, (17): 128-130.

[121] 马从国, 陈文蔚, 李亚洲, 等. 模糊可拓层次分析法对猪肉供应链质量安全评价应用[J].

食品工业科技，2012，（18）：53-57，66.

[122] 雷勋平，吴杨，叶松，等. 基于熵权可拓决策模型的区域粮食安全预警[J]. 农业工程学报，2012，28（6）：233-239.

[123] 张凤济，刘俐. 可拓决策法在江苏省食品冷链物流中心选址中的应用研究[J]. 物流工程与管理，2012，（2）：50-52.

[124] 王芳. 食品冷链物流企业绩效评价物元模型研究[J]. 物流技术，2012，（21）：294-296.

[125] Stanford K，Stitt J，Kellar J A，et al. Trace-ability in cattle and small ruminants in Canada[J]. Scientific and Technical Review，2001，20（2）：510-522.

[126] Tonsor T，Glynn T，Schroeder C. Livestock identification；lessons for the US beef industry from the Australian system[J]. Journal of International Food & Agribusiness Marketing，2006，18（3~4）：103-118.

[127] Karlsen K M，Dreyer B，Olsen P. Literature review：does a common theoretical framework to implement food traceability exist？[J]. Food Control，2013，32（2）：409-417.

[128] Aung M M，Chang Y S. Traceability in a food supply chain：safety and quality perspective[J]. Food Control，2014，（5）：172-184.

[129] Techane B，Girma G. Food traceability as an integral part of logistics management in food and agricultural supply chain[J]. Food Control，2013，（9）：32-48.

[130] Swaroop V K，Lynn J F. Experts' perspectives on the implementation of traceability in Europe[J]. British Food Journal，2010，（112）：261-274.

[131] 杨明，吴晓萍，洪鹏志，等. 可追溯体系在食品供应链中的建立[J]. 食品与机械，2009，（1）：48-54.

[132] 童兰，胡求光. 中外农产品质量安全可追溯体系比较[J]. 经营与管理，2012，（11）：95-98.

[133] 林凌. 我国食品安全可追溯体系研究[J]. 标准科学，2009，（4）：87-93.

[134] 崔春晓，王凯，邹松岐. 食品安全可追溯体系的研究评述[J]. 世界农业，2013，（5）：23-28.

[135] 马士华，林勇，陈志祥. 供应链管理[M]. 北京：机械工业出版社，2000：34-35.

[136] Lariviere M. Supply Chain Contracting and Coordination with Stochastic Demand Quantitative Models for Supply Chain Management[M]. Dordrecht：Kluwer Publisher，1998：79-82.

[137] Sodhi M S，Son B G，Tang C S. Research's perspective on supply risk management[J]. Production and Management，2012，21（1）：1-13.

[138] Vincent W，Richard W，John L R，et al. Project evaluated process design data[J]. Fluid Phase Equilibria，1998，23（6）：150-151，413-420.

[139] Anshuman G，Costas D M，Conor M M. Mid-term supply chain planning under demand uncertainty：customer demand satisfaction and inventory management[J]. Computers &

Chemical Engineering, 2000, （24）: 2613-2621.

[140] Applequist G E, Pekny J F, Reklaitis G V. Risk and uncertainty in managing chem ical manufacturing supply chain[J]. Computers and Chemical Engineering, 2000, （24）: 2211-2222.

[141] Anand K S, Goyal M. Strategic information management under leakage in a supply chain[J]. Management Science, 2006, 55（3）: 438-452.

[142] He Y, Zhao X. Coordination in multi-echelon supply chain under supply and demand uncertainty[J]. International Journal of Production Economics, 2012, （139）: 106-115.

[143] Mehta P, Chauhan A, Mahajan R, et al. Strain of bacillus circulans isolated from apple rhizosphere showing plant growth promoting potential[J]. Current Science, 2010, 98（4）: 538-542.

[144] Arshinder K, Kanda A, Deshmukh S G. A review on supply chain coordination: coordination mechanisms, managing uncertainty and research directions[J]. Supply Chain Coordination Under Uncertainty, 2011, 16（6）: 39-82.

[145] Peidro D, Mula J, Poler R, et al. Fuzzy optimization for supply chain planning under supply, demand and process uncertainties[J]. Fuzzy Sets and Systems, 2009, （160）: 2640-2657.

[146] 张涛, 孙林岩. 供应链不确定性管理: 技术与策略[M]. 北京: 清华大学出版社, 2005: 86-97.

[147] 黄小原. 供应链运作协调、优化与控制[M]. 北京: 科学出版社, 2007: 38-43.

[148] 陈利华, 赵庆祯. 供应链不确定条件下制造商库存模型研究[J]. 物流科技, 2009, （5）: 65-67.

[149] Petrovica D, Ying X, Keith B, et al. Coordinated control of distribution supply chains in the presence of fuzzy customer demand[J]. European Journal of Operational Research, 2008, 185（1）: 146-158.

[150] Santoso T, Ahmed S, Goetschalckx M, et al. A stochastic programming approach for supply chain network design under uncertainty[J]. European Journal of Operational Research, 2005, 167（1）: 96-115.

[151] Wu D, Olson D L. Supply chain risk, simulation, and vendor selection[J]. International Journal of Production Economics, 2008, 114（2）: 646-655.

[152] You F Q, Wassick J M, Grossmann I E. Risk management for a global supply chain planning under uncertainty: models and algorithms[J]. AICHE Journal, 2009, 55（4）: 931-946.

[153] Merschmann U, Thonemann U W. Supply chain flexibility, uncertainty and firm performance: an empirical analysis of German manufacturing firms[J]. International Journal of Production Economics, 2011, 130（1）: 43-53.

[154] 彭青松，张明，叶爱兵. 不确定供应链管理网络的概率图模型仿真研究[J]. 系统仿真学报，2008，（S1）：307-309.

[155] 刘春玲，黎继子，孙祥龙，等. 基于Robust优化的多链库存系统动态切换模型及仿真[J]. 系统仿真学报，2012，（7）：1465-1469.

[156] Hadi A R, Carr C S, Suwaidi J. Endothelial dysfunction: cardiovascular risk factors, therapy, and outcome[J]. Vasc ular Health and Risk Managment, 2005, 1（3）：183-198.

[157] Franca R B, Jones E C, Richards C N, et al. Multi-objective stochastic supply chain modeling to evaluate tradeoffs between profit and quality[J]. International Journal of Production Economics, 2010, 127（2）：292-299.

[158] Fernandez-Piquer J, Bowman J P, Ross T, et al. Predictive models for the effect of storage temperature on vibrio parahaemolyticus viability and counts of total viable bacteria in pacific oysters[J]. AEM, 2011, 14（6）：16-26.

[159] Lau H C W, Nakandala D. A pragmatic stochastic decision model for supporting goods trans-shipments in a supply chain environment[J]. Decision Support Systems, 2012, 54（1）：133-141.

[160] 田俊峰，杨梅，岳劲峰. 具有遗憾值约束的鲁棒供应链网络设计模型研究[J]. 管理工程学报，2012，26（1）：48-55.

[161] 陈敬贤，王国华，梁樑. 供应链系统中零售商横向转载的随机规划模型及算法[J]. 系统工程理论与实践，2012，（4）：738-745.

[162] Amid A, Ghodsypour S H, O'Brien C. A weighted additive fuzzy multiobjective model for the supplier selection problem under price breaks in a supply chain[J]. International Journal of Production Economics, 2009, 121（2）：323-332.

[163] Mula J, Peidro D, Poler R. The effectiveness of a fuzzy mathematical programming approach for supply chain production planning with fuzzy demand[J]. International Journal of Production Economics, 2010, 128（1）：136-143.

[164] Krishnendu S, Ravi S, Surendra S Y, et al. Supplier selection using fuzzy AHP and fuzzy multi-objective linear programming for developing low carbon supply chain[J]. Expert Systems with Applications, 2012, 39（9）：8182-8192.

[165] Kumar D, Pattnaik S, Singh V. Genetic algorithm based approach for optimization of conducting angles in cascaded multilevel inverter[J]. International Journal of Engineering Research and Applications, 2012, 2（3）：2389-2395.

[166] 刘智慧. 供应链物流运作能力的模糊规划性研究[J]. 开发研究，2009，（6）：151-154.

[167] 范文姬. 不确定环境下的再制造物流系统库存控制与协调研究[D]. 北京交通大学博士学位论文，2010.

[168] 陈红萍，杜健邦，穆东. 基于供需不确定的供应链 Fuzzy 规划模型分析[J]. 物流技术，

2010，（Z1）：155-158.

[169] 魏杰，赵静，李勇建. 模糊环境下基于再制造闭环供应链的博弈问题研究[J]. 系统科学与数学，2011，（11）：1564-1577.

[170] Klibi W, Martel A, Guitouni A. The design of robust value-creating supply chain networks: a critical review[J]. European Journal of Operational Research, 2010, 203（2）：283-293.

[171] Pishvaee, Rabbani M, Torabi S A. A robust optimization approach to closed-loop supply chain network design under uncertainty[J]. Applied Mathematical Modelling, 2011, 35（2）：637-649.

[172] Ramezani M, Bashiri M, Tavakkoli-Moghaddam R. A new multi-objective stochastic model for a forward/reverse logistic network design with responsiveness and quality level[J]. Applied Mathematical Modelling, 2013, 37（1~2）：328-344.

[173] Klibi W, Martel A. Scenario-based supply chain network risk modeling[J]. European Journal of Operational Research, 2012, 223（3）：644-658.

[174] 唐莉莉. 供应链鲁棒性影响因素及度量研究[J]. 价值工程，2011，（34）：19-20.

[175] 李春发，朱丽，徐伟. 基于数量弹性契约的供应链鲁棒运作模型[J]. 天津理工大学学报，2012，（2）：78-82.

[176] 唐亮，靖可. H_∞鲁棒控制下动态供应链系统牛鞭效应优化[J]. 系统工程理论与实践，2012，（1）：155-163.

[177] Mulvey J M, Vanderbei R J, Zenios S A. Robust optimization of large-scale systems[J]. Operation Research, 1995, 43（2）：264-281.

[178] Ben-Tal A, Golany B, Nemirovski A, et al. Supplier-retailer flexible commitments contracts: a robust optimization approach[J]. Manufacturing and Service Operations Management, 2005, 7（3）：248-271.

[179] Pan F, Nagi R. Robust supply chain design under uncertain demand in agile manufacturing[J]. Computers & Operations Research, 2010, 37（6）：668-683.

[180] Hong I H, Assavapokee T, Ammons J, et al. Planning the scrap reverse production system under uncertainty in the state of Georgia: a case study[J]. Transactions on Electronics Packaging Manufacturing, 2010, 29（3）：150-162.

[181] Mirzapour S M J, Alehashem H M, Aryanezhad M B. A multi-objective robust optimization model for multi-product multi-site aggregate production planning in a supply chain under uncertainty[J]. Production Economics, 2011, （134）：28-42.

[182] Pishvaee M S, Rabbani M, Torabi S A. A robust optimization approach to closed-loop supply chain network design uncertainty[J]. Applied Mathematical Modeling, 2011, 35（7）：637-649.

[183] Adida E, Perakis G. A robust optimization approach to dynamic pricing and inventory control

with no backorders[J]. Mathematical Programming，2006，（107）：97-129.

[184] Bertsimas D，Thiele A A. A robust optimization approach to supply chain management[C]. International Conference on Integer Programming and Combinatorial Optimization，2004，LNCS，Vol. 3064：86-100.

[185] Yanfeng O，Carlos D. Robust tests for the bullwhip effect in supply chains with stochastic dynamics[J]. European Journal of Operational Research，2008，185（1）：340-353.

[186] Nalan G. Rustem worst-case robust decisions for multi-period mean-variance portfolio optimization[J]. European Journal of Operational Research，2007，183（6）：268-283.

[187] 何珊珊，朱文海. 不确定需求下应急物流系统多目标鲁棒优化模型[J]. 辽宁工程技术大学学报（自然科学版），2013，32（7）：998-1003.

[188] 邱若臻，黄小原，苑红涛. 有限需求信息下基于回购契约的供应链鲁棒协调策略[J]. 中国管理科学，2014，7（22）：34-42.

[189] 巩兴强. 基于鲁棒优化思想的需求不确定多目标供应链模型[J]. 物流科技，2015，38（6）：87-89.

[190] 马义中，徐济超. 多指标稳健设计质量特性的度量[J]. 系统工程，1998，16（6）：34-37.

[191] 朱云龙，徐家旺，黄小原，等. 逆向物流流量不确定闭环供应链鲁棒运作策略设计[J]. 控制与决策，2009，24（5）：711-716.

[192] 张英，魏明珠. 基于鲁棒优化的逆向物流网络设计[J]. 物流工程与管理，2010，11（32）：60-62.

[193] 徐家旺，黄小原. 产品价格不确定供应链的多目标鲁棒运作模型[C]. 中国运筹学会第八届学术交流会论文集，2006：540-546.

[194] 陈原，李杨. 供应链食品安全管理自适应系统的结构设计[J]. 中国安全生产科学技术，2011，7（1）：68-71.

[195] 刘富池，王力虎，韦洁萍. 食品安全实时与抽查混合的监督机制仿真研究[J]. 安徽农业科学，2009，（30）：14854-14856.

[196] 章德宾，徐家鹏，许建军，等. 基于监测数据和BP神经网络的食品安全预警模型[J]. 农业工程学报，2010，（1）：221-226.

[197] Hajmeerai M N，Basheer H A. A hybrid Bayesian-neural network approach for probabilistic modeling of bacterial growth/no-growth interface[J]. International Journal of Food Microbiology，2003，82（3）：233-243.

[198] Parmer R J，Mahata M，Mahata S，et al. Tissue plasminogen activator is targeted to the regulated secretory pathway[J]. The Journal of Biological Chemistry，1997，（272）：1976-1982.

[199] 雷勋平，吴杨. 基于供应链和可拓决策的食品安全预警模型及其应用[J]. 中国安全科学

学报，2011，（11）：136-143.

[200] 刘清珺，陈婷，张经华，等. 基于风险矩阵的食品安全风险监测模型[J]. 食品科学，2010，（5）：86-90.

[201] 顾小林，卞艺杰，浦徐进. 基于改进KS方法的食品安全追溯信息检索模型[J]. 软科学，2011，（8）：61-65.

[202] 赵本东，赵文，苗爱军，等. 基于因素间相互作用的多毒素食品质量安全风险水平评价模型的理论框架[J]. 首都师范大学学报（自然科学版），2012，（1）：5-15.

[203] 卢浩清，罗政，李旭才. 食品安全卫生知识知信行模型评价模式的探讨[J]. 卫生软科学，2008，（3）：258-260.

[204] 荀娜. 基于结构方程模型的消费者食品安全信心评价研究[D]. 吉林大学硕士学位论文，2011.

[205] 徐琪，徐福缘. 基于主体技术的企业供需网协作管理[J]. 预测，2003，22（6）：51-55.

[206] 郑洪源，李海燕. 基于多 Agent 协调的供应链管理系统[J]. 吉林大学学报（信息科学版），2005，23（2）：172-178.

[207] 汤兵勇. 供应链协调运作的大系统多段控制[J]. 物流科技，2006，22（4）：74-76.

[208] Sivadasana S，Efstahioua J，Calinescub A，et al. Advances on measuring the operational complexity of supplier-customer systems[J]. European Journal of Operational Research，2006，171（1）：208-226.

[209] Dooley K J，Handfield R. Forces，trends，and decisions in pharmaceutical supply chain management[J]. International Journal of Physical Distribution & Logistics Management，2002，41（6）：601-622.

[210] Hwarng H B，Na X. Understanding supply chain dynamics：a chaos perspective[J]. European Journal of Operational Research，2008，184（3）：1163-1178.

[211] 刘会新，王红卫. 一类供应链系统在最大库存策略下的性能分析[J]. 计算机集成制造系统，2004，（8）：939-944.

[212] Martinez C O. Entropy as an assessment tool of supply chain information sharing[J]. European Journal of Operational Research，2008，185（1）：405-417.

[213] 周健，李必强. 供应链组织的复杂适应特征及其推论[J]. 运筹与管理，2004，（3）：120-125.

[214] Surana A，Sounder K，Mark G，et al. Supply-chain networks：a complex adaptive systems perspective[J]. International Journal of Production Research，2005，（43）：4235-4265.

[215] 张纪会，徐军芹. 适应性供应链的复杂网络模型研究[J]. 中国管理科学，2009，（2）：76-79.

[216] 白世贞，郑小京. 供应链复杂交互作用 Agent 的资源流分析[J]. 系统工程理论与实践，2007，（6）：71-79.

[217] 王红卫. 基于信息不对称理论的建设项目风险控制研究[J]. 金融经济, 2008, （12）: 87-88.

[218] Isik F. An entropy-based approach for measuring complexity in supply chains[J]. International Journal of Production Research, 2010, 48（12）: 3681-3696.

[219] Manuj I, Sahin F. A model of supply chain and supply chain decision-making complexity[J]. International Journal of Physical Distribution & Logistics Management, 2011, 41（5）: 511-549.

[220] Seyda S. A review of supply chain complexity drivers[J]. Computers & Industrial Engineering, 2013, 66（3）: 533-540.

[221] 叶笛. 基于复杂网络视角的供应链网络研究[J]. 现代管理科学, 2011, （8）: 111-113.

[222] Hafeez K, Griffiths M, Griffiths J, et al. Systems design of a two-echelon steel industry supply chain[J]. International Journal of Production Economics, 1996, 45（5）: 121-130.

[223] 李稳安, 赵林度. 牛鞭效应的系统动力学分析[J]. 东南大学学报, 2002, 4（10）: 96-98.

[224] 桂寿平, 朱强, 吕英俊, 等. 基于系统动力学模型的库存控制机理研究[J]. 物流技术, 2003, 12（6）: 17-19.

[225] 张昕, 袁旭梅. 基于联合库存的供应链系统动力学研究[J]. 工业工程, 2005, 8（1）: 79-82.

[226] 罗昌, 贾素玲, 王惠文. 基于系统动力学的供应链稳定性判据研究[J]. 计算机集成制造系统, 2007, 13（9）: 1762-1767.

[227] 任盈, 张维竞. 基于系统动力学的 VMI、CPFR 供应链协作分析[J]. 中国物流与采购, 2011, 15（4）: 60-61.

[228] 庄严. 基于博弈论的供应链协调机制分析[C]//沈阳航空航天大学, 韩国崇实大学, 韩国大胜航运公司. 第二届东北亚物流工程与现代服务业发展专题学术研讨会论文集. 沈阳航空航天大学, 韩国崇实大学, 韩国大胜航运公司, 2011: 5.

[229] 王燕, 沈辉. 生物质发电供应链的完全信息动态博弈分析[J]. 价值工程, 2010, （19）: 41-42.

[230] Ni D B, Tang X W. Supply chain coordination: a cooperative game approach[C]//Guoping X, Osaki H. ICIM' 2004: Proceedings of the Seventh International Conference on Industrial Management. Okayama: Publons, 2004: 299-304.

[231] Rosenthal E C. A game-theoretic approach to transfer pricing in a vertically integrated supply chain[J]. International Journal of Production Economics, 2008, 115（2）: 542-552.

[232] Chenxi Z, Ruiqing Z, Wansheng T. Two-echelon supply chain game sin a fuzzy environment[J]. Computers & Industrial Engineering, 2008, 55（2）: 390-405.

[233] 桂寿平, 王健龙. 下游风险约束下的供应链博弈与合作研究[J]. 数学的实践与认识,

2013，（1）：25-32.

[234] 易余胤. 竞争零售商的再制造闭环供应链模型研究[J]. 管理科学学报，2009，（6）：45-54.

[235] Eriksson J，Finne N，Janson S. Evolution of a supply chain management game for the trading agent competition[J]. AI Communications，2006，19（1）：1-12.

[236] Xiao T J，Yang D Q. Price and service competition of supply chains with risk-averse retailers under demand uncertainty[J]. International Journal Production Economics，2008，（114）：187-200.

[237] 温源，叶青. 基于现货市场的供应链博弈模型[J]. 运筹与管理，2012，（4）：1-6.

[238] Boyaci T，Gallego G. Supply chain coordination in a market with customer service competition[J]. Production and Operation Management，2004，13（1）：3-22.

[239] 严广乐. 供应链金融融资模式博弈分析[J]. 企业经济，2011，（4）：5-9.

[240] 李柏勋. 供应链间竞争决策模型与契约选择博弈[D]. 华南理工大学博士学位论文，2011.

[241] 梁军. 需求信息不对称下的竞争供应链博弈分析[D]. 南京航空航天大学硕士学位论文，2012.

[242] Wu C Q，Petruzzi N C，Chhajed D. Vertical integration with price-setting competitive newsvendors[J]. Decision Sciences，2007，38（4）：581-610.

[243] Baron O，Berman O，Wu D. Bargaining in the supply chain and its implication to coordination of supply chains in an industry[Z]. Working Paper，Joseph L Rotman School of Management，University of Toronto，2008.

[244] 刘俊华，王菁. 我国食品安全监督管理体系建设研究[J]. 世界标准化与质量管理，2003，（5）：4-8.

[245] Choi T Y，Dooley K J，Rungtusanatham M. Supply networks and complex adaptive systems：control versus emergence[J]. Journal of Operations Management，2001，3（19）：351-366.

[246] Chiva R. Ones of complex adaptive system on farm product design management[J]. Technovation，2004，24（9）：707-711.

[247] 张永安，李晨光. 复杂适应系统应用领域研究展望[J]. 管理评论，2010，22（5）：121-128.

[248] 慕静. 基于 CAS 理论的食品安全供应链的协调决策问题研究[J]. 食品工业科技，2012，（4）：18-21.

[249] Dejonckheere J，Disney S M，Lambercht M R. The impact of information enrichment on the bullwhip effect in supply chain：a control engineering perspective[J]. European Journal of Operational Research，2004，32（6）：727-750.

[250] Gaur V，Giloni A，Seshadri S. Information sharing in a supply chain under ARMA

demand[J]. Management Science，2005，51（6）：961-969.

[251] Hoberg K，Bradley J，Thonemann U. Analyzing the effect of the inventory policy on order and inventory variability with linear control theory[J]. European Journal of Operational Research，2007，16（9）：1620-1642.

[252] Jose A A，Luis A R. Trace-ability as a strategic tool to improve inventory management：a case study in the food industry[J]. International Journal of Production Economics，2009，46（1）：104-110.

[253] 慕静，毛金月. 供应链网络道德风险演化与仿真研究[J]. 运筹与管理，2013，（8）：68-76.

[254] 慕静，毛金月. 基于系统动力学的物流企业集群创新系统运行机制研究[J]. 华东经济管理，2012，（9）：50-54.

[255] 慕静. 基于供应链的食品安全风险控制模式研究[J]. 食品工业科技，2012，29（4）：1-4.

[256] Bogataj M，Bogataj L，Vodopivec R. Stability of perishable goods in cold logistic chains[J]. International Journal of Production Economics，2005，25（6）：22-24.

[257] 陆雅婷，董敏. 食品安全：CAS 理论视域下的政府治理变革[J]. 江苏商论，2009，37（2）：42-43.

[258] 邓辉强. 运用系统思维创新食品安全治理机制[J]. 中国公共卫生管理，2012，48（1）：42-43.

[259] Schwaegele F. Trace-ability from a European perspective[J]. Meat Science，2005，71（12）：64-73.

[260] 滕月. 食品安全治理模式创新：合作治理[J]. 中国对外贸易（英文版），2011，29（6）：281-286.

[261] 慕静. 食品安全监管模式创新与食品供应链安全风险控制的研究[J]. 食品工业科技，2012，23（10）：49-51.

[262] 毛金月. 食品供应链系统的协调决策机制与模式研究[D]. 天津科技大学硕士学位论文，2013.

[263] Zonaeshna R，Harrison T P. An introduction to supply chain management[J]. Supply Chain Management，2005，2：56-60.

[264] Moxham C. Food supply chain management[J]. International Journal of Operations & Production Management，2004，24（10）：1079-1085.

[265] Rortais A，Belyaeva J，Gemo M，et al. MedISys：an early-warning system for the detection of（re-）emerging food and feed-borne hazards[J]. Food Research International，2010，（43）：1553-1556.

[266] 闫文杰，李鸿玉，李兴民，等. 食品物流与食品安全[J]. 食品工业科技，2006，（5）：24-26.

[267] Kleter G A, Marvin H J P. Indicators of emerging hazards and risks to food safety[J]. Food and Chemical Toxicology, 2009, （47）: 1022-1039.

[268] Marvin H J P, Kleter G A, Prandino A, et al. Early identification systems for emerging foodborne hazards[J]. Food and Chemical Toxicology, 2009, （47）: 915-926.

[269] 张书芬. 基于供应链的食品安全风险监测与预警体系研究[D]. 天津科技大学硕士学位论文, 2013.

[270] 马丽丽. 基于系统动力学的食品供应链抗风险模式研究[D]. 天津科技大学硕士学位论文, 2014.

[271] 慕静, 马丽丽. 基于SD的食品供应链信息共享演化博弈分析[J]. 科技管理研究, 2015, （3）: 182-185.

[272] Braunseheidel M J, Suresh N C. The organizational antecedents of a firm's supply chain agility for risk mitigation and response[J]. Journal of Operations Management, 2009, 27（2）: 119-140.

[273] 朱晓迪, 刘家国, 王梦凡. 基于可拓的供应链突发事件应急协调策略研究[J]. 软科学, 2011, （2）: 72-75, 93.

[274] 贾文欣. 供应链视角下食品安全综合评价体系研究[D]. 天津科技大学硕士学位论文, 2014.

[275] Ren J Z, Manzardo A, Toniolo S, et al. Prioritizing and classifying the sustainability of hydrogen supply chains based on the combination of extension theory and AHP[J]. International Journal of Hydrogen Energy, 2013, 38（32）: 13845-13855.

[276] 慕静, 贾文欣. 食品供应链安全等级可拓评价模型及应用[J]. 科技管理研究, 2015, （1）: 207-211.

[277] Dimitrios P K, Evangelos L P. Measuring the effectiveness of the HACCP food safety management system[J]. Food Control, 2013, （4）: 505-513.

[278] Al-Kandari D, Jukes D J. Incorporating HACCP into national food control systems: analyzing progress in the United Arab Emirates[J]. Food Control, 2011, （7）: 851-861.

[279] 邓鑫洋, 邓勇, 章雅娟, 等. 一种信度马尔科夫模型及应用[J]. 自动化学报, 2012, 38（4）: 666-672.

[280] 姚雨辰. 基于物联网的食品供应链可追溯系统[J]. 江苏农业科学, 2014, （6）: 276-278.

[281] 慕静, 车东方. 基于马尔可夫过程的乳制品可追溯系统可靠性研究[J]. 食品研究与开发, 2014, （9）: 216-220.

[282] 车东方. 乳制品供应链可追溯体系研究[D]. 天津科技大学硕士学位论文, 2015.

[283] 杨山峰. 食品冷链视角下的食品安全管理策略研究[J]. 食品工业科技, 2014, （4）: 36-39.

[284] 张军. 我国果蔬行业物流过程损失率高达30%[J]. 中外物流, 2006, （1）: 7.

[285] 吴焱. 冷链食品的安全性分析[J]. 食品界, 2016, （8）: 82.

[286] 彭本红, 武柏宇, 周叶. 冷链物流断链风险的熵权可拓评价研究[J]. 北京交通大学学报（社会科学版）, 2017, 16（1）: 111-119.

[287] Sheffi Y, Rice J B. A supply chain view of the resilient enterprise[J]. Management Review, 2005, 47（1）: 41-48.

[288] 戢守峰, 董坤祥, 喻海飞, 等. 基于CPFR的供方可选择的协同补货模型与仿真[J]. 系统工程理论与实践, 2012, （12）: 2692-2696.

[289] 田俊峰, 杨梅, 岳劲峰. 具有遗憾值约束的鲁棒供应链网络设计模型研究[J]. 管理工程学报, 2012, 26（1）: 48-55.

[290] Ahumada O, Villalobos J R, Mason A N. Tactical planning of the production and distribution of fresh agricultural products under uncertainty[J]. Agricultural Systems, 2012, （112）: 17-26.

[291] Lin J Y, Hu Y C, Cui S H, et al. Carbon footprints of food production in China[J]. Journal of Cleaner Production, 2015, （6）: 90-97.

[292] Flicka D, Hoangb H M, Alvarezb G. Combined deterministic and stochastic approaches for modeling the evolution of food products along the cold chain[J]. International Journal of Refrigeration, 2012, 35（4）: 907-914.

[293] 蔡依平, 张文娟, 张世翔. 基于生命周期评估的冷链物流碳足迹计算[J]. 物流技术, 2015, 56（1）: 56-59.

[294] Roy P, Nei D, Orikasa T, et al. A review of life cycle assessment on some food products[J]. Journal of Food Engineering, 2009, 90（1）: 1-10.

[295] 申江, 宋烨, 齐含飞, 等. 易腐食品冷藏链节能减排新技术研究进展[J]. 制冷学报, 2011, 32（6）: 69-73.

[296] 刘源, 李向阳, 林剑艺, 等. 基于LMDI分解的厦门市碳排放程度影响因素分析[J]. 生态学报, 2014, 34（9）: 2378-2387.

[297] 姜庆国. 电煤供应链碳排放过程及测度研究[D]. 北京交通大学博士学位论文, 2013.

[298] 慕静, 李彩霞. 市场需求不确定下的食品冷链多目标鲁棒优化模型[J]. 物流技术, 2015, （23）: 57-61.

[299] 李彩霞. 市场需求不确定下食品冷链的多目标鲁棒优化研究[D]. 天津科技大学硕士学位论文, 2016.